高等学校数字智能产教融合系列教材

云计算与虚拟化技术

周伟 郝洁 吴少博 主编

陈冬 何浩生 邓晓红 陈小东 张毅华 曹佩 副主编

清华大学出版社

北京

内 容 简 介

本书内容依据云计算技术岗位的知识、技能和素质要求以及行业发展需要编写,设置 Linux 基础、KVM 技术、虚拟化平台技术、OpenStack 云平台、企业云平台应用、CloudOS 私有云方案设计及运维六个项目化教学单元,并在此基础上设计学习(工作)任务。通过课程学习,读者能够具备云计算管理与实施的能力。

本书适合作为高等院校、职业院校信息技术及相关专业的教材,也适用于信息技术领域从业人员、企业信息化决策者和管理者,以及爱好云计算的非专业人士。

图书在版编目(CIP)数据

云计算与虚拟化技术 / 周伟,郝洁,吴少博主编. -- 北京:清华大学出版社,2025.6.
(高等学校数字智能产教融合系列教材). -- ISBN 978-7-302-69443-4

Ⅰ. TP3

中国国家版本馆 CIP 数据核字第 2025KM9239 号

责任编辑:田在儒
封面设计:刘　键
责任校对:李　梅
责任印制:宋　林

出版发行:清华大学出版社
　　　　网　　址:https://www.tup.com.cn,https://www.wqxuetang.com
　　　　地　　址:北京清华大学学研大厦 A 座　　邮　　编:100084
　　　　社 总 机:010-83470000　　　　　　　　邮　　购:010-62786544
　　　　投稿与读者服务:010-62776969,c-service@tup.tsinghua.edu.cn
　　　　质量反馈:010-62772015,zhiliang@tup.tsinghua.edu.cn
　　　　课件下载:https://www.tup.com.cn,010-83470410
印 装 者:三河市科茂嘉荣印务有限公司
经　　销:全国新华书店
开　　本:185mm×260mm　　　　印　　张:16　　字　　数:346 千字
版　　次:2025 年 7 月第 1 版　　　　　　印　　次:2025 年 7 月第 1 次印刷
定　　价:49.00 元

产品编号:109828-01

前 言

随着信息技术的飞速发展,云计算与虚拟化技术成为国家科技战略的重要支撑,特别是在《云计算白皮书(2024年)》发布后,其战略地位更加凸显。无论是在大数据分析、人工智能、远程办公领域,还是在云计算服务、数据中心管理、物联网集成领域,云计算与虚拟化技术都展现出无可替代的关键作用。依托丰富的教学实践经验和当前行业的迫切需求,编者精心编纂了本书,旨在通过项目化教学的方式,系统地介绍云计算与虚拟化技术的核心概念、关键技术、平台应用及方案设计,全面引导读者深入理解云计算与虚拟化技术的基础理论,并熟练掌握其核心实践技能,为未来的职业发展奠定坚实的基础。本书内容安排如下。

项目1介绍Linux操作系统。Linux操作系统是云计算的底层支柱,构建一个云计算基础设施所需要的重要平台都高度依赖Linux,各种平台功能、安装部署、日常运维等都离不开Linux操作。本项目主要为读者奠定良好的基础知识和技能准备。

项目2介绍KVM服务器虚拟化技术。目前商用场景使用的虚拟化产品如CAS服务器虚拟化,都是基于开源KVM,并在KVM的基础上进行二次开发、完善各种功能而产生的。本项目是学习项目3中CAS服务器虚拟化的基础。

项目3介绍CAS虚拟化平台技术。CAS是基于KVM开发的,掌握了Linux操作系统和KVM的相关知识技能,就可以学习实用性极强的商用虚拟化平台的构建和日常运维相关知识。本项目是学习项目5"企业云平台应用"的基础,云平台管理和调度的主要任务就是虚拟化资源。

项目4介绍OpenStack云平台。OpenStack类似于KVM与商用虚拟化平台CAS的关系,是典型的开源云平台产品,是商用企业云平台的构建基础。本项目是为完成项目5"企业云平台应用"的学习做好知识技能准备。

项目5介绍企业云平台CloudOS。企业云平台CloudOS是目前大量企业使用的、成熟的商用云平台产品。掌握云计算技术的关键是熟悉底层的虚拟化和云平台。项目五的学习,是真正掌握构建公有云或私有云能力的重要环节。

项目6介绍CloudOS私有云规划、CAS虚拟化平台运维及CloudOS云平台运维,旨在帮助读者掌握构建私有云的硬件知识、架构规划以及日常的运维技能。

本书由具有丰富教学和行业实践经验的专家团队编写,由周伟、郝洁、吴少博担任主编,陈冬、何浩生、邓晓红、陈小东、张毅华、曹佩任副主编。周伟编写项目

1,郝洁编写项目 2,吴少博编写项目 3,陈冬、邓晓红编写项目 4,陈小东、张毅华编写项目 5,何浩生、曹佩编写项目 6。由于编者水平有限,书中难免存在疏漏和不足之处,恳请广大读者批评指正。

在本书编写过程中,团队成员多次进行内部讨论与修订,确保了教材内容的前沿性、准确性和实用性。我们诚邀广大师生和业界同人提出宝贵意见,以期不断完善,为云计算与虚拟化技术领域的教育事业贡献一分力量。

编　者
2025 年 2 月

教学资源与更新

目 录

CONTENTS

Linux 基 础

项目背景

回顾 Linux 的发展历史，可以说 Linux 是"站在巨人肩膀上"逐步发展起来的，并在很大程度上借鉴了 UNIX 操作系统的成功经验，继承并发展了 UNIX 的优良性能。Linux 具有开源的特性，一经推出便得到广大操作系统开发爱好者的支持，这也是 Linux 得以迅速发展的重要原因之一。本项目首先介绍 Linux 的发展及特性，然后介绍 Linux 操作系统的安装，最后介绍 Linux 操作系统的常规操作（登录、注销、退出系统，以及如何在系统中安装软件）。

Linux 操作系统诞生以来给 IT 行业的发展做出了巨大的贡献，随着虚拟化、云计算、大数据和人工智能时代的到来，Linux 获得了飞速发展，它凭借稳定、安全、开源等特性，成为中小型企事业单位搭建网络服务的首选，占据了整个服务器行业的半壁江山。

项目目标

- 了解 Linux 操作系统的发展和特性。
- 掌握虚拟机的创建及 Linux 系统的安装部署。
- 熟悉 Linux 操作系统的基本操作。

职业能力要求

- 能够使用 VMware Workstation Pro 虚拟机软件创建虚拟机。
- 能够安装 Linux 操作系统。
- 能够完成文件目录管理及软件安装操作。

项目资源清单

序号	资 源 目 录
1	服务器 1 台，利用 VMware Workstation Pro 实现。建议配置 CPU 为 2×1 核，内存为 2GB，磁盘容量为 20GB，网卡为 NAT 模式
2	AlmaLinux 9.4 ISO 镜像文件
3	终端软件：Xshell、SecureCRT、PuTTY、WindTerm 等任选其一

任务 1.1　认识与安装 Linux 操作系统

1.1.1　任务介绍

某公司计划新建一个服务器虚拟化平台,要求底层操作系统为 Linux 系统,因此本任务选择安装 AlmaLinux 操作系统。AlmaLinux 是一款开源的、社区驱动的 Linux 操作系统,它的出现填补了因 CentOS 稳定版本停止维护而留下的空白。

1.1.2　任务分析

要顺利完成任务,首先需要对任务进行需求分析,厘清其知识要求、技能要求,经过对任务的仔细研究,得出以下分析结果。

需求分析

- 了解 Linux 的发展历史和特性。
- 掌握虚拟化环境下 Linux 操作系统的安装。

知识要求

- 掌握 Linux 基本概念。
- 了解 Linux 的命令行特点。
- 了解各种版本 Linux 的区别。

技能要求

- 能够在服务器上安装 Linux 操作系统。
- 能够在 Linux 系统上进行基本操作。

1.1.3　知识准备

1.1.3.1　云计算背景

在信息通信技术(ICT)领域经常听到"阿里云""华为云""百度云""腾讯云"等概念,到底什么是云计算(cloud computing)? 云计算又能做什么? 云计算是一种基于网络的超级计算模式,根据用户的不同需求提供其所需要的资源,包括计算资源、网络资源、存储资源等。云计算服务通常运行在若干台高性能物理服务器上,提供每秒 10 万亿次的运算能力,可以用来预测气候变化、市场发展趋势,甚至模拟核爆炸等。

云是互联网的一种比喻的说法。过去在拓扑图中往往用云来表示电信网,后来也用来表示互联网和底层基础设施等。

云计算是以虚拟化技术为核心、以低成本为目标,基于互联网服务的动态可扩展的网络应用基础设备,根据使用需求付费购买相关服务的一种新型模式。

云计算模式类似国家的供电模式(电厂提供电,用户付费购买)。在云计算模式下,云计算提供了用户看不到、摸不着的硬件设施(服务器、内存、硬盘)以及各种应用软件资源。用户只需要接入互联网,付费购买自己所需要的资源,然后通过浏览器给"云"发送指令和接收数据,便可以使用云服务提供商的科学计算、存储空间、应用软件等资源,来满足自身的需求。

云计算有一个显著特点:用户只需投入较少的管理工作,或与云服务提供商进行较少的交互,便可在云计算模式下快速获得各类资源。云计算拥有每秒10万亿次的运算能力,其计算能力强大到几乎无所不能,可以应用于预测气候变化、预测市场发展趋势等。

1.1.3.2　Linux 概述

Linux 操作系统是一种开源使用、自由传播的类似 UNIX 的操作系统。UNIX 是 1969 年由肯·汤普森(K. Thompson)工程师开发的一种经典的操作系统,1972 年,肯·汤普森与丹尼斯·里奇(Dennis Ritchie)使用 C 语言重写了 UNIX 操作系统,大幅提升了其可移植性。UNIX 具有良好且稳定的性能,因此在计算机领域中得到了广泛应用,其不足之处在于 UNIX 收费高昂。鉴于此,1991 年,为了创建一个不受商品化软件版权制约的系统软件,芬兰赫尔辛基大学的学生林纳斯·托瓦兹(Linus Torvalds)首次发布开源的 Linux 正式版,Linux 图标如图 1-1-1 所示。

图 1-1-1　Linux 图标

1.1.3.3　Linux 的发展历程

Linux 操作系统经历了 6 个发展阶段。

1. 起步阶段(1991 年)

1991 年,Linus Torvalds 是芬兰赫尔辛基大学计算机科学系的一名学生,他开始着手开发一个类似 UNIX 的操作系统。1991 年 8 月,Linus 发布了 Linux 内核的第一个版本 Linux 0.01,为了响应当时的自由软件运动,Linux 内核从一开始就被设计为开源的。

1991 年 10 月,Linus 在 Usenet(世界性的新闻组网络系统)上发布了第一个公开版本的 Linux 内核,标志着 Linux 开源系统的诞生。

2. 完善阶段(1992—1994 年)

Linux 融入了 GNU(自由软件操作系统)工程的理念,提供一个自由且开放的操作系统。GNU 工程由理查德·斯托曼(Richard Stallman)发起,它包括开发工具和库(如 GCC 编译器、GDB 调试器和 Bash shell)。虽然 Linux 只是内核,但与 GNU 工程的其他组件结合使用,逐渐形成了完整的操作系统。

Linux 0.99 版本于 1993 年发布,而 1994 年 3 月,Linux 1.0 正式发布,得到了广泛的关注和应用。

3. 成熟阶段(1995—1999 年)

1995 年,Linux 吸引了商业公司的兴趣,Red Hat、Slackware、Debian 等 Linux

发行版相继出现。这些发行版将 Linux 内核与各种应用程序和工具打包,方便用户安装和使用。

为了保证 Linux 和相关软件的自由性,Linus Torvalds 和其他开发者决定采用 GNU 通用公共许可证(GPL),以确保其代码是开放的,可以进行自由分发、修改等操作。

随着 Linux 操作系统的性能变得更加稳定且易于使用,开发者社区开始壮大。成千上万的开发者和贡献者参与 Linux 操作系统的开发,逐渐推动 Linux 向各个领域扩展。

4. 全面普及阶段(2000—2009 年)

到 2000 年年初,Linux 在服务器领域取得了显著的成功,成为 Web 服务器、数据库服务器和文件服务器的首选操作系统。许多公司,如 IBM(国际商业机器公司)、HP(惠普)和 Oracle(甲骨文)开始支持 Linux,并将其部署在企业级应用中。

虽然 Linux 在服务器系统市场大获成功,但在计算机系统市场与 Windows 和 macOS 的竞争依然艰难。Ubuntu 等发行版的推出也逐渐提升了 Linux 桌面的可用性。同时,Linux 开始在嵌入式设备中得到应用,如路由器、智能手机、平板电脑等。

5. 多领域发展阶段(2010—2020 年)

2008 年,Google(谷歌)发布了基于 Linux 内核的 Android 操作系统,这一操作系统迅速成为全球使用得最广泛的移动操作系统。Android 操作系统的成功为 Linux 带来了前所未有的关注。

Linux 在物联网(IoT)设备和云计算领域也得到了广泛应用。大多数云服务平台都基于 Linux,尤其是在大规模数据中心,Linux 成为主流操作系统。

6. 现代发展阶段(2020 年至今)

Linux 内核继续快速演进,定期发布新版本,增加对新硬件的支持,改进性能、安全性和可靠性,同时增加了很多新功能和应用场景,比如支持容器技术。容器技术(如 Docker 和 Kubernetes)大多建立在 Linux 上,帮助开发人员更高效地构建、部署和管理应用程序。

随着 Red Hat 被 IBM 收购,其他技术巨头(如 Microsoft)也开始支持 Linux。Microsoft 甚至在其 Windows 10 和 Windows 11 中集成了 WSL(Windows Subsystem for Linux),允许用户在 Windows 上运行 Linux 环境。

从一个简单的大学生项目到今天支撑着全球互联网基础设施、企业服务器和移动设备运行的操作系统,Linux 的发展历程充分展示了开源社区的力量以及 Linux 内核本身强大的适应性。Linux 的发展历史如图 1-1-2 所示。

1.1.3.4　Linux 发行版本

Linux 发行版本(通常称为"Linux 发行版"或"Linux Distro")是基于 Linux 内核的完整操作系统,这些发行版通常会包含操作系统的内核、系统工具、库和应用程序等。不同的 Linux 发行版有不同的目标、特性和目标用户群体。Linux 的典型发行版本如图 1-1-3 所示。

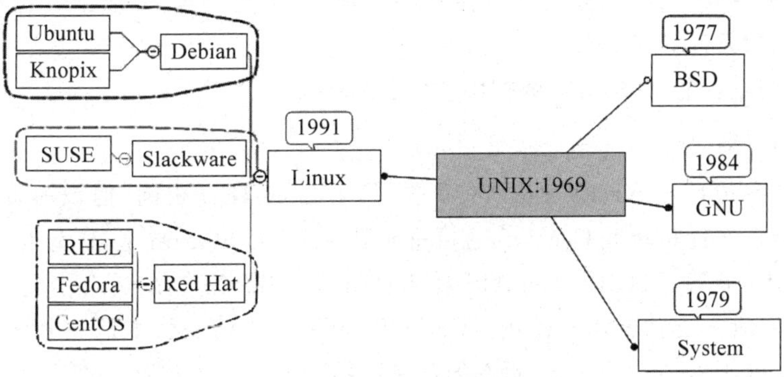

图 1-1-2　Linux 的发展历史

图 1-1-3　Linux 的典型发行版本

1. Ubuntu

Ubuntu 是目前比较流行的 Linux 发行版本之一,面向桌面和服务器用户。它基于 Debian,旨在为用户提供一个易于使用的操作系统,并且有强大的社区支持。Ubuntu 具有易于安装和使用的图形界面,每 6 个月发布一次新版本,并提供长期支持(LTS)版本(如每两年发布的 LTS 版本,通常有 5 年的支持周期)。同时,Ubuntu 具有丰富的软件库和广泛的硬件支持。

使用场景:桌面、开发、云服务器。

2. Debian

Debian 是一个性能非常稳定且完全开源的发行版。它是许多其他发行版(如 Ubuntu、Linux Mint)的基础。Debian 具有高度稳定性,是一个以稳定性为核心的 Linux 发行版本,适用于生产环境,同时 Debian 注重软件的自由性,默认只包含自由软件,而且 Debian 支持多种硬件架构,适用于多种平台。

使用场景:服务器、开发、嵌入式设备。

3. Red Hat Enterprise Linux(RHEL)

RHEL 是由 Red Hat 公司提供的商业化 Linux 发行版,旨在为企业环境提供支持和稳定性。RHEL 提供长期的安全更新和技术支持。用户可以通过购买获得服务支持和专业工具,服务支持包括软件更新、技术支持等,专业工具包括系统管理、自动化和云计算工具等。

使用场景:企业服务器、数据中心、大型应用。

4. CentOS

CentOS 最初是 RHEL 的社区版本,几乎与 RHEL 相同,但没有商业支持。在 2020 年官方宣布转变 CentOS 项目重心到 CentOS Stream 上,作为 RHEL 的滚动更新版本,兼容 RHEL。CentOS 和 RHEL 保持高度兼容,适合需要 RHEL 功能但不需要官方支持的用户使用。CentOS Stream 当前的版本是一个滚动更新的发行版本,处于 RHEL 下一个版本的预览阶段。

使用场景:开发、服务器、大型应用。

5. Fedora

Fedora 是由 Red Hat 主导的社区发行版,是 RHEL 的上游版本,旨在测试新的技术和工具。Fedora 是一个滚动更新的发行版本,包含最新的软件包和技术,同时 Fedora 是一个独立项目,为 RHEL 的开发提供了许多新技术,并且 Fedora 集成了 SELinux 和其他安全功能,具有较强的安全性。

使用场景:桌面、开发、服务器。

6. Arch Linux

Arch Linux 是一个极简主义的发行版本,致力于提供一个高度可定制的操作系统。Arch Linux 采用滚动更新模式,用户无须进行大版本升级,适合高级用户和喜欢自定义系统的人使用;同时 Arch Linux 提供极简设计,只拥有最基础的安装,其他的用户可根据需要添加相应组件。此外,Arch Wiki 还提供了丰富的文档资源,是社区支持的基础。

使用场景:高级用户、系统开发人员、自定义系统爱好者。

7. Linux Mint

Linux Mint 是一个基于 Ubuntu LTS 的发行版本,旨在提供一个用户友好的桌面环境,适合那些从 Windows 转向 Linux 的用户使用。Linux Mint 默认使用 Cinnamon 桌面环境,类似于 Windows 的用户界面,因此 Linux Mint 是一个高度易用的 Linux 发行版,适合初学者使用。同时由于 Linux Mint 是基于 Ubuntu LTS 版本,性能非常稳定。

使用场景:桌面用户、初学者。

8. openSUSE

openSUSE 是由 SUSE Linux 提供的社区支持的 Linux 发行版本,适用于桌面系统和服务器系统。openSUSE 提供了一个强大的系统管理工具 YaST,用于配置硬件、软件和网络设置。openSUSE 提供两个版本:openSUSE Leap(稳定版本)和 openSUSE Tumbleweed(滚动更新版本),其中 openSUSE Leap 是一个企业级的发行版本,适用于生产环境。

使用场景:桌面、开发、服务器。

9. Manjaro Linux

Manjaro Linux 是一个基于 Arch Linux 的用户友好的发行版本,它继承了 Arch Linux 的优势,提供了更容易安装和使用的环境。Manjaro Linux 提供了一个简单易用的图形安装程序,适合那些希望使用 Arch Linux 但又不想手动配置系统的用户使用。Manjaro Linux 对硬件的支持度较高,能自动进行硬件检测,尤其是在图形驱动方面。

使用场景:桌面、开发、初学者。

10. Kali Linux

Kali Linux 是一个专为网络安全专业人员设计的发行版本,包含大量的渗透测试和安全分析工具。Kali Linux 包含数百个安全工具,适合进行网络扫描、漏洞分析、渗透测试等工作。同时,Kali Linux 得到开发者支持,拥有强大的社区支持,并且支持各种硬件架构。

使用场景:安全研究、渗透测试。

11. Elementary OS

Elementary OS 是一个界面美观且用户友好的 Linux 发行版本,主打简洁的桌面体验,界面设计灵感来源于 macOS。Elementary OS 默认使用 Pantheon 桌面环境,提供简洁、直观的用户界面,同时注重保护用户隐私,不捆绑不必要的软件。Elementary OS 易于使用,非常适合从 macOS 或 Windows 过渡到 Linux 操作系统的用户使用。

使用场景:桌面用户、设计师、初学者。

Linux 的发行版本有很多,发行版本选择通常取决于用户的需求:是否偏重稳定性,是否需要最新技术,是不是初学者或高级用户,桌面使用或服务器应用,等等。每个 Linux 发行版本都有自己的特点和目标用户群体,能满足不同用户的使用需求。

1.1.3.5 Linux 的特性

Linux 是一种功能强大的操作系统,它的特性使其在服务器、嵌入式系统、桌面和移动设备等多个领域得到广泛应用。以下介绍 Linux 的主要特性。

1. 开源和自由软件

Linux 是开源软件,这意味着其源代码是公开的,任何人都可以查看、修改和分发。Linux 采用 GNU 通用公共许可证,确保其软件是自由的,允许用户自由使用、修改和分发。这种开源性质使 Linux 在全球开发者社区中得到广泛支持。

2. 多用户支持

Linux 支持多用户并发操作,允许不同用户在同一台计算机上同时登录并进行操作,且彼此互不干扰。Linux 通过用户和组管理来确保系统安全,每个文件和进程都有明确的权限设置,确保不同用户的操作不会互相干扰,同时每个用户都可以有自己的文件、程序和设置。

3. 多任务处理

Linux 支持多任务处理,允许多个程序同时运行而不会相互干扰。Linux 的内核通过进程调度、线程控制和虚拟内存来管理多个任务,能够高效的同时管理多个进程的调度,使程序可以同时执行并确保系统的稳定性。

4. 硬件支持

Linux 支持大量硬件,包括各种 CPU 架构(如 x86、ARM、PowerPC 等)、显卡、声卡、网络适配器等。Linux 提供了硬件抽象层(HAL),使操作系统能够与各种硬件兼容并减少对硬件细节的依赖,同时社区和厂商经常为新的硬件提供驱动支持。

5. 稳定性和可靠性

Linux 在服务器、数据中心及嵌入式系统中获得广泛应用,因为其具有非常高的稳定性。Linux 内核的设计能够最大限度地减少系统崩溃或丢失数据的风险,在出现问题时可以提供强大的恢复机制,同时其内核经过长期的开发和测试,能够应对大规模的任务和高负载。

6. 安全性

Linux 的文件和进程都有严格的权限控制,每个文件都有读、写、执行权限,且每个用户都有自己的权限,用户只有在获得授权的情况下才能访问其他用户的文件或执行特定操作。Linux 还包含强化的安全机制,如 SELinux、AppArmor,这些工具通过强制访问控制(MAC)进一步限制进程的权限,从而提高系统的安全性。另外,Linux 还提供了强大的防火墙功能,如 iptables、nftables,能够有效管理和限制网络流量。

7. 可定制性

Linux 是一个高度可定制的操作系统,用户可以根据需求修改内核、安装软件,并根据自己的需求安装相应的模块软件。

1.1.4 任务实施

1.1.4.1 Linux 操作系统的安装配置

Linux 操作系统的安装及配置操作采用虚拟机软件来模拟真实的服务器环境,与真实的操作步骤和操作环境一致。

虚拟机(Virtual Machine,VM)是指通过软件模拟实现具有完整硬件系统功能、能运行在一个完全隔离的环境中的计算机系统。一台实体计算机可以虚拟出若干台虚拟机,每台虚拟机都有独立的 CPU、内存、硬盘和操作系统,可以像使用实体计算机一样对虚拟机进行操作。在实体计算机中能够完成的工作,在虚拟机中都能够完成,通过虚拟机可轻松实现在一台计算机上同时运行多个 Microsoft Windows、Linux、macOS 甚至 DOS 操作系统的需求。

常见用于桌面计算机的虚拟机软件有 Oracle VirtualBox、VMware Workstation Pro、Windows Virtual PC 等。VirtualBox 是由著名的开源软件推动者太阳计算机系统(Sun Microsystems)有限公司推出的一款使用非常广泛的、免费且开源的虚拟机软件,目前属于甲骨文(Oracle)公司旗下。VMware Workstation 则是由全球著名云计算基础架构解决方案提供商威睿公司(VMware,Inc.)出品的一款虚拟化产品。而 Windows Virtual PC 则是由微软公司出品的虚拟化产品。在众多的虚拟机软件中,VMware Workstation 是目前实现虚拟化程度最高、应用最广泛的虚拟化产品,其主界面如图 1-1-4 所示。

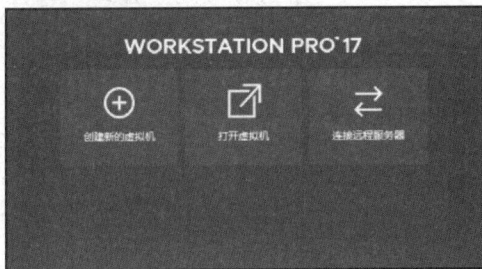

图 1-1-4　VMware Workstation 主界面

1.1.4.2　虚拟机的创建

本任务在已安装好虚拟化软件 VMware Workstation 17 的计算机(宿主机)上进行,宿主机要求内存大于 8GB,硬盘可用空间大于 200GB。

注意:在开始以下操作前,需要在宿主机(物理机)的 BIOS(基本输入输出系统)中开启 CPU 虚拟化支持。

(1)单击"创建新的虚拟机",弹出"新建虚拟机向导"窗口,选中"自定义(高级)"单选按钮,单击"下一步"按钮,如图 1-1-5 所示。

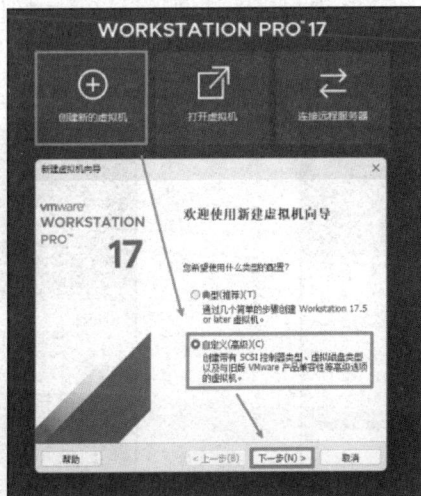

图 1-1-5　"新建虚拟机向导"窗口

(2)选择虚拟机硬件兼容性,此处设置一般默认为最新版本,不需要手动调整,直接单击"下一步"按钮,如图 1-1-6 所示。

(3)进入"安装客户机操作系统"界面,在"安装来源"选项组中选中"稍后安装操作系统"单选按钮,单击"下一步"按钮,如图 1-1-7 所示。

图 1-1-6 选择虚拟机硬件兼容性

图 1-1-7 "安装客户机操作系统"界面

（4）进入"选择客户机操作系统"界面，可以选择要创建的虚拟机准备安装的操作系统。在"客户机操作系统"选项组中选中"Linux"单选按钮，并在"版本"下拉列表中选择"AlmaLinux 64 位"版本，单击"下一步"按钮（注意：此步骤的系统和版本选择需要与用户安装的操作系统适配），如图 1-1-8 所示。

（5）进入"命名虚拟机"界面，对虚拟机进行命名，可以根据自身需求进行自定义设置，并设置虚拟机文件在宿主机磁盘中的存放位置（避免存放在系统盘中）。在"虚拟机名称"文本框中输入该虚拟机的名称，在"位置"文本框中输入虚拟机文件的存储路径，或者通过"浏览"按钮设置虚拟机文件的存放位置。操作完成后单击"下一步"按钮（注意：虚拟机文件默认存放在 C 盘，可以在软件编辑项中的首选项中修改此默认设置，这样就不需要每次创建虚拟机都更改该设置了），如图 1-1-9 所示。

图 1-1-8 "选择客户机操作系统"界面

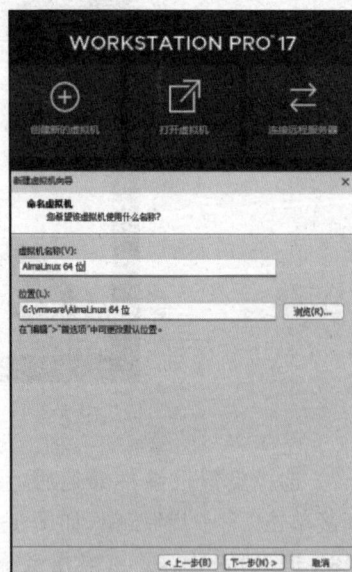

图 1-1-9 "命名虚拟机"界面

（6）进入"处理器配置"界面，可以设置虚拟机将占用宿主机的几个处理器并设置处理器的内核数量。根据宿主机的配置，在"处理器数量"和"每个处理器的内核数量"下拉列表中选择适当的虚拟机数量及每个处理器的内核数量（不要超过宿主机的配置），选择好后单击"下一步"按钮，如图 1-1-10 所示。

（7）进入"此虚拟机的内存"界面，从宿主机的物理内存中划分出部分空间给虚拟机使用，当虚拟机开机后将占用此部分内存。通过拖动界面左侧的调节块，或单击对应位置的数值设置虚拟机的内存，或者直接在"此虚拟机的内存"文本框中输入虚拟机的内存，建议将虚拟机的内存设置在 4GB 及以上，设置好后单击"下一步"按钮，如图 1-1-11 所示。

图 1-1-10　"处理器配置"界面　　　　　图 1-1-11　"此虚拟机的内存"界面

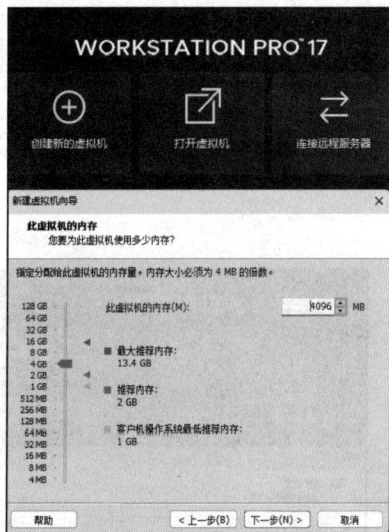

（8）进入"网络类型"界面设置虚拟机与宿主机的通信方式。这里可选用的网络连接分别对应三种模式，即桥接模式、NAT 模式、仅主机模式。其中，仅主机模式只能实现虚拟机与宿主机之间的通信，无法让虚拟机连通互联网，此处选择默认的"使用网络地址转换（NAT）"模式，单击"下一步"按钮，如图 1-1-12 所示。

（9）进入"选择 I/O 控制器类型"界面，选择虚拟机硬盘控制器的类型，在"SCSI 控制器"选项组中保持默认选中"LSI Logic（推荐）"单选按钮，单击"下一步"按钮，如图 1-1-13 所示。

（10）进入"选择磁盘类型"界面，选择需要的虚拟磁盘类型，选择"SCSI"选项，单击"下一步"按钮，如图 1-1-14 所示。

（11）进入"选择磁盘"界面，设置所需的虚拟机磁盘类型。可以选中"创建新虚拟磁盘"（生成虚拟磁盘文件）或者"使用现有虚拟磁盘"单选按钮，也可以直接使用物理磁盘或单个分区作为宿主机的硬盘，这里选择创建一个全新的虚拟磁盘，在"磁盘"选项组中选中"创建新虚拟磁盘"单选按钮，单击"下一步"按钮，如图 1-1-15 所示。

课堂笔记

图 1-1-12 "网络类型"界面

图 1-1-13 "选择 I/O 控制器类型"界面

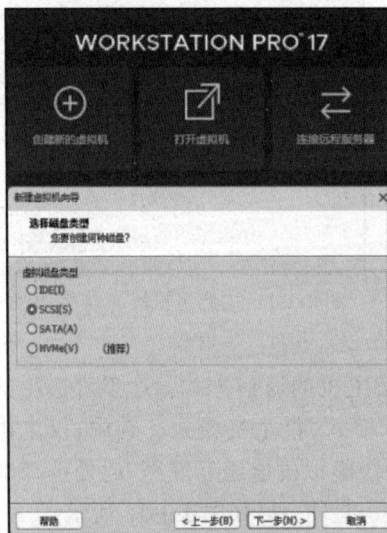

图 1-1-14 "选择磁盘类型"界面

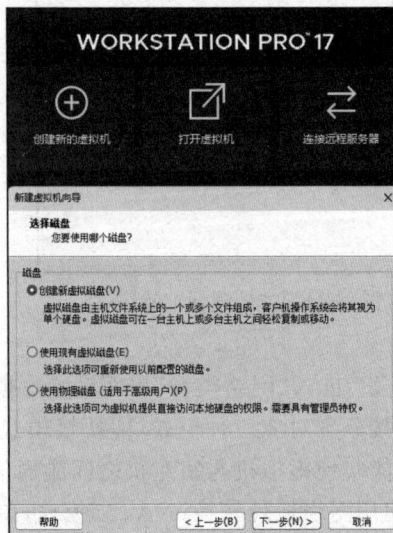

图 1-1-15 "选择磁盘"界面

（12）进入"指定磁盘容量"界面，指定虚拟机磁盘的最大容量。在"最大磁盘大小"文本框中设置磁盘大小，单位为 GB，建议将虚拟机磁盘的最大容量设置为 100GB 以上，取消选中"立即分配所有磁盘空间"复选框，这样可以使磁盘文件根据使用情况逐渐增长以节约宿主机的磁盘空间。选中"将虚拟磁盘存储为单个文件"或"将虚拟磁盘拆分为多个文件"单选按钮皆可，设置好后单击"下一步"按钮，如图 1-1-16 所示。

（13）进入"指定磁盘文件"界面，在"磁盘文件"文本框中为要创建的磁盘文件命名，使用默认的文件扩展名".vmdk"。操作完成以后将在所设置的虚拟机目录下创建磁盘文件,该文件中保存的是该虚拟机的硬盘数据。设置好后单击"下一步"按钮,如图 1-1-17 所示。

图 1-1-16 "指定磁盘容量"界面

图 1-1-17 "指定磁盘文件"界面

(14)进入"已准备好创建虚拟机"界面,前述操作完成后,可以看见前面设置的虚拟机的所有信息。确定配置信息无误后单击"完成"按钮,虚拟机即创建成功,如图 1-1-18 所示。

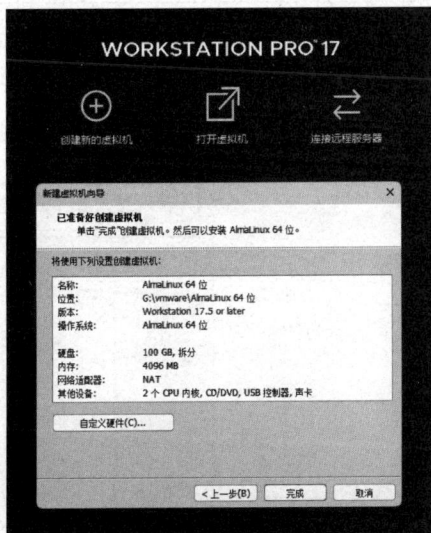

图 1-1-18 "已准备好创建虚拟机"界面

(15)此时返回主页即可看见所创建的虚拟机,如图 1-1-19 所示。

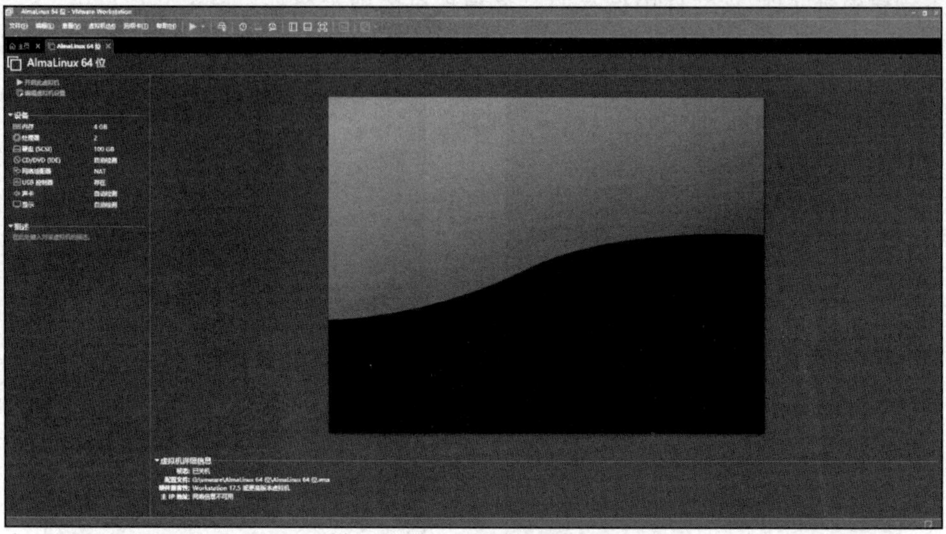

图 1-1-19 创建完成的虚拟机

1.1.4.3 Linux 操作系统的安装

（1）加载系统安装镜像文件，单击"编辑虚拟机设置"，在弹出的界面中选择"CD/DVD（IDE）"选项，在右侧"连接"选项组中选中"使用 ISO 映像文件"单选按钮，单击"浏览"按钮，选择 AlmaLinux 的系统安装镜像文件，在"设备状态"选项组中勾选"启动时连接"复选框，单击"确定"按钮，即可完成设置，如图 1-1-20 所示。

教学视频

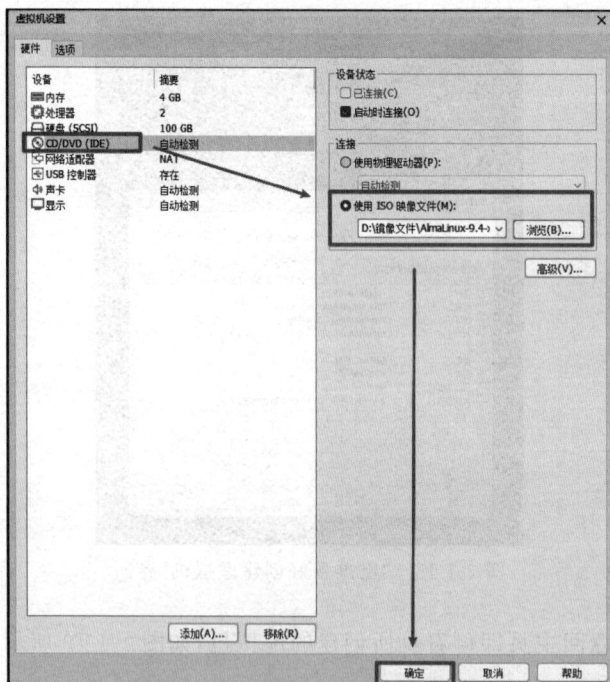

图 1-1-20 加载系统安装镜像文件

（2）单击"开启此虚拟机"，稍等片刻，虚拟机启动安装，单击虚拟机，使鼠标状态进入虚拟机内部，按键盘上方向键，选择"Install AlmaLinux 9.4"（选中后高亮显示为白色）选项后按"Enter"键执行，开始安装操作系统，如图 1-1-21 所示。

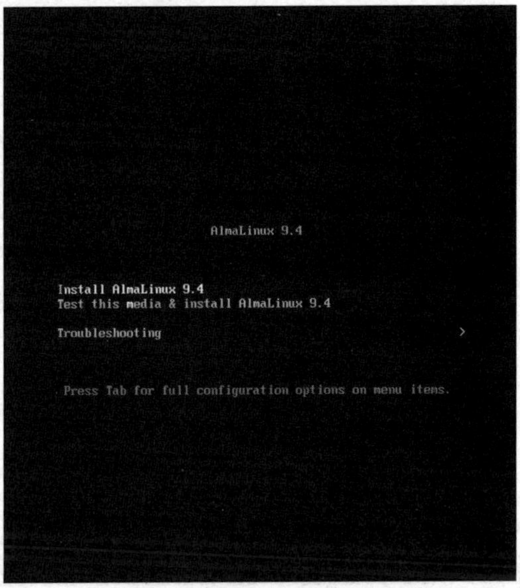

图 1-1-21　等待安装操作系统

注意：当鼠标指针进入 VMware 虚拟机以后，鼠标指针的箭头标识会消失，此时可以按"Ctrl＋Alt"组合键，使鼠标指针的箭头重新显现。

（3）选择系统语言。设置操作系统的语言，保持默认选中的第一行选项，即选用简体中文，单击"继续"按钮，继续安装操作系统，如图 1-1-22 所示。

图 1-1-22　选择系统语言

（4）进入"安装信息摘要"界面，需要将此界面中带有警告标识的步骤一次设置完，才可以继续安装操作系统，如图 1-1-23 所示。

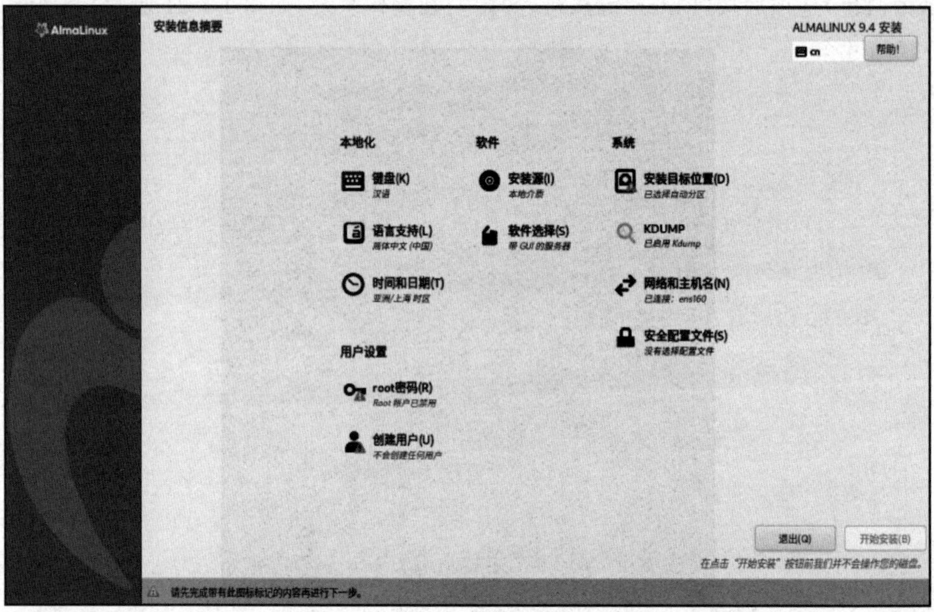

图 1-1-23　"安装信息摘要"界面

（5）在"系统"选项组中单击"安装目标位置"，确认所勾选的磁盘是系统需要安装的目标位置，单击左上角的"完成"按钮完成操作，如图 1-1-24 所示。

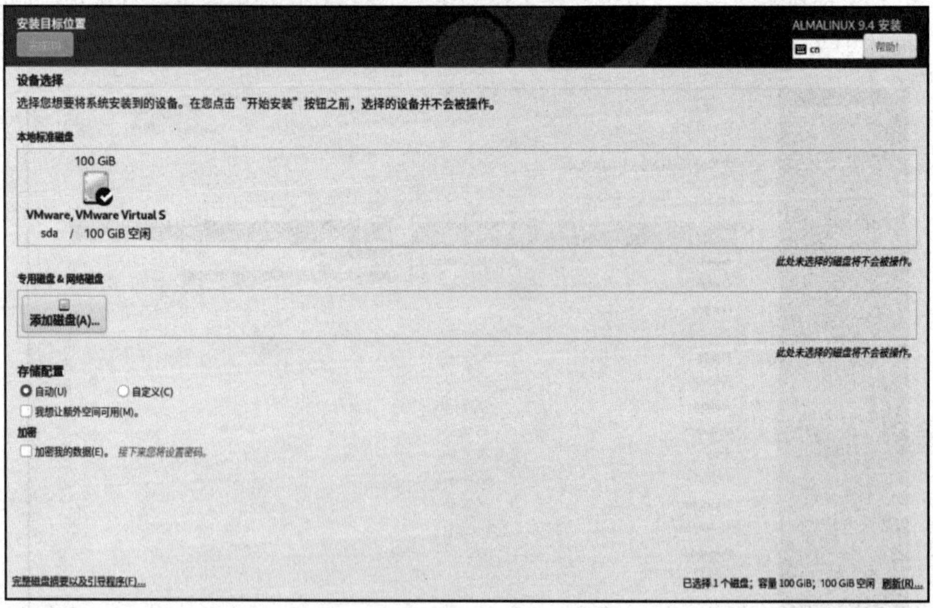

图 1-1-24　设置安装目标位置

（6）在"用户设置"选项组中单击"root 密码"，学习的虚拟化环境可以直接设置一个简单且便于记忆的密码,然后勾选"允许 root 用户使用密码进行 SSH 登录"复选框,单击左上角的"完成"按钮完成操作,如图 1-1-25 所示。

图 1-1-25 root 密码设置

(7) 此时我们可以看到,在执行上述基本步骤后,相应的警告标识就没有了,在此界面也可以根据自己的需求设置其他选项,这里只演示了几个必要的基本步骤,然后单击"开始安装"按钮,进入最后的安装操作步骤,如图 1-1-26 所示。

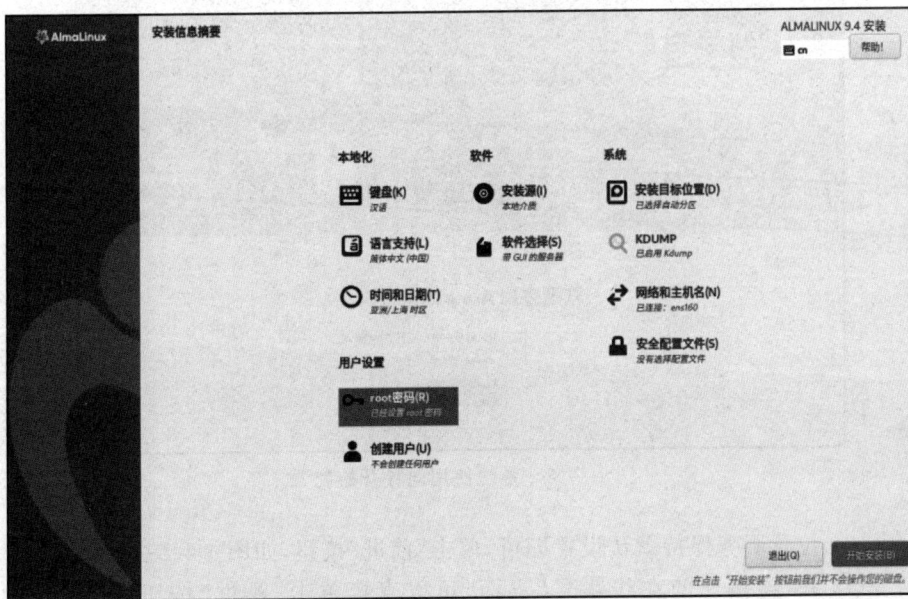

图 1-1-26 开始安装操作系统

课堂笔记

(8) 等待 5～10 分钟，系统安装完成，单击“重启系统”按钮完成系统的安装部署，如图 1-1-27 所示。

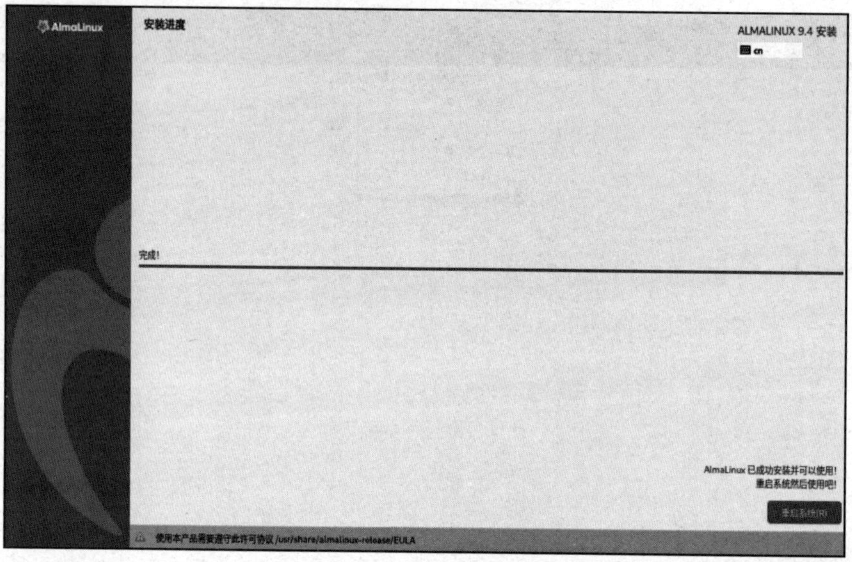

图 1-1-27　安装完成后重启系统

(9) 系统重启后进入系统使用向导流程，单击“开始配置”按钮，如图 1-1-28 所示。

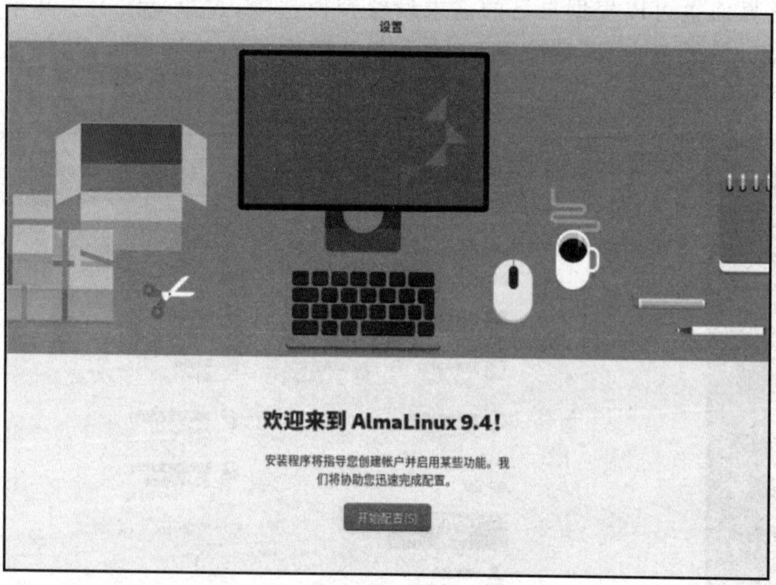

图 1-1-28　系统使用向导开始配置

(10) 位置服务保持默认设置即可，单击“前进”按钮，如图 1-1-29 所示。

(11) 在“连接您的在线账号”界面，可以直接单击“跳过”按钮，如图 1-1-30 所示。

图 1-1-29　位置服务设置

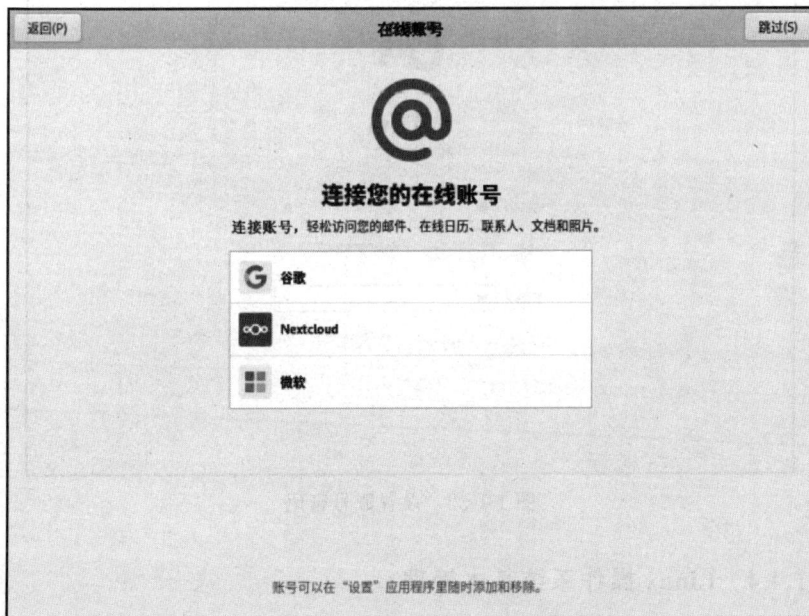

图 1-1-30　"连接您的在线账号"界面

（12）设置普通账号，输入账号名称，单击"前进"按钮，如图 1-1-31 所示。

（13）设置普通账号的登录密码，单击"前进"按钮，如图 1-1-32 所示。

（14）向导流程完成，单击"开始使用 AlmaLinux"按钮，如图 1-1-33 所示。

（15）此时即可看到安装好的 AlmaLinux 版本的 Linux 操作系统的 GUI 环境，如图 1-1-34 所示。

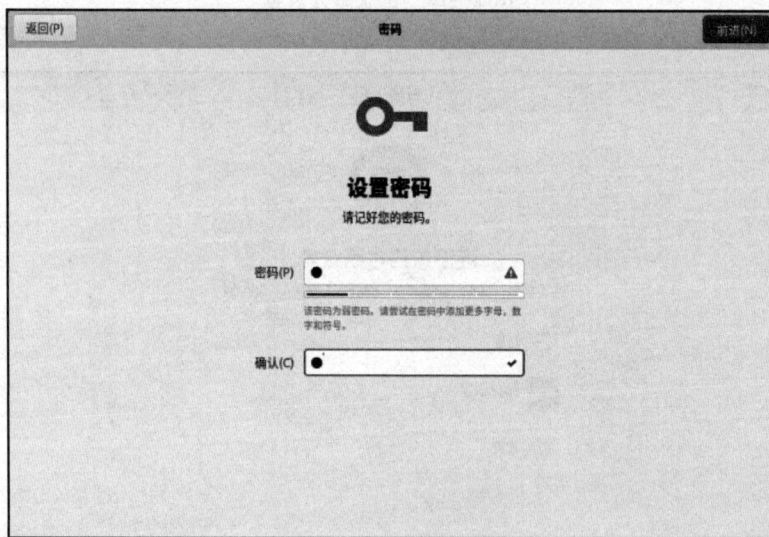

图 1-1-31　设置普通账号

图 1-1-32　设置账号密码

1.1.4.4　Linux 操作系统基本管理

系统安装完成后,需要熟悉关于 Linux 的图形化和命令行界面的基本操作,如开启和关闭 Linux 操作系统,这对于了解云计算虚拟化相关知识起着至关重要的作用。因此掌握 Linux 系统的文件目录管理、网络管理、软件管理等操作,可为后续的学习打下坚实的基础。

1. GUI 基本操作

要在图形化界面下退出系统,可以单击界面右上角的"关机"按钮 ⏻,如图 1-1-35

教学视频

图 1-1-33　向导流程完成

图 1-1-34　AlmaLinux 桌面

所示,在弹出的级联菜单中有一个"关机/注销"按钮
,通过该按钮可以进行系统图形化界面的关机、重
启与用户注销操作。

2. CLI 基本操作

在 Linux 中,reboot 命令用于重新启动系统,
shutdown -r now 命令用于立即停止运行并重新启动
系统,二者都为重启系统命令,但在使用上是有区
别的。

(1) shutdown 命令可以安全地关闭或重新启动
Linux 操作系统,同时会在系统关闭之前给系统中的
所有登录用户发送一条警告信息。shutdown 命令还

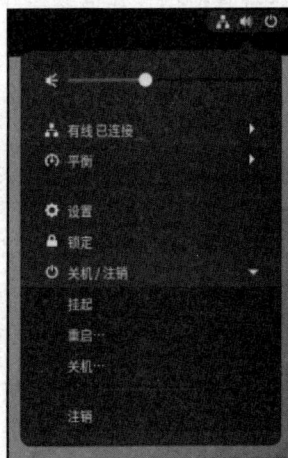

图 1-1-35　"关机/注销"按钮

允许用户指定一个时间参数,用于指定什么时间关闭系统。该时间参数可以是一个精确的时间,也可以是从现在算起的一个时间段。

精确时间的指定格式是 hh:mm,表示具体小时和分钟,时间段用小时数和分钟数表示。系统执行该命令后会自动进行数据同步的工作。

该命令的一般格式如下。

```
shutdown [选项] [时间] [警告信息]
```

shutdown 命令中各选项的含义如表 1-1-1 所示。

表 1-1-1　shutdown 命令中各选项的含义

选项	含　义
-k	并不真正关机,而只是给所有用户发出警告信息
-r	关机后立即重新启动系统
-h	关机后不重新启动系统
-f	快速关机,重新启动时跳过文件系统检查
-n	快速关机且不经过 init 程序
-c	取消一个已经运行的 shutdown 操作

需要特别说明的是,该命令只能由 root 用户使用。

halt 是最简单的关机命令,实际上就是调用 shutdown -h 命令。执行 halt 命令时,会结束应用进程,文件系统写操作完成后会停止内核。

```
[root@loalhost ~]#shutdown -h now        //立刻关闭系统
```

(2) reboot 的工作过程与 halt 类似,其作用是重新启动操作系统,而 halt 命令的作用是关机。其参数也与 halt 命令类似,reboot 命令重启系统时会删除所有进程,而不是平稳地终止所有进程。因此,使用 reboot 命令可以快速地关闭系统,但当还有其他用户在该系统中工作时,会造成数据丢失,所以 reboot 命令的使用场景主要是单用户模式。

```
[root@loalhost ~]#reboot                  //立刻重启系统
[root@loalhost ~]#shutdown -r 00:05       //5 分钟后重启系统
[root@loalhost ~]#shutdown -c             //取消 shutdown 操作
```

(3) 使用 exit 命令退出终端窗口。

```
[root@loalhost ~]#exit
```

1.1.4.5　重置 root 管理员密码

如果系统管理员忘记了 Linux 操作系统的 root 管理员密码,应该如何操作呢?

（1）开启系统，在系统引导界面迅速按下 E 键进入内核编辑界面，如图 1-1-36 所示。

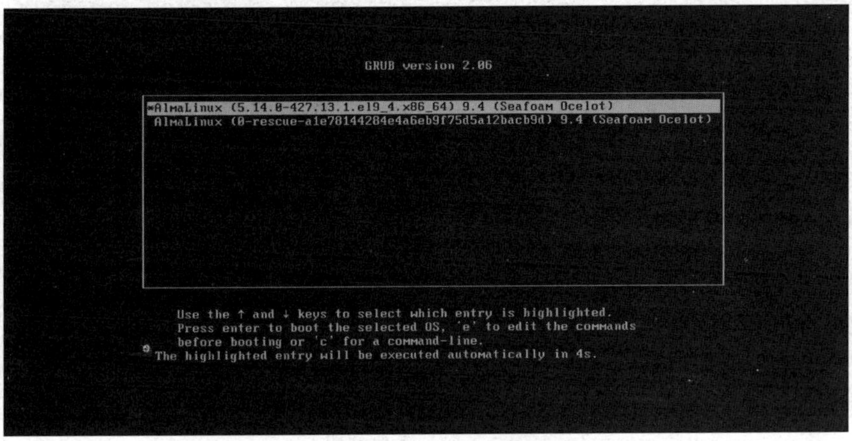

图 1-1-36 引导界面

（2）在"Linux"开头参数行的行尾追加"rd.break"参数，按下"Ctrl＋X"组合键，运行修改过的内核程序，如图 1-1-37 所示。

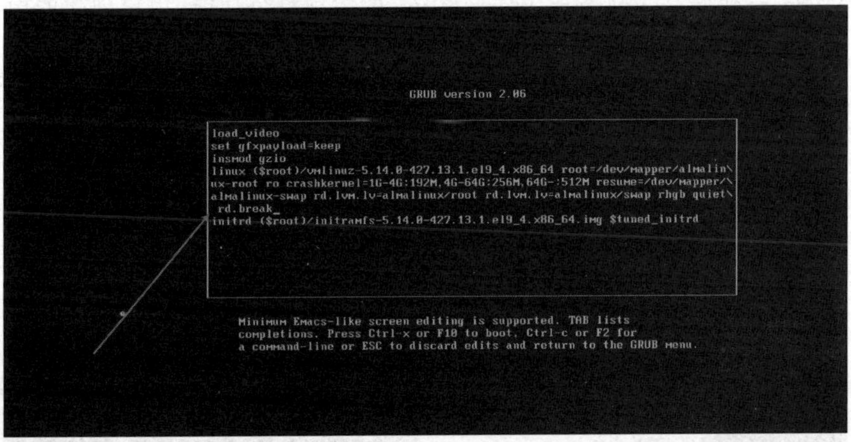

图 1-1-37 追加参数

（3）十几秒后，系统进入紧急救援模式界面，此时依次输入如下命令，等待系统重启操作完毕，如图 1-1-38 所示。

```
mount - o remount .rw /sysroot              //重新以可读写的方式挂载
chroot /sysroot                              //切换系统根目录
passwd 或 echo 密码 | passwd - - stdin root   //修改 root 密码
touch /.autorelabel                          //使 SELinux 生效
exit                                         //退出系统
exit 或 reboot                                //重启系统
```

注意：输入"passwd"后，输入的密码和确认密码是不显示的。如果需要设置密码可见，使用第二条命令即可。

课堂笔记

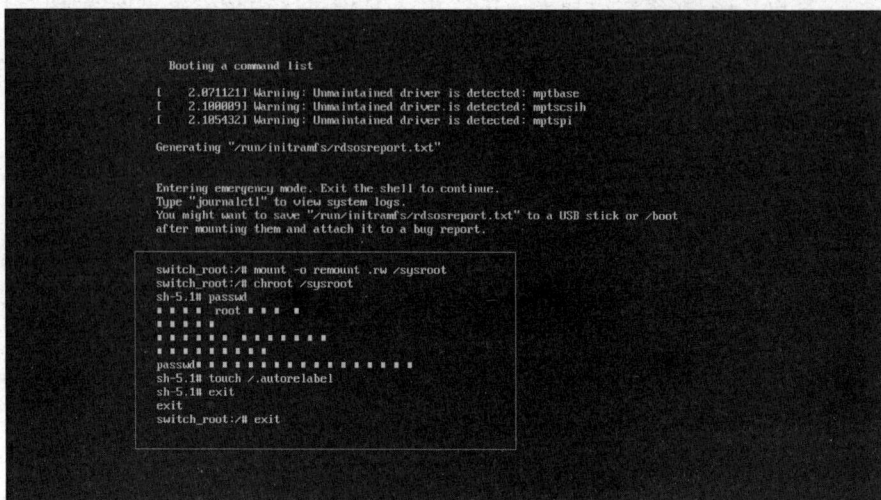

图 1-1-38　重置密码

（4）最后使用修改后的密码登录验证系统即可。

1.1.4.6　快照管理与 SSH 远程连接

VMware 快照是 VMware Workstation 的一项特色功能，用户创建的虚拟机快照是一个特定的文件，它也是 redo log 日志。DELTA 文件是在虚拟机磁盘格式（Virtual Machine Disk Format，VMDK）文件基础上的变更位图，因此，它不能增长得比 VMDK 文件还大，在为虚拟机创建快照时，会创建一个 DELTA 文件，当快照被删除或快照管理被恢复时，该文件将自动删除。

可以通过快照来恢复磁盘文件系统和系统存储，即对于设置好的系统，为其创建一个快照以保存备份，在日后系统出现问题时，可以从快照中恢复系统。

（1）进入 VMware Workstation 主界面，启动虚拟机中的系统，选择要保存备份的系统，选择"虚拟机"→"快照"→"拍摄快照"，如图 1-1-39 所示。

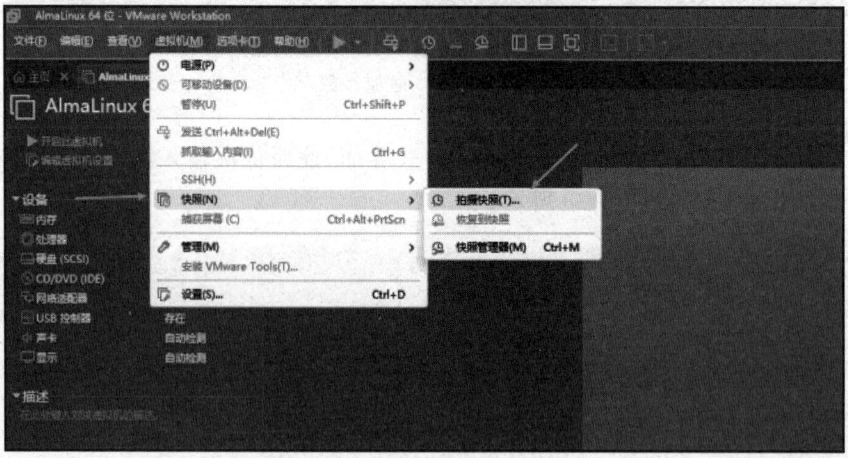

图 1-1-39　选择"拍摄快照"命令

（2）进入"拍摄快照"界面，单击"拍摄快照"按钮，返回虚拟机主界面，系统快照拍摄完成，如图 1-1-40 和图 1-1-41 所示。

图 1-1-40　设置系统快照的名称

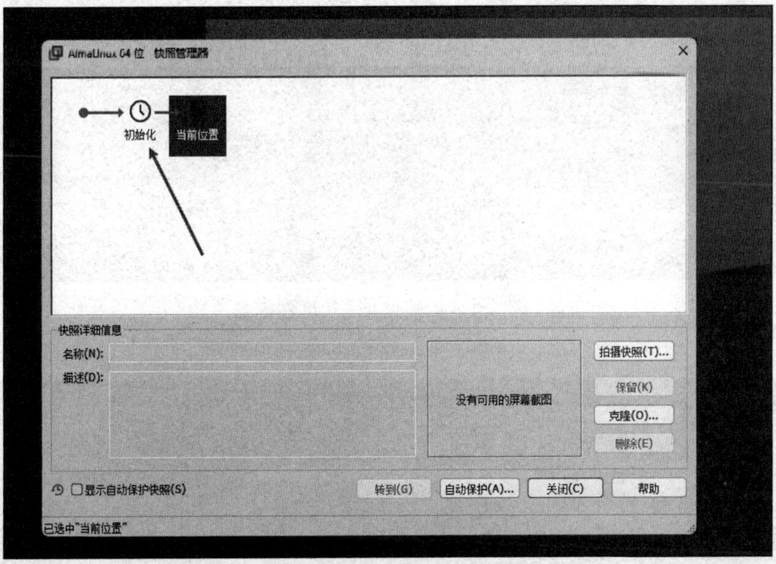

图 1-1-41　系统快照拍摄完成

（3）登录系统查看 IP 地址，如图 1-1-42 所示。

（4）打开 WindTerm 终端软件，单击左上角的"会话"按钮打开"会话"下拉列表，如图 1-1-43 所示。

（5）在打开的"新建会话"界面输入需要连接系统的 IP 地址，单击"连接"按钮，如图 1-1-44 所示。

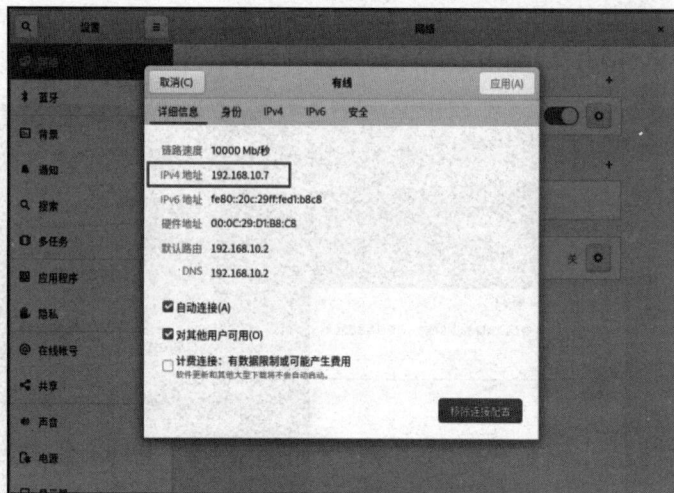

图 1-1-42 查看系统 IP 地址

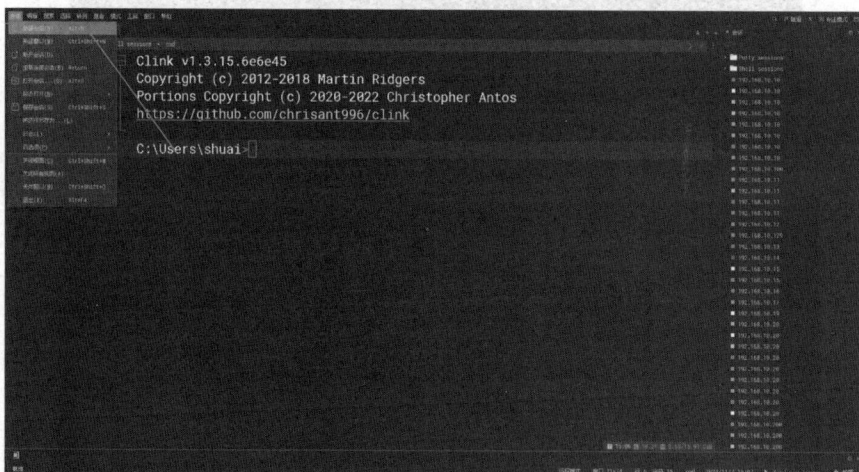

图 1-1-43 "会话"下拉列表

图 1-1-44 输入 SSH 远程连接系统的 IP 地址

（6）在弹出的"登录"界面选择用户登录方式并输入用户名"root"，单击"连接"按钮，如图 1-1-45 所示。

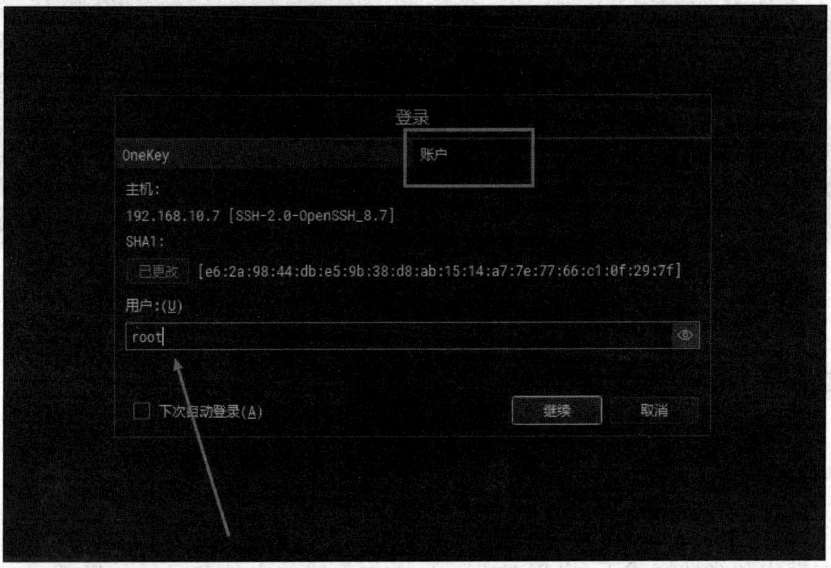

图 1-1-45 "登录"界面

（7）输入 root 用户的登录密码，单击"连接"按钮，如图 1-1-46 所示。

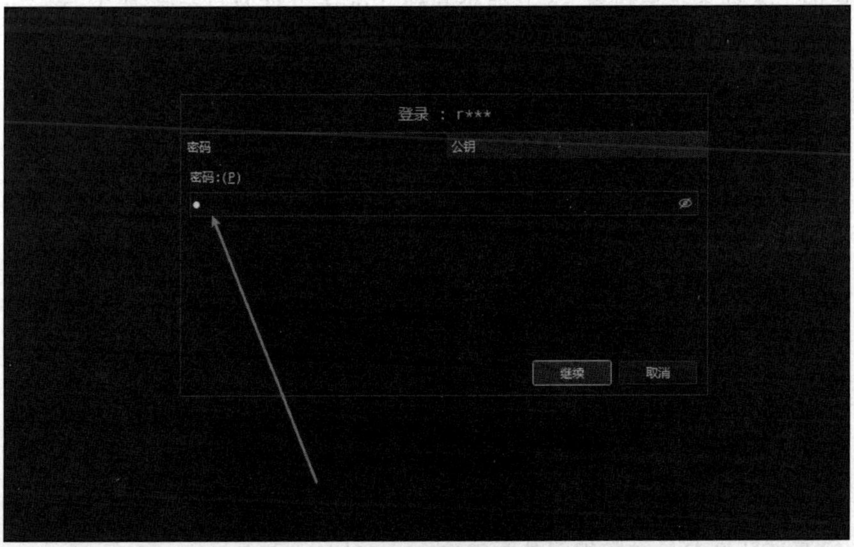

图 1-1-46 输入 root 用户的登录密码

（8）至此，SSH 远程连接登录成功，如图 1-1-47 所示。

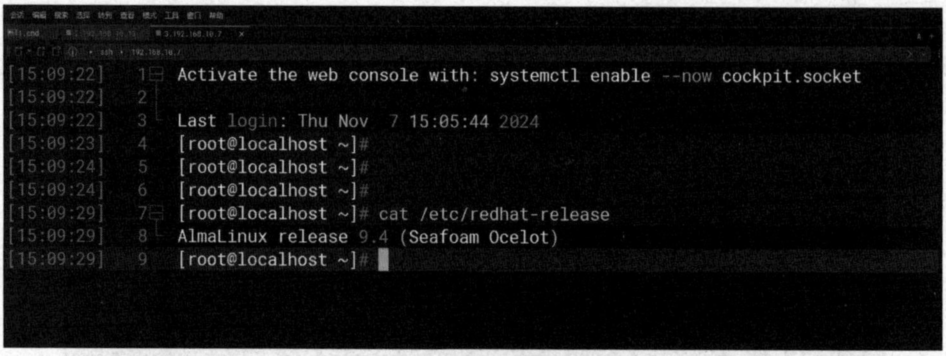

图 1-1-47　SSH 远程连接登录成功

任务 1.2　Linux 系统管理基础命令

1.2.1　任务介绍

Linux 操作系统的一个重要特点就是提供了丰富的命令。对用户来说,如何在文本模式和终端模式下,实现对 Linux 操作系统的文件和目录的管理,如浏览、复制、移动、删除、查看、磁盘挂载以及进程和作业控制等操作,是衡量用户 Linux 操作系统应用水平的一个重要方面,因此掌握常用的 Linux 命令的使用方法是非常必要的。本任务主要讲解 Shell 命令基础、Linux 文件及目录管理、Vi 和 Vim 编辑器的使用以及 Linux 快捷键的使用。

1.2.2　任务分析

要顺利完成任务,首先需要进行任务需求分析,厘清知识要求、技能要求。经过对任务的仔细研究,得出以下分析结果。

需求分析

- 了解 Linux 命令行语法规则。
- 掌握基本的 Linux 管理命令。
- 熟练部署 Linux 操作系统。

知识要求

- 了解 Linux 系统的 Shell 环境。
- 掌握 Shell 环境的使用技巧。
- 掌握文件及目录管理的基本命令。
- 认识文件层级系统(Linux 目录结构)。
- 掌握文件管理进阶的基本操作。

技能要求

- 能够通过命令行管理文件目录,在文件中写入内容。

课堂笔记

1.2.3 知识准备

1.2.3.1 **Shell** 简介

Linux 操作系统的 Shell 作为操作系统的外壳,为用户提供使用操作系统的接口,它是命令语言、命令解释程序及程序设计语言的统称。

Shell 是用户和 Linux 内核之间的接口程序,如果把 Linux 内核想象成一个球体的中心,Shell 就是球体的外层。当从 Shell 或其他程序向 Linux 传递命令时,Linux 内核就会做出相应的反应。

1.2.3.2 **Shell** 命令基础

Shell 是一个命令语言解释器,它拥有内建的 Shell 命令集,也能被系统中的其他应用程序调用,用户在提示符下输入的命令先由 Shell 解释再传递给 Linux 内核。

Shell 命令分为内部命令和非内部命令两大类。内部命令,如改变工作目录命令 cd,是包含在 Shell 内部的;非内部命令,如复制命令 cp 和移动命令 mv,是存在于文件系统中某个目录下的单独程序。对于用户而言,不必关心一个命令是存在于在 Shell 内部还是一个单独的程序中。Shell 通常会先检查命令是不是内部命令,若不是,则检查其是不是一个应用程序(这里的应用程序可以是 Linux 本身的实用程序,如 ls 和 rm;可以是购买的商业程序,如 xv;也可以是自由软件,如 Emacs)。然后,Shell 在搜索路径中寻找这些应用程序(搜索路径就是一个能找到可执行程序的目录列表)。如果输入的命令不是一个内部命令,且在路径中没有找到可执行文件,则会显示一条错误信息。如果成功找到命令,则该内部命令或应用程序将被分解为系统调用并传递给 Linux 内核。

Shell 的一个重要特性是它自身就是一种解释型的程序设计语言。Shell 语言支持绝大多数高级语言的程序元素,如函数、变量、数组和程序控制结构。Shell 语言具有普通编程语言的很多特点,如其具有循环结构和分支结构等,用这种编程语言编写的 Shell 程序与其他应用程序具有同样的效果,Shell 语言简单易学,任何能在提示符中输入的命令都能放到一个可执行的 Shell 程序中。

Shell 是使用 Linux 操作系统的主要环境,Shell 的学习和使用是学习 Linux 不可或缺的重要部分。Linux 操作系统的图形用户界面 X Window 就像 Windows 一样,也有窗口、菜单和图标,可以通过鼠标进行相关的管理操作。在图形化界面中,选择"应用程序"→"系统工具"→"终端"选项,打开虚拟终端,即可启动 Shell,如图 1-2-1 所示,在终端输入的命令就是由 Shell 来解释执行的。一般的 Linux 操作系统不仅有图形化界面,还有纯文本模式,在没有安装图形化界面的 Linux 操作系统中,开机即自动进入纯文本模式,此时就启动了 Shell,在该模式下可以输入命令和系统进行交互。

当用户成功登录后,系统将执行 Shell 程序,提供命令提示符,对于普通用户,用"$"作为提示符,对于超级用户,用"#"作为提示符。当出现命令提示符,用户就可以输入相应的命令参数,系统将执行这些命令,若要中止命令的执行,可以按"Ctrl+C"组合键,若用户想退出登录,可以输入 exit、logout 命令或按文件结束符

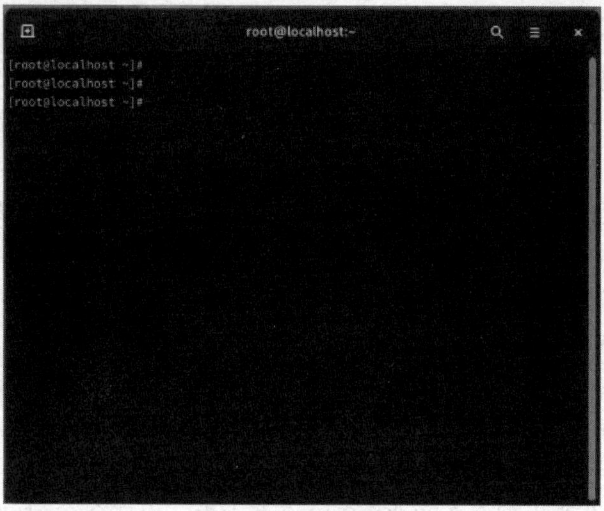

图 1-2-1　启动 Shell

（"Ctrl＋D"组合键）。

1.2.4　任务实施

1.2.4.1　Shell 命令使用技巧

1. Shell 命令的一般格式

在 Linux 操作系统中看到的命令其实就是 Shell 命令，Shell 命令的基本格式如下。

```
command[选项][参数]
```

（1）command 为命令名称。例如，查看当前文件夹下文件或文件夹的命令是 1s。

（2）［选项］表示可选，是对命令的特别定义，以连接符"-"开始，多个选项可以用一个连接符"-"连接起来。例如，"ls -l -a"与"ls -la"的作用是相同的，有些命令不写选项和参数也能执行，有些命令在必要的时候可以附带选项和参数。

ls 是一个常用命令，它属于目录操作命令，用来列出当前目录下的文件和文件夹。ls 命令可以加选项，也可以不加选项，不加选项的写法如下。

```
[root@localhost ~]#ls
公共  模板  视频  图片  文档  下载  音乐  桌面  anaconda-ks.cfg
[root@localhost ~]#
```

ls 命令不加选项和参数也能执行，但只能执行基本功能，即显示当前目录下的文件名。那么，加入一个选项会出现什么结果？

```
[root@localhost ~]#ls -l
总用量 4
```

```
drwxr-xr-x. 2 root root    6 11月  7 14:57 公共
drwxr-xr-x. 2 root root    6 11月  7 14:57 模板
drwxr-xr-x. 2 root root    6 11月  7 14:57 视频
drwxr-xr-x. 2 root root    6 11月  7 14:57 图片
drwxr-xr-x. 2 root root    6 11月  7 14:57 文档
drwxr-xr-x. 2 root root    6 11月  7 14:57 下载
drwxr-xr-x. 2 root root    6 11月  7 14:57 音乐
drwxr-xr-x. 2 root root    6 11月  7 14:57 桌面
-rw-------. 1 root root 828 11月  7 11:18 anaconda-ks.cfg
[root@localhost ~]#
```

如果加-l选项,可以看到显示的内容明显增加了,-l是"长格式"(long list)的意思,即显示文件的详细信息。

可以看到,选项的作用是调整命令功能。如果没有选项,那么命令只能执行基本功能;而一旦有选项,就能执行更多功能,或者显示更加丰富的数据内容。

Linux选项通常分为短格式选项和长格式选项两大类。

短格式选项是长格式选项的简写,用一个"-"和一个字母表示,如"ls -l"。

长格式选项是完整的英文单词,用两个"-"和一个单词表示,如"ls --all"。

一般情况下,短格式选项是长格式选项的缩写,即一个短格式选项会有对应的长格式选项。当然也有例外,例如,ls命令的短格式选项"-l"就没有对应的长格式选项,所以具体的命令选项需要通过帮助手册来查询。

(3)[参数]为跟在可选项后的参数,或者是command的参数,参数可以是文件,也可以是目录,可以没有,也可以有多个,有些命令必须使用多个操作参数。例如,cp命令必须指定源操作对象和目标对象。

(4)command、[选项]、[参数]等项目之间以空格隔开,无论有几个空格,Shell都视其为一个空格。

2. Shell 的使用技巧

Shell是Linux和UNIX系统的命令行解释器,它允许用户通过命令行与操作系统进行交互。掌握Shell的使用技巧可以大幅提高工作效率。以下是一些常用的Shell使用技巧。

(1)Tab补全。在输入命令或文件名时,按Tab键可以自动补全命令或文件名。

(2)历史命令。使用history命令查看历史命令列表。使用"Ctrl+R"进行反向搜索,可以快速找到之前使用过的命令。

(3)别名(alias)。使用alias命令创建别名,如"alias ll='ls -l'"。

(4)管道(pipes)。使用管道符"|"将一个命令的输出作为另一个命令的输入,如"ls | grep 'txt'"。

(5)重定向。使用">"将输出重定向到文件中,如"ls > filelist.txt"。使用">>"将输出追加到文件中,如"echo "new line" >> filelist.txt"。

使用"<"从文件读取输入,如"sort < filelist.txt"。

(6)通配符。使用"*"匹配任意数量字符,如"ls *.txt"。使用"?"匹配任意单个字符,如"ls ?.txt"。

(7) 命令替换。使用"$(command)"或"command"执行命令并将输出赋值给变量,如"current_dir=$(pwd)"。

1.2.4.2　显示系统信息类命令

1. who——查看用户登录信息

who 命令主要用于查看当前登录的用户,命令如下。

```
[root@localhost ~]#who
root      seat0      2024-11-07 15:05 (login screen)
root      tty2       2024-11-07 15:05 (tty2)
root      pts/0      2024-11-07 15:09 (192.168.10.1)
```

2. whoami——显示当前操作用户

whoami 命令用于显示当前操作用户的用户名,命令如下。

```
[root@localhost ~]#whoami
root
```

3. hostname/hostnamectl——显示或设置当前系统的主机名

(1) hostname 命令用于显示当前系统的主机名,命令如下。

```
[root@localhost ~]#hostname              //显示当前系统的主机名
localhost.localdomain                    //主机名为 localhost
[root@localhost ~]#
```

(2) hostnamectl 命令用于设置当前系统的主机名,命令如下。

```
[root@localhost ~]#hostnamectl set-hostname AlmaLinux
[root@localhost ~]#bash                  //设置主机名为 AlmaLinux,执行
[root@AlmaLinux ~]#
[root@AlmaLinux ~]#hostname
AlmaLinux
[root@AlmaLinux ~]#
```

4. date——显示日期和时间

date 命令用于显示当前日期和时间,通过执行 date 命令来查看当前日期和时间的命令如下。

```
[root@AlmaLinux ~]#date
2024 年 11 月 07 日 星期四 16:29:20 CST
[root@AlmaLinux ~]#
```

5. cal——显示日历

cal 命令用于显示日历信息,命令如下。

```
[root@AlmaLinux ~]#cal
      十一月 2024
一  二  三  四  五  六  日
                1   2   3
 4   5   6   7   8   9  10
11  12  13  14  15  16  17
18  19  20  21  22  23  24
25  26  27  28  29  30

[root@AlmaLinux ~]#
```

6. clear——清除屏幕

clear 命令的作用相当于 DOS 下的 cls 命令,用于消除屏幕,命令如下。

```
[root@AlmaLinux ~]#clear
[root@AlmaLinux ~]#
```

1.2.4.3 文件及目录管理类命令

文件系统是 Linux 操作系统的重要组成部分,文件系统中的文件是数据的集合,文件系统不仅包含文件中的数据,还包含文件系统的结构,所有 Linux 用户和程序看到的文件、目录、软链接及文件保护信息等都存储于其中。学习 Linux 时,不要局限于学习各种命令的使用技巧,更应该了解整个 Linux 文件系统的目录结构以及各个目录的功能。

UNIX、Linux 的哲学理念是"一切皆文件"。在文件系统 dev 目录里面可以看到所有硬件都是用文件表示的。Linux 文件层级系统(目录结构)为一个倒挂的树状结构,顶层为根,使用"/"表示。Linux 目录结构如图 1-2-2 所示。

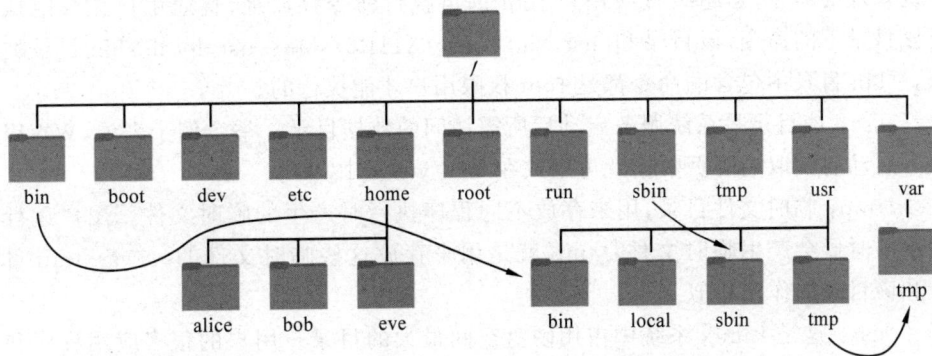

图 1-2-2 Linux 目录结构

/:根目录。所有的目录、文件、设备都在/之下,/是 Linux 文件系统的组织者,也是最高级的领导者。

/bin："bin"就是 binary（二进制）的缩写。在一般的 Linux 系统中，都可以在/bin 目录下找到 Linux 中常用的命令。系统所需要的命令均存放于此目录。

/boot：Linux 的内核及引导系统程序所需要的文件目录都位于这个目录下，如 vmlinuz、initrd.img 文件。一般情况下，GRUB 或 LILO 系统引导管理器也位于该目录下。

/dev：dev 是 device（设备）的缩写。/dev 目录对用户十分重要。因为这个目录中包含了 Linux 系统中使用的所有外部设备，但这里存放的并不是外部设备的驱动程序。这一点和常用的 Windows、DOS 操作系统不一样。它实际上是一个访问外部设备的端口，可以非常方便地访问这些外部设备，和访问一个文件、一个目录没有任何区别。

/etc：/etc 目录是 Linux 系统中最重要的目录之一。该目录下存放了系统管理中要用到的各种配置文件和子目录。系统管理中要用到的网络配置文件、文件系统、系统配置文件、设备配置信息、用户信息等都存放在该目录下。

/home：如果建立一个用户，用户名是"xx"，那么在/home 目录下就有一个对应的/home/xx 路径，用来存放用户的主目录。

/lib：lib 是 library（库）的缩写。该目录是用来存放系统动态链接共享库的。几乎所有的应用程序都会用到该目录下的共享库。因此，不要轻易对该目录进行操作，一旦发生问题，系统就不能工作了。

/mnt：该目录一般用于存放挂载存储设备的挂载目录，比如 cdrom 等目录。

/media：有些 Linux 的发行版使用/media 目录来挂载那些 USB 接口的移动硬盘（包括 U 盘）、CD/DVD 驱动器等。

/opt：该目录主要用于存放那些可选的程序。

/proc：可以在该目录下获取系统信息。这些信息是内存中由系统自己产生的。

/root：Linux 超级权限用户 root 的目录。

/sbin：该目录用于存放系统管理员的系统管理程序。其中存放的大多是涉及系统管理的命令，是超级权限用户 root 的可执行命令存放地，普通用户无权限执行该目录下的命令，该目录和/usr/sbin、/usr/X11R6/sbin、/usr/local/sbin 目录类似，/sbin 目录中包含的命令都是 root 权限用户才能执行的。

/srv：该目录是系统服务启动后所需访问的数据目录。举个例子来说，WWW 服务启动后读取的网页数据就可以放在/srv/www 中。

/tmp：临时文件目录，用来存放不同程序执行时产生的临时文件。用户运行程序的时候会产生临时文件，/tmp 就是用来存放这些临时文件的。/var/tmp 目录和该目录的作用相似。

/usr：这是 Linux 系统中占用硬盘空间最大的目录。用户的很多应用程序和文件都存放在该目录下。在该目录下，可以找到那些不适合放在/bin 或/etc 目录下的额外的工具。

/usr/bin：与/bin 目录作用相同，用于存放用户可以使用的命令程序。

Linux 中的常用命令的使用技巧如下。

课堂笔记

1. pwd——显示当前工作目录

pwd 命令是 print working directory 的缩写,用于以绝对路径的方式显示当前工作目录。示例如下。

```
[root@AlmaLinux ~]#pwd                       //显示当前工作目录
/root
[root@AlmaLinux ~]#
```

2. cd——改变当前工作目录

cd 命令是 change directory 的缩写,用于改变当前工作目录。示例如下。

```
[root@AlmaLinux ~]#cd /etc                   //以绝对路径进入 etc 目录
[root@AlmaLinux etc]#cd yum.repos.d/         //以相对路径进入目录
[root@AlmaLinux yum.repos.d]#pwd
/etc/yum.repos.d
[root@AlmaLinux yum.repos.d]#cd .            //当前目录
[root@AlmaLinux yum.repos.d]#cd ..           //上级目录
[root@AlmaLinux etc]#pwd
/etc
[root@AlmaLinux etc]#cd ~                     //当前登录用户的目录
[root@AlmaLinux ~]#pwd
/root
[root@AlmaLinux ~]#cd -                       //上次所在目录
/etc
[root@AlmaLinux etc]#
```

3. ls——显示目录文件

ls 命令是 list 的缩写,用于显示当前目录下有哪些内容,是最常用的命令之一。示例如下。

```
[root@AlmaLinux ~]#ls
公共  模板  视频  图片  文档  下载  音乐  桌面  anaconda-ks.cfg
[root@AlmaLinux ~]#ls -a                      //列出隐藏文件
.     模板  文档  桌面          .bash_profile  .config  .ssh
..    视频  下载  anaconda-ks.cfg .bashrc               .cshrc   .tcshrc
公共  图片  音乐  .bash_logout    .cache                .local
[root@AlmaLinux ~]#ls -l                      //列出文件详细信息
总用量 4
drwxr-xr-x. 2 root root   6 11月   7 14:57 公共
drwxr-xr-x. 2 root root   6 11月   7 14:57 模板
drwxr-xr-x. 2 root root   6 11月   7 14:57 视频
drwxr-xr-x. 2 root root   6 11月   7 14:57 图片
drwxr-xr-x. 2 root root   6 11月   7 14:57 文档
drwxr-xr-x. 2 root root   6 11月   7 14:57 下载
drwxr-xr-x. 2 root root   6 11月   7 14:57 音乐
drwxr-xr-x. 2 root root   6 11月   7 14:57 桌面
-rw-------. 1 root root 828 11月   7 11:18 anaconda-ks.cfg
```

4. stat——显示文件或文件系统状态信息

stat 命令是 status 的缩写,用来显示文件的详细状态信息。示例如下。

```
[root@AlmaLinux ~]#stat /etc/passwd
  文件:/etc/passwd
  大小:2029   块:8   IO 块:4096   普通文件
  设备:fd00h/64768d   Inode:101856195   硬链接:1
  权限:(0644/-rw-r--r--)   Uid:( 0/ root)   Gid:( 0/ root)
环境:system_u:object_r:passwd_file_t:s0
最近访问:2024-11-07 11:24:40.672046554 +0800
最近更改:2024-11-07 11:24:40.663047578 +0800
最近改动:2024-11-07 11:24:40.663047578 +0800
创建时间:2024-11-07 11:24:40.662047691 +0800
```

5. touch——创建文件或修改文件的存取时间

touch 命令可以用来创建文件或修改已经存在的文件的时间信息。示例如下。

```
[root@AlmaLinux ~]#cd /mnt/                      //切换目录
[root@AlmaLinux mnt]#ls
hgfs
[root@AlmaLinux mnt]#touch file01               //创建一个文件
[root@AlmaLinux mnt]#ls
file01  hgfs
[root@AlmaLinux mnt]#touch file02 file03 file04  //创建多个文件
[root@AlmaLinux mnt]#ls
file01  file02  file03  file04  hgfs
[root@AlmaLinux mnt]#touch *                     //修改当前目录所有文件时间
[root@AlmaLinux mnt]#ll
总用量 0
-rw-r--r--. 1 root root 0 11月  7 17:11 file01
-rw-r--r--. 1 root root 0 11月  7 17:11 file02
-rw-r--r--. 1 root root 0 11月  7 17:11 file03
-rw-r--r--. 1 root root 0 11月  7 17:11 file04
drwxr-xr-x. 2 root root 6 11月  7 17:11 hgfs
[root@AlmaLinux mnt]#
```

6. mkdir——创建新目录

mkdir 命令用于创建指定目录。该指定目录不能是已有目录,可以是绝对路径,也可以是相对路径。示例如下。

```
[root@AlmaLinux mnt]#mkdir user01               //创建新目录
[root@AlmaLinux mnt]#ls
file01  file02  file03  file04  hgfs  user01
[root@AlmaLinux mnt]#ll
总用量 0
-rw-r--r--. 1 root root 0 11月  7 17:11 file01
-rw-r--r--. 1 root root 0 11月  7 17:11 file02
```

```
-rw-r--r--. 1 root root 0 11月   7 17:11 file03
-rw-r--r--. 1 root root 0 11月   7 17:11 file04
drwxr-xr-x. 2 root root 6 11月   7 17:11 hgfs
drwxr-xr-x. 2 root root 6 11月   7 17:13 user01
[root@AlmaLinux mnt]#mkdir user01/a01        //在已有目录下创建新目录
[root@AlmaLinux mnt]#ls user01/
a01
[root@AlmaLinux mnt]#
```

7. rmdir——删除目录

rmdir 命令用于删除空目录,指定目录必须为空,否则就无法成功删除。示例如下。

```
[root@AlmaLinux mnt]#mkdir user02
[root@AlmaLinux mnt]#ls
file01  file02  file03  file04  hgfs  user01  user02
[root@AlmaLinux mnt]#ls user01
a01
[root@AlmaLinux mnt]#ls user02
[root@AlmaLinux mnt]#rmdir user01        //若目录不为空,则删除失败
rmdir: 删除 'user01' 失败: 目录非空
[root@AlmaLinux mnt]#rmdir user02        //若目录为空,则删除成功
[root@AlmaLinux mnt]#ls
file01  file02  file03  file04  hgfs  user01
[root@AlmaLinux mnt]#
```

8. rm——删除文件或目录

rm 命令功能强大,既可以删除一个目录中的一个或多个文件或目录,也可以将某个目录及该目录下的所有文件及子目录全部删除,因此该命令也是一个高危命令,执行此命令需要谨慎。示例如下。

```
[root@AlmaLinux ~]#ls /mnt/
file01  file02  file03  file04  hgfs  user01
[root@AlmaLinux ~]#rm -r -f /mnt/*        //强制删除目录下所有文件及子目录
[root@AlmaLinux ~]#ls /mnt/
[root@AlmaLinux ~]#
```

9. cp——复制文件或目录

cp 命令用于将一个文件或目录复制到另一个文件或目录下。示例如下。

```
[root@AlmaLinux ~]#cd /mnt/
[root@AlmaLinux mnt]#touch a01.txt a02.txt a03.txt
[root@AlmaLinux mnt]#mkdir user01 user02 user03
[root@AlmaLinux mnt]#dir
a01.txt  a02.txt  a03.txt  user01  user02  user03
[root@AlmaLinux mnt]#ll
```

```
总用量 0
-rw-r--r--. 1 root root 0 11月   7 17:17 a01.txt
-rw-r--r--. 1 root root 0 11月   7 17:17 a02.txt
-rw-r--r--. 1 root root 0 11月   7 17:17 a03.txt
drwxr-xr-x. 2 root root 6 11月   7 17:17 user01
drwxr-xr-x. 2 root root 6 11月   7 17:17 user02
drwxr-xr-x. 2 root root 6 11月   7 17:17 user03
[root@AlmaLinux mnt]#cd ~
[root@AlmaLinux ~]#cp -r /mnt/a01.txt /mnt/user01/      //将文件复制到目录中
[root@AlmaLinux ~]#ll /mnt/user01/
总用量 0
-rw-r--r--. 1 root root 0 11月   7 17:18 a01.txt
[root@AlmaLinux ~]#
```

10. mv——移动文件或目录

使用 mv 命令可以为文件或目录重命名或将文件从一个目录下移动至另一个目录下。示例如下。

```
[root@AlmaLinux ~]#mv /mnt/user01/a01.txt /root/   //移动后源目录就不存在了
[root@AlmaLinux ~]#ls /mnt/user01/
[root@AlmaLinux ~]#ls
公共  模板  视频  图片  文档  下载  音乐  桌面  a01.txt  anaconda-ks.cfg
[root@AlmaLinux ~]#
```

11. cat——显示文件内容

cat 命令的作用是连接文件或标准输入并输出，查看文件的内容。示例如下。

```
[root@AlmaLinux ~]#dir
公共  模板  视频  图片  文档  下载  音乐  桌面  a01.txt  anaconda-ks.cfg
[root@AlmaLinux ~]#cat anaconda-ks.cfg      //显示文件内容到屏幕
#Generated by Anaconda 34.25.4.9
#Generated by pykickstart v3.32
#version=RHEL9
#Use graphical install
graphical
...                                                //省略配置文件内容
[root@AlmaLinux ~]#
```

文件及目录管理相关的命令还有很多，以上只是其中较为常用的一部分，如果想熟练掌握 Linux 操作系统的管理技巧，还需要多学习各种命令的用法。

1.2.4.4 Vi/Vim 编辑器的使用

Vi(Visual interface)编辑器能为用户提供全屏幕的窗口编辑器，窗口中一次可以显示一屏的编辑内容，并且可以上下滚动显示。Vi 是所有 UNIX 和 Linux 操作系统中的标准编辑器，类似于 Windows 操作系统中的记事本，任何版本的 UNIX 和 Linux 操作系统中的 Vi 编辑器都是完全相同的。Vi 也是 Linux 操作系统中基本的文本编辑器,掌握 Vi 编辑器的使用方法后用户就可以在 Linux 尤其是在终端中畅通无阻了。

　　Vim(Visual interface improved)可以看作 Vi 的升级版。Vi 和 Vim 都是 Linux 操作系统中的编辑器,不同的是 Vim 比较高级,Vi 常用于文本编辑,而 Vim 更适用于面向开发者的云端开发平台。

　　Vim 可以执行输出、移动、删除、查找、替换、复制、粘贴、撤销、块操作等文件操作,而且用户可以根据自己的需要进行定制,这是其他编辑程序所不具备的。遗憾的是,Vim 不是一个排版程序,它不像 Word 或 WPS 那样可以对字体、格式、段落等属性进行编排,它只是一个文件编辑程序,而且 Vim 是全屏幕文件编辑器,没有菜单,只有命令。

　　在命令行中执行 vim filename 命令,如果 filename 文件已经存在,则该文件被打开并显示其内容;如果 filename 文件不存在,则 Vim 会在第一次存盘时自动在硬盘中新建 filename 文件。

　　Vim 有 3 种基本工作模式,即命令模式、编辑模式、末行模式。考虑到不同用户的需要,Vim 通常采用状态切换的方法实现工作模式的转换,用户在使用状态切换方法时最初可能会感到陌生,但那只是使用习惯的问题,一旦用户能够熟练使用 Vim 编辑器,就会觉得它非常易于使用。

1. 命令模式

　　命令模式是用户进入 Vim 编辑器的初始状态,在此模式下,用户可以输入 Vim 命令完成不同的工作任务,如光标移动、复制、粘贴、删除等。在编辑模式下按"Esc"键或在末行模式下输入错误命令即可返回到命令模式。Vim 命令模式的光标移动命令如表 1-2-1 所示。

表 1-2-1　Vim 命令模式的光标移动命令

操　作	功　能　说　明
gg	将光标移动到文件的首行
G	将光标移动到文件的尾行
w 或 W	将光标移动到下一个单词
H	将光标移动到该屏幕的顶端
M	将光标移动到该屏幕的中间
L	将光标移动到该屏幕的底端
h	将光标向左移动一格
I	将光标向右移动一格
j	将光标向下移动一格
k	将光标向上移动一格
0(Home)	数字 0,将光标移至行首
$(End)	将光标移至行尾
PageUp/PageDown	上下翻屏(Ctrl+B/Ctrl+F)

Vim 命令模式的复制和粘贴操作命令如表 1-2-2 所示。

表 1-2-2　Vim 命令模式的复制和粘贴操作命令

操　作	功　能　说　明
yy 或 Y(大写)	复制光标所在的整行
3yy 或 y3y	复制 3 行(含当前行,后 3 行)
y1G	复制至文件首
yG	复制至文件尾
yw	复制一个单词
y2w	复制 2 个字符
p(小写)	粘贴到光标的后(下)面,如果复制的是整行,则粘贴到光标行所在行的下一行
P(大写)	粘贴到光标的前(上)面,如果复制的是整行,则粘贴到光标行所在行的上一行

Vim 命令模式的删除操作命令如表 1-2-3 所示。

表 1-2-3　Vim 命令模式的删除操作命令

操　作	功　能　说　明
dd	删除当前行
3dd 或 d3d	删除 3 行(含当前行,后 3 行)
d1G	删除至文件首
dG	删除至文件尾
D 或 d\$	删除至行尾
dw	删除至词尾
ndw	删除后面的 n 个词

Vim 命令模式的撤销与恢复操作命令如表 1-2-4 所示。

表 1-2-4　Vim 命令模式的撤销与恢复操作命令

操　作	功　能　说　明
u(小写)	取消上一个更改
U(大写)	取消一行内的所有更改
Ctrl+r	重做一个动作(常用),通常与 u 命令配合使用
.	重复前一个动作

2. 编辑模式

在 Vim 编辑模式下,可以给文件添加新的内容并进行修改,这是该模式的唯一功能。在命令模式下按"a/A""i/I""o/O"键均可以进入 Vim 编辑模式。Vim 编辑模式的命令如表 1-2-5 所示。

表 1-2-5　Vim 编辑模式的命令

操　作	功　能　说　明
a(小写)	在光标之后插入内容
A(大写)	在光标当前行的末尾插入内容
i(小写)	在光标之前插入内容
I(大写)	在光标当前行的开始部分插入内容
o(小写)	在光标所在行的下面新增一行
O(大写)	在光标所在行的上面新增一行

3. 末行模式

末行模式主要执行一些辅助性的文字编辑功能,如查找、替换指定字符。在命令模式下按":""/""?"键即可进入末行模式。在命令模式下输入相应命令则会退出 Vim 或返回到命令模式。Vim 末行模式命令如表 1-2-6 所示,按"Esc"键可返回命令模式。

表 1-2-6　Vim 末行模式的命令

操　作	功　能　说　明
ZZ(大写)	保存当前文件并退出
:wq 或 :x	保存当前文件并退出
:q	结束 Vim 程序,如果文件有过修改,必须先保存文件
:q!	强制结束 Vim 程序,修改后的文件不会保存
:w(文件路径)	保存当前文件,将其保存为另一个文件(类似于另存为新文件)
:r[filename]	在编辑的数据中读入另一个文件的数据,即将 filename 文件的内容追加到光标所在行的后面
:! command	暂时退出 Vim 到命令模式下执行 command 的显示结果,如":!! S/home"表示可在 Vim 中查看/home 下以 ls 输出的文件信息
:set nu	显示行号,设定之后会在每一行的前面显示该行的行号
:set nonu	与 :set nu 的作用相反,用于取消显示行号

1.2.4.5　文件进阶管理类操作

Linux 操作系统的文件管理不仅包括文件和目录的常规管理,而且包括文件的硬链接与软链接、通配符、重定向与管道及 Linux 快捷键等相关操作。

1. 硬链接及软链接

Linux 中可以为一个文件起多个名称,称为"链接文件",链接分为硬链接与软链接两种类型。ln 是链接文件命令,它是 Linux 中一个非常重要的命令,它的功能是为一个文件在另一个位置建立一个同步的链接,即不必在每一个需要的目录下都存放一个相同的文件,而只在某个目录下存放该文件,并在其他目录下用 ln 命令链接它即可,这样就不会重复地占用磁盘空间。其命令格式如下。

```
ln [选项] [源文件或目录] [目标文件或目录]
```

ln 命令各选项及其功能说明如表 1-2-7 所示。

表 1-2-7　ln 命令各选项及其功能说明

选项	功 能 说 明
-b	类似于--backup,但不接收任何参数,覆盖以前建立的链接
-d	创建指向目录的硬链接(只适用于超级用户)
-f	强行删除已存在的所有目标文件
-i	交互模式,若文件存在,则提示用户是否覆盖该文件
-n	把符号链接视为一般目录
-s	软链接(符号链接)
-v	显示详细的处理过程

使用 ln 命令建立硬链接与软链接的方法如下。

(1) 建立硬链接文件,执行以下命令。

```
[root@AlmaLinux ~]#touch test01.txt
[root@AlmaLinux ~]#ln test01.txt test02.txt
```

使用 ln 命令建立链接时,若不加选项,则建立的是硬链接。给源文件 test01.txt 建立一个硬链接 test02.txt,此时,test02.txt 可以看作 test01.txt 的别名文件,它和 text01.txt 不分主次,这两个文件指向硬盘中相同位置上的同一个文件,若对 test01.txt 中的内容进行修改,硬链接文件 test02.txt 中会同步显示这些修改,实质上它们是同一个文件的两个不同的名称,只能给文件建立硬链接,不能给目录建立硬链接。执行以下命令显示文件 test01.txt 和 test02.txt 中的内容。

```
[root@AlmaLinux ~]#cat test01.txt
hello
friend
welcome
hello
friend
world
hello
[root@AlmaLinux ~]#cat test02.txt
hello
friend
welcome
hello
```

```
friend
world
hello
[root@AlmaLinux ~]#
```

这里可以看出,文件 test01.txt 和 test02.txt 的内容是一样的。

硬链接具有以下特点。

① 硬链接以文件副本的形式存在,但不占用实际内存空间。

② 不允许给目录创建硬链接。

③ 硬链接只能在同一文件系统中创建。

(2) 执行以下命令建立软链接文件。

```
[root@AlmaLinux ~]#ln -s test01.txt test03.txt
```

建立软链接文件时,需要加选项"-s"。软链接又称"符号链接",很像 Windows 操作系统中的快捷方式,删除软链接文件(如 test03.txt)时,源文件 test01.txt 不会受影响,而源文件一旦被删除,软链接文件就无效了,文件或目录都可以建立软链接。

```
[root@AlmaLinux ~]#ll
总用量 12
drwxr-xr-x. 2 root root    6 11月   7 14:57 公共
drwxr-xr-x. 2 root root    6 11月   7 14:57 模板
drwxr-xr-x. 2 root root    6 11月   7 14:57 视频
drwxr-xr-x. 2 root root    6 11月   7 14:57 图片
drwxr-xr-x. 2 root root    6 11月   7 14:57 文档
drwxr-xr-x. 2 root root    6 11月   7 14:57 下载
drwxr-xr-x. 2 root root    6 11月   7 14:57 音乐
drwxr-xr-x. 2 root root    6 11月   7 14:57 桌面
-rw-------. 1 root root 828 11月   7 11:18 anaconda-ks.cfg
-rw-r--r--. 2 root root  46 11月   8 09:34 test01.txt
-rw-r--r--. 2 root root  46 11月   8 09:34 test02.txt
lrwxrwxrwx. 1 root root  10 11月   8 09:36 test03.txt -> test01.txt
[root@AlmaLinux ~]#
```

链接文件使系统在管理和使用时更加方便,系统中有大量的链接文件,如 /sbin、/usr/bin 等目录下都有大量的链接文件。

实际应用中,带有"->"并以不同颜色显示的文件即为链接文件,也可以查看文件或目录的属性 lrwxrwxrwx,其第一个字母为"l",即表示链接文件,如果是在桌面环境下,则文件图标上带有左上方向箭头的文件就是链接文件。

软链接具有以下特点。

① 软链接以路径的形式存在,类似于 Windows 操作系统中的快捷方式。

② 软链接可以跨文件系统创建。

③ 软链接可以对一个不存在的文件名进行链接。

④ 软链接可以对目录进行链接。

2. 通配符

文件名是命令中最常用的参数,很多时候用户只知道文件名的一部分,或者用户想同时对具有相同扩展名或以相同字符开始的多个文件进行操作,此时,应该怎么进行操作呢? Shell 提供了一组称为"通配符"的特殊符号。所谓通配符,就是使用通用的匹配信息的符号匹配零个或多个字符,用于模式匹配,如文件名匹配、字符串匹配等。常用的通配符有星号(＊)、问号(?)与方括号([ ]),用户可以在作为命令参数的文件名中包含这些通配符,构成一个所谓的模式串,用以在执行过程中进行模式匹配。通配符及其功能说明如表 1-2-8 所示。

表 1-2-8　通配符及其功能说明

通配符	功能说明
＊	匹配任何字符和任何数目的字符组合
?	匹配任何单个字符
[ ]	匹配任何包含在括号中的字符或字符范围

(1) 使用通配符(＊)。在/root/temp 目录下创建文件,命令如下。

```
[root@AlmaLinux ~]#cd /root/
[root@AlmaLinux ~]#mkdir temp
[root@AlmaLinux ~]#cd temp/
[root@AlmaLinux temp]#touch test{1..10}.txt
[root@AlmaLinux temp]#ls
test10.txt  test2.txt  test4.txt  test6.txt  test8.txt
test1.txt   test3.txt  test5.txt  test7.txt  test9.txt
[root@AlmaLinux temp]#
```

使用通配符"＊"进行文件匹配,第 1 条命令用于显示/root/temp 目录下以"test"开头的文件名,第 2 条命令用于显示/root/temp 目录下所有包含"3"的文件名。

```
[root@AlmaLinux temp]#dir test *
test10.txt  test2.txt  test4.txt  test6.txt  test8.txt
test1.txt   test3.txt  test5.txt  test7.txt  test9.txt
[root@AlmaLinux temp]#dir * 3 *
test3.txt
[root@AlmaLinux temp]#
```

(2) 使用通配符"?"。使用通配符"?"只能匹配单个字符,执行如下命令进行文件匹配。

```
[root@AlmaLinux temp]#dir test? .txt
test1.txt  test3.txt  test5.txt  test7.txt  test9.txt
```

```
test2.txt    test4.txt    test6.txt    test8.txt
[root@AlmaLinux temp]#
```

（3）使用通配符（[]）。使用通配符"[]"能匹配括号中给出的字符或字符范围，命令如下。

```
[root@AlmaLinux temp]#dir test[23]*
test2.txt    test3.txt
[root@AlmaLinux temp]#dir test[2-3].txt
test2.txt    test3.txt
[root@AlmaLinux temp]#
```

[]代表一个指定的字符范围，只要文件名中[]位置处的字符在[]指定的范围，这个文件名就与模式串匹配。方括号中的字符范围可以由直接给出的字符组成，也可以由表示限定范围的字符、终止字符及中间的连字符"-"组成，如"test[a-d]"与"test[abcd]"的作用是一样的，Shell将与命令行中指定的模式串相匹配的所有文件名都作为命令的参数，形成最终的命令，并执行这个命令。

注意：连字符"-"仅在方括号内有效，表示字符范围，若在方括号外，则为普通字符，而"*"和"?"在方括号外是通配符，若在方括号内，则失去通配符的作用，成为普通字符。

由于"*""?""[]"对于Shell来说具有特殊的意义，在正常的文件名中不应出现这些字符，特别是在目录中，否则Shell匹配可能会无穷递归下去。如果目录中没有与指定的模式串相匹配的文件名，Shell将把此模式串本身作为参数传递给有关命令，这就是命令中出现特殊字符的原因所在。

3. 重定向与管道

Linux重定向和管道是两种常见的输入输出方式，它们都涉及标准输入、标准输出和标准错误。

重定向是将命令的输出或错误输出重定向到指定的文件或设备，而不是默认的标准输出或标准错误。重定向可以使用特殊符号"＞""2＞""&＞"实现。例如，"ls -al ＞ list.txt"将"ls -al"命令的输出重定向到list.txt文件中，而"ls -al 2＞ list.err"将错误输出重定向到list.err文件中。

管道是使用特殊符号"|"将两个或多个命令连接起来，将前一个命令的输出作为后一个命令的输入。例如，"ls -al | grep txt"将"ls -al"命令的输出通过管道传递给"grep txt"命令作为输入，从而筛选出包含"txt"的行。

需要注意的是，重定向和管道都可以用于将命令的输出保存到文件中或传递给其他命令使用，但它们的工作方式略有不同。重定向是将输出写入文件或设备，而管道是将输出传递给另一个命令作为输入。

```
系统设定：
    默认输入设备      //标准输入,STDIN,0  (键盘)
    默认输出设备      //标准输出,STDOUT,1 (显示器)
    标准错误输出      //STDERR,2 (显示器)
```

```
I/O重定向:
    >:覆盖输出
    >>:追加输出
2>                  //重定向错误输出
2>>                 //追加重定向错误输出
&>                  //覆盖重定向标准输出或错误输出至同一个文件
&>>                 //追加重定向标准输出或错误输出至同一个文件
<                   //输入重定向
<<                  //Here Document
管道                //前一个命令的输出,作为后一个命令的输入。最后一个命令会
                      在当前 Shell 进程的子 shell 进程中执行
tee                 //从标准输入读取数据,输出一份到屏幕上,一份保存到文件
```

```
[root@localhost ~]#echo "hello world" | tee /tmp/hello.out
hello world
[root@localhost ~]#cat /tmp/hello.out
hello world
```

4. Linux 快捷键

Linux 控制台、虚拟终端中的快捷键及其功能说明如表 1-2-9 所示。

表 1-2-9 Linux 控制台、虚拟终端中的快捷键及其功能说明

快捷键	功 能 说 明
Ctrl+A	把光标移动到命令行开头
Ctrl+E	把光标移动到命令行末尾
Ctrl+C	键盘中断请求,结束当前任务
Ctrl+Z	中断当前执行的进程,但不结束此进程,而是将其放到后台,想要继续执行时,可用 fg 命令唤醒它,由于"Ctrl+Z"组合键转入后台运行的进程在当前用户退出后就会终止,所以使用此快捷键不如使用 nohup 命令,因为 nohup 命令的作用是用户退出之后进程仍然继续运行,而现在许多脚本和命令都要求在 root 用户退出时仍然有效
Ctrl+L	清屏,相当于 clear 命令
Ctrl+U	剪切删除光标前的所有字符
Ctrl+K	剪切删除光标后的所有字符

任务 1.3 Linux 系统软件包管理

1.3.1 任务介绍

Linux 系统中的很多软件是通过源码包方式发布的,相较于二进制软件包,虽然源码包的配置和编译要烦琐一些,但是它的可移植性更好。针对不同的体系结构,软件开发者仅需发布同一份源码包,终端用户编译后即可正常运行,因此作为

Linux 操作系统的管理员,我们必须学会软件的安装、升级、卸载和查询方法,以维护系统的正常运行。本任务主要讲解 RPM 安装软件包、YUM/DNF 安装软件包的操作。

1.3.2 任务分析

要顺利完成任务,首先需要进行任务需求分析,厘清其知识要求、技能要求。经过对任务的仔细研究,得出以下分析结果。

需求分析

- 了解源码包和二进制包。
- 掌握 Linux 系统的软件安装流程。

知识要求

- 掌握 RPM 安装软件包的操作。
- 掌握 YUM/DNF 安装软件包的操作。

技能要求

- 能够通过包管理工具安装软件。

1.3.3 知识准备

1.3.3.1 RPM 简介

红帽包管理器(Red Hat Package Manager,RPM)是由 Red Hat 公司开发的软件包安装和管理程序,使用 RPM 的用户可以自行安装和管理 Linux 中的应用程序及系统工具。

1. RPM 包管理工具简介

RPM 是 Linux 系统中用于安装、卸载、更新和管理软件包的一种工具。该工具也被许多其他 Linux 发行版采用,如 Fedora、CentOS、openSUSE 等。RPM 包管理工具主要包括以下内容。

教学视频

(1)软件包格式。RPM 包通常以.rpm 为文件扩展名,包含软件的二进制文件、库文件、配置文件,以及软件的元数据,如版本号、依赖关系、作者信息等。

(2)依赖性管理。RPM 包管理工具能够检查软件包的依赖关系,确保在安装或更新软件包时所有必需的依赖项都已安装完成。

(3)数据库。RPM 系统维护一个本地数据库,用于记录系统中已安装的所有软件包及其文件存储位置。这有助于快速查找、安装和卸载软件包。

(4)查询功能。用户可以通过 RPM 包管理工具查询已安装的软件包信息,包括版本、描述、安装时间等。

(5)安装和卸载。RPM 包管理工具允许用户安装、卸载和更新软件包。在安装时,可以指定安装路径,也可以解决软件包依赖问题。

(6)签名验证。RPM 包可以包含数字签名,RPM 包管理工具可以验证这些签名,以确保软件包的完整性及来源的真实性。

(7)脚本执行。在安装或卸载软件包时,RPM 可以执行预安装脚本和卸载脚本,以执行特定的任务,如配置系统设置或清理临时文件。

（8）版本控制。RPM 包管理工具支持软件包的版本控制，允许用户安装多个版本的软件包，并通过特定的命令在多个版本的软件包中进行切换。

（9）查询依赖。利用 RPM 包管理工具可以查询一个软件包依赖哪些其他软件包，以及哪些软件包依赖于它。

（10）清理和验证。RPM 包管理工具可以清理系统中不再需要的文件，验证软件包的完整性，确保文件没有损坏或被篡改。

RPM 包管理工具是 Linux 系统中非常重要的一部分，它使软件管理变得更加简单、高效。不过，由于 RPM 包通常是为特定 Linux 发行版编译的，所以在不同 Linux 发行版之间共享软件包可能会遇到兼容性问题。

2. RPM 包管理工具的优缺点

RPM 包管理工具具有以下优点。

（1）标准化：RPM 是一种广泛使用的包管理工具，许多 Linux 发行版都支持该工具，这提高了软件的可移植性和互操作性。

（2）依赖性管理。RPM 能够自动处理软件包的依赖关系，降低了手动解决依赖问题的复杂性。

（3）丰富的命令行工具。RPM 提供了大量的命令行选项，使软件包的安装、更新、查询和管理变得灵活，且功能强大。

（4）安全性。RPM 包可以签名，这有助于验证软件包的来源和完整性，防止安装恶意软件。

（5）数据库支持。RPM 维护一个本地数据库，可以快速检索软件包信息，提高了软件包管理效率。

（6）脚本支持。在软件包安装或卸载过程中，RPM 可以执行预安装脚本和卸载脚本，方便进行额外的系统配置或文件清理工作。

（7）版本控制。RPM 支持多个版本的软件包安装，用户可以根据需要选择使用哪个版本。

（8）查询功能。RPM 提供了强大的查询功能，可以获取软件包的详细信息，包括依赖关系、文件列表等。

RPM 包管理工具具有以下缺点。

（1）平台依赖性。RPM 包通常是为特定的 Linux 发行版编译的，这意味着在不同发行版本之间共享 RPM 软件包可能会遇到兼容性问题。

（2）复杂性。对于新手来说，RPM 包的命令和选项可能会显得复杂和难以掌握。

（3）依赖性冲突。RPM 软件包的依赖关系可能会导致复杂的依赖冲突，需要用户手动解决。

（4）更新策略。在某些情况下，更新 RPM 包可能会覆盖用户自定义的配置文件，导致用户需要重新配置软件。

（5）软件源问题。虽然 RPM 支持多种软件源，但用户也可能会遇到软件源不可用或软件包版本过时的问题。

（6）缺乏依赖自动解决能力。虽然 RPM 包管理工具可以检查软件包的依赖性，但在某些情况下，用户可能需要手动安装依赖项。

（7）不支持回滚。RPM 通常不支持简单的软件包回滚操作，如果更新后出现问题，用户可能需要手动卸载并重新安装旧版本。

（8）性能问题。在处理大量软件包或大型软件包时，RPM 包管理工具的性能可能会受到影响。

尽管存在这些缺点，RPM 仍然是一个功能强大、使用广泛的包管理工具，它为Linux 操作系统的软件管理奠定了坚实的基础。

1.3.3.2 YUM/DNF 简介

YUM（Yellow dog Updater，Modified）是一个 Fedora、Red Hat、CentOS 中的Shell 前端软件包管理器。它基于 RPM 包管理，能够从指定的服务器自动下载并安装 RPM 包，可以处理软件包间的依赖关系，并可以一次安装所有依赖的软件包，而无须一次次下载、安装软件包。RPM 命令只能安装下载到本地的 RPM 格式的安装包，不能处理软件包之间的依赖关系，尤其是在软件由多个 RPM 包组成时，可以使用 YUM 命令实现需求。

DNF（Dandified YUM）是新一代的 RPM 软件包管理器，最早出现在 Fedora 18 中，并在 Fedora 22 中取代 YUM 成为默认的包管理器。DNF 旨在克服 YUM 的一些瓶颈，提升用户体验，在内存占用、依赖分析及运行速度等方面有一定的提升。它使用 RPM、libsolv 和 hawkey 库进行包管理操作。YUM 的工作流程如图 1-3-1 所示。

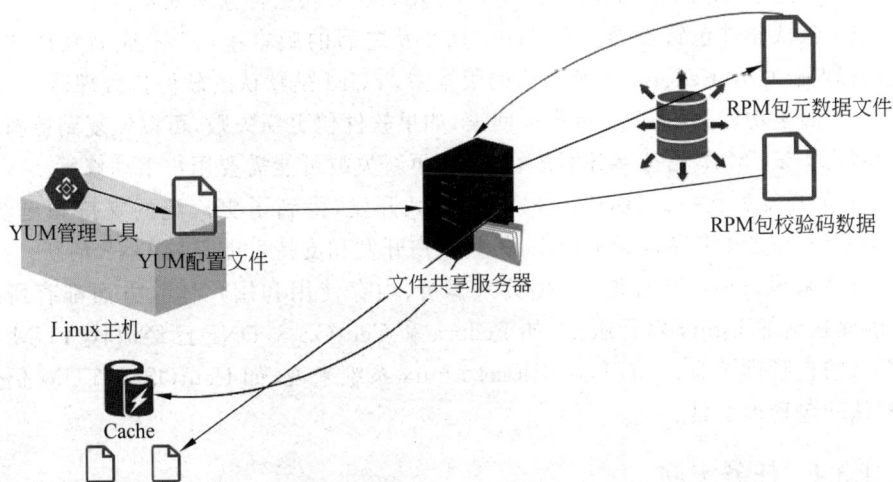

图 1-3-1　YUM 的工作流程

YUM 能够更加方便地添加、删除、更新 RPM 包，自动解决软件包之间的依赖关系，方便系统更新及软件管理。YUM 通过软件仓库进行软件的下载、安装等，软件仓库可以是一个 HTTP 或 FTP 站点，也可以是一个本地软件池，资源仓库可以是多个，在/etc/yum.conf 文件中进行相关配置即可。YUM 的资源库中包括 RPM 的头文件，头文件中包含软件的功能描述、依赖关系等信息。通过分析这些信息，YUM 可以计算出软件包之间的依赖关系并进行软件包升级、安装、删除等操作。

YUM 和 DNF 都是 Linux 系统中用于管理软件包的命令行工具，它们都基于

RPM 包管理系统。尽管它们的目的相同,但 DNF 是 YUM 的替代工具,具有一些显著的改进和新特性。以下是 YUM 和 DNF 的主要区别。

（1）性能。DNF 使用 libsolv 库进行依赖关系解析,速度通常比 YUM 更快,尤其是在处理复杂的依赖关系时。YUM 在处理大型仓库或复杂的依赖关系时速度可能会比较慢。

（2）依赖关系解析。DNF 使用 libsolv 库提供更精确的依赖关系解析,降低了依赖冲突的可能性。YUM 在进行依赖关系解析时可能产生问题,需要用户手动介入解决依赖冲突。

（3）内存使用。DNF 在解析依赖关系时通常使用更少的内存,YUM 在处理大型仓库时可能会消耗大量内存。

（4）命令行界面。DNF 提供了一个更简洁、更直观的命令行界面,更易于用户理解和使用。YUM 的命令行界面对于新手来说可能比较复杂。

（5）插件系统。DNF 支持插件,允许用户扩展和自定义功能。YUM 也支持插件,但 DNF 的插件系统可能更加灵活、强大。

（6）错误处理。DNF 提供更明确的错误处理和诊断信息,能够帮助用户理解问题所在。在某些情况下,YUM 的错误信息可能不够明确,导致用户难以理解和解决问题。

（7）仓库配置。DNF 使用/etc/yum.repos.d/目录下的.repo 文件来配置仓库,YUM 同样使用/etc/yum.repos.d/目录下的.repo 文件进行仓库配置。

（8）默认软件包管理器。在 Fedora 22 及之后的版本中,DNF 成为默认的软件包管理器,而在 Fedora 21 及以前的版本中,YUM 是默认的软件包管理器。

（9）回滚功能。DNF 支持事务回滚,如果软件包更新失败,可以恢复到更新之前的状态。YUM 不支持事务回滚,软件包更新失败可能需要用户手动修复。

（10）开发和支持。DNF 由 Fedora 社区开发,得到了更广泛的支持和更新。YUM 虽然仍被许多发行版本使用,但其用户开发和支持可能不如 DNF 活跃。

总体来说,DNF 在性能、依赖关系解析、内存使用和用户体验方面都有所改进,因此在新的 Linux 发行版中,如 Fedora 和 CentOS 8,DNF 已经取代 YUM 成为默认的包管理工具。然而,对于旧的 Linux 系统来说,如 CentOS 7,YUM 仍然是默认的包管理工具。

1.3.4　任务实施

1.3.4.1　RPM 包管理工具的使用

1. 使用 RPM 安装软件

使用 RPM 安装软件需要有二进制包,二进制包存储在镜像文件中,所以需要先进行挂载,再进行使用操作。使用 RPM 安装 tree 软件包,如图 1-3-2 所示。

2. 使用 RPM 删除软件

先查询到一个以"tree"开头的软件包,再利用-e 选项将其删除,如图 1-3-3 所示。

```
[root@AlmaLinux ~]# mount /dev/sr0 /mnt/
mount: /mnt: WARNING: source write-protected, mounted read-only.
[root@AlmaLinux ~]# ls /mnt/
AppStream  BaseOS  EFI  EULA  extra_files.json  images  .isolinux  LICENSE  media.repo  RPM-GPG-KEY-AlmaLinux-9  TRANS.TBL
[root@AlmaLinux ~]# rpm -ivh /mnt/BaseOS/Packages/tree-1.8.0-10.el9.x86_64.rpm
警告: /mnt/BaseOS/Packages/tree-1.8.0-10.el9.x86_64.rpm: 头V4 RSA/SHA256 Signature, 密钥 ID b86b3716: NOKEY
Verifying...                          ################################# [100%]
准备中...                             ################################# [100%]
      软件包 tree-1.8.0-10.el9.x86_64 已经安装
[root@AlmaLinux ~]#
```

图 1-3-2　使用 RPM 安装 tree 软件包

```
[root@AlmaLinux ~]# rpm -qa | grep tree
ostree-libs-2024.4-3.el9_4.x86_64
ostree-2024.4-3.el9_4.x86_64
tree-1.8.0-10.el9.x86_64
[root@AlmaLinux ~]# rpm -e tree
[root@AlmaLinux ~]# rpm -qa | grep tree
ostree-libs-2024.4-3.el9_4.x86_64
ostree-2024.4-3.el9_4.x86_64
[root@AlmaLinux ~]#
```

图 1-3-3　使用 RPM 删除软件

3. 使用 RPM 升级软件

可以使用-U 选项升级对应的软件包,如图 1-3-4 所示。

```
[root@AlmaLinux ~]# rpm -Uvh /mnt/BaseOS/Packages/tree-1.8.0-10.el9.x86_64.rpm
警告: /mnt/BaseOS/Packages/tree-1.8.0-10.el9.x86_64.rpm: 头V4 RSA/SHA256 Signature, 密钥 ID b86b3716: NOKEY
Verifying...                          ################################# [100%]
准备中...                             ################################# [100%]
正在升级/安装...
   1:tree-1.8.0-10.el9                 ################################# [100%]
[root@AlmaLinux ~]#
[root@AlmaLinux ~]#
[root@AlmaLinux ~]#
```

图 1-3-4　使用 RPM 升级软件

4. 使用 RPM 查询软件

使用指定软件包命令的-q 选项来查询软件包是否存在,若存在会返回软件包名,如图 1-3-5 所示。

```
[root@AlmaLinux ~]#
[root@AlmaLinux ~]# rpm -q tree
tree-1.8.0-10.el9.x86_64
[root@AlmaLinux ~]#
[root@AlmaLinux ~]#
```

图 1-3-5　使用 RPM 查询软件

1.3.4.2　YUM/DNF 包管理工具的使用

(1) 配置 YUM 仓库源文件,可以使用网络源,也可以使用本地源,此处演示以本地源的方式完成仓库配置的操作方法。

第一步,在/mnt 目录下创建挂载点目录 cdrom,并挂载镜像文件,如图 1-3-6 所示。

```
[root@AlmaLinux ~]#
[root@AlmaLinux ~]# ls /mnt/
hgfs
[root@AlmaLinux ~]# mkdir /mnt/cdrom
[root@AlmaLinux ~]# ls /mnt/
cdrom  hgfs
[root@AlmaLinux ~]# mount /dev/sr0 /mnt/cdrom/
mount: /mnt/cdrom: WARNING: source write-protected, mounted read-only.
[root@AlmaLinux ~]# ls /mnt/cdrom/
AppStream  BaseOS  EFI  EULA  extra_files.json  images  isolinux  LICENSE  media.repo  RPM-GPG-KEY-AlmaLinux-9  TRANS.TBL
[root@AlmaLinux ~]#
```

图 1-3-6　创建挂载点目录 cdrom

课堂笔记

第二步，将自带的 repo 文件备份到/media/目录中，如图 1-3-7 所示。

```
[root@AlmaLinux ~]# ls /etc/yum.repos.d/
almalinux-appstream.repo  almalinux-extras.repo            almalinux-plus.repo               almalinux-saphana.repo
almalinux-baseos.repo     almalinux-highavailability.repo  almalinux-resilientstorage.repo  almalinux-sap.repo
almalinux-crb.repo        almalinux-nfv.repo               almalinux-rt.repo
[root@AlmaLinux ~]# mv /etc/yum.repos.d/* /media/
[root@AlmaLinux ~]# ls /etc/yum.repos.d/
[root@AlmaLinux ~]# ls /media/
almalinux-appstream.repo  almalinux-extras.repo            almalinux-plus.repo               almalinux-saphana.repo
almalinux-baseos.repo     almalinux-highavailability.repo  almalinux-resilientstorage.repo  almalinux-sap.repo
almalinux-crb.repo        almalinux-nfv.repo               almalinux-rt.repo
[root@AlmaLinux ~]#
```

图 1-3-7　备份自带的 repo 文件

第三步，进入/etc/yum.repos.d/目录中，编写本地仓库文件，如图 1-3-8 所示。

```
[root@AlmaLinux ~]# cd /etc/yum.repos.d/
[root@AlmaLinux yum.repos.d]# vim local.repo
[root@AlmaLinux yum.repos.d]# cat local.repo
[AppStream]
name=AppStream
baseurl=file:///mnt/cdrom/AppStream
enabled=1
gpgcheck=0

[BaseOS]
name=BaseOS
baseurl=file:///mnt/cdrom/BaseOS
enabled=1
gpgcheck=0
[root@AlmaLinux yum.repos.d]# cd
[root@AlmaLinux ~]#
```

图 1-3-8　编写本地仓库文件

(2) 清除软件包缓存，验证 YUM 仓库源，如图 1-3-9 所示。

```
[root@AlmaLinux ~]# dnf clean all
13 个文件已删除
[root@AlmaLinux ~]#
[root@AlmaLinux ~]#
[root@AlmaLinux ~]#
[root@AlmaLinux ~]# dnf repolist all
仓库 id                                  仓库名称                                               状态
AppStream                                AppStream                                              启用
BaseOS                                   BaseOS                                                 启用
[root@AlmaLinux ~]# dnf makecache
AppStream                                                              171 MB/s | 7.4 MB     00:00
BaseOS                                                                  99 MB/s | 2.3 MB     00:00
元数据缓存已建立。
[root@AlmaLinux ~]#
```

图 1-3-9　验证 YUM 仓库源

(3) 使用 DNF 工具卸载软件，如图 1-3-10 所示。

```
[root@AlmaLinux ~]# dnf remove -y vim
依赖关系解决。
==========================================================================================================
 软件包               架构            版本                            仓库                          大小
==========================================================================================================
移除:
 vim-enhanced         x86_64          2:8.2.2637-20.el9_1             @AppStream                   3.8 M
清除未被使用的依赖关系:
 gpm-libs             x86_64          1.20.7-29.el9                   @AppStream                    28 k
 vim-common           x86_64          2:8.2.2637-20.el9_1             @AppStream                    30 M
 vim-filesystem       noarch          2:8.2.2637-20.el9_1             @anaconda                     40

事务概要
==========================================================================================================
移除  4 软件包

将会释放空间: 34 M
运行事务检查
事务检查成功。
运行事务测试
事务测试成功。
运行事务
  准备中    :                                                                                        1/1
  删除      : vim-enhanced-2:8.2.2637-20.el9_1.x86_64                                                1/4
  删除      : vim-common-2:8.2.2637-20.el9_1.x86_64                                                  2/4
  删除      : vim-filesystem-2:8.2.2637-20.el9_1.noarch                                              3/4
  删除      : gpm-libs-1.20.7-29.el9.x86_64                                                          4/4
  运行脚本: gpm-libs-1.20.7-29.el9.x86_64                                                            4/4
  验证      : gpm-libs-1.20.7-29.el9.x86_64                                                          1/4
  验证      : vim-common-2:8.2.2637-20.el9_1.x86_64                                                  2/4
  验证      : vim-enhanced-2:8.2.2637-20.el9_1.x86_64                                                3/4
  验证      : vim-filesystem-2:8.2.2637-20.el9_1.noarch                                              4/4
```

图 1-3-10　使用 DNF 卸载软件

课堂笔记

（4）使用 DNF 工具安装软件，如图 1-3-11 所示。

```
[root@AlmaLinux ~]# dnf install -y vim
上次元数据过期检查：0:01:10 前，执行于 2024年11月08日 星期五 11时21分02秒。
依赖关系解决。
==========================================================================================
 软件包              架构          版本                       仓库              大小
==========================================================================================
安装:
 vim-enhanced        x86_64        2:8.2.2637-20.el9_1        AppStream         1.8 M
安装依赖关系:
 gpm-libs            x86_64        1.20.7-29.el9              AppStream          20 k
 vim-common          x86_64        2:8.2.2637-20.el9_1        AppStream         6.6 M
 vim-filesystem      noarch        2:8.2.2637-20.el9_1        BaseOS             14 k

事务概要
==========================================================================================
安装  4 软件包

总计：8.4 M
安装大小：34 M
下载软件包：
运行事务检查
事务检查成功。
运行事务测试
事务测试成功。
运行事务
  准备中  :                                                                         1/1
  安装    : vim-filesystem-2:8.2.2637-20.el9_1.noarch                               1/4
  安装    : vim-common-2:8.2.2637-20.el9_1.x86_64                                   2/4
  安装    : gpm-libs-1.20.7-29.el9.x86_64                                           3/4
  安装    : vim-enhanced-2:8.2.2637-20.el9_1.x86_64                                 4/4
  运行脚本: vim-enhanced-2:8.2.2637-20.el9_1.x86_64                                 4/4
  验证    : gpm-libs-1.20.7-29.el9.x86_64                                           1/4
  验证    : vim-common-2:8.2.2637-20.el9_1.x86_64                                   2/4
  验证    : vim-enhanced-2:8.2.2637-20.el9_1.x86_64                                 3/4
```

图 1-3-11　使用 DNF 安装软件

（5）使用 DNF 工具查询和升级软件，如图 1-3-12 所示。

```
[root@AlmaLinux ~]# dnf search vim
上次元数据过期检查：0:01:20 前，执行于 2024年11月08日 星期五 11时21分02秒。
============================ 名称 和 概况 匹配：vim ============================
vim-X11.x86_64 : The VIM version of the vi editor for the X Window System - GVim
vim-common.x86_64 : The common files needed by any version of the VIM editor
vim-enhanced.x86_64 : A version of the VIM editor which includes recent enhancements
vim-filesystem.noarch : VIM filesystem layout
vim-minimal.x86_64 : A minimal version of the VIM editor
[root@AlmaLinux ~]# dnf update vim
上次元数据过期检查：0:01:26 前，执行于 2024年11月08日 星期五 11时21分02秒。
依赖关系解决。
无需任何处理。
完毕！
[root@AlmaLinux ~]# 
```

图 1-3-12　使用 DNF 查询和升级软件

项目总结

项目 1“Linux 基础”包含 3 个任务：任务 1.1 是认识与安装 Linux 操作系统，任务 1.2 是 Linux 系统管理基础命令，任务 1.3 是 Linux 系统软件包管理。在项目学习过程中了解 Linux 和云计算的关系，熟悉 Linux 的发展历史、各种发行版本，重点掌握 Linux 的安装、Shell 常用命令的使用技巧、文件及权限管理、文本编辑器的日常使用，熟悉 RPM 安装包及软件源管理工具 YUM/DNF 的使用，掌握 Linux 的基本操作技能。

通过本项目的学习，对云平台及虚拟化的入门基础技能有了一定的认知，能理解 Linux 操作系统相关基础理论，并能够熟练掌握 Linux 系统管理的日常操作，建立对操作系统的理解和认知。如果熟练地完成了本项目的所有任务，将为后续各项目的顺利学习打下坚实的基础。

对项目实施过程中产生的相关信息进行总结，并填写项目记录表。

项目记录表

项目实施过程中使用的配置参数（主机名、密码、IP 等）：

项目实施过程中需要掌握的关键点：

项目实施过程中遇到的异常问题：

项目 2

KVM 技术

项目背景

　　服务器虚拟化技术是云计算架构底层的核心依赖技术之一,其本质是在服务器上运行虚拟机(Virtual Machine,VM),再在虚拟机上运行操作系统和应用。目前服务器虚拟化技术的主流产品有 VMware 公司的 vSphere、Citrix 公司的 Xen、Microsoft 公司的 Hyper-V,以及基于 Linux 的 Kernel 公司的 KVM。KVM 在公有云市场中的份额已高达 70% 以上,而且国内很多商业化的服务器虚拟化产品也是基于开源的 KVM 进行二次定制开发所形成的发行版本。不仅如此,KVM 服务器虚拟化技术在私有云、行业云等领域也有大量应用。KVM 已经成为云计算技术及相关从业人员必须掌握的技术之一。

　　KVM 通过将虚拟化层直接集成到 Linux 内核中,提供了高性能的服务器虚拟化解决方案。KVM 不仅具有支持硬件辅助虚拟化、内存管理、设备模拟、网络虚拟化、存储虚拟化、快照和克隆等功能特性,而且能较好地满足计算密集型和 I/O 密集型应用的性能需求,能够根据不同虚拟机的需求,动态地调整资源分配,从而大幅提高资源利用率。此外,KVM 还支持多种安全机制,如虚拟可信平台模块(Trusted Platform Module,TPM),增强了虚拟机的安全性。KVM 属于开源软件,用户可以自由使用和修改,降低了虚拟化的应用成本。

　　本项目旨在理解和掌握 KVM 技术,通过本项目的学习,能够熟悉 KVM 服务器虚拟化技术的背景知识和基本原理,能够掌握 KVM 的安装部署以及虚拟机的命令行界面和图形界面的操作技能。

项目目标

- 了解基于 Rocky Linux 系统的 KVM 虚拟化架构。
- 安装和部署 KVM 虚拟化服务。
- 配置和使用 KVM 虚拟化服务。

职业能力要求

- 掌握 Linux 系统管理技能。
- 了解虚拟化技术。

- 理解虚拟网络和物理网络的配置与管理。
- 了解 SAN、NAS 及其他存储解决方案的基础知识。

项目资源清单

序号	资源目录
1	服务器 1 台(由 VMware Workstation Pro 实现,建议配置:CPU 为 2×2 核,内存为 4GB,磁盘容量为 20GB,网卡为 NAT 模式)
2	Rocky 9 ISO 镜像文件
3	终端软件(Xshell、Secure CRT、PuTTY 等任选其一)

任务 2.1 KVM 虚拟化的安装

2.1.1 任务介绍

某公司计划新建一个服务器虚拟化平台,由于预算有限,不能使用 VMware vSphere 等成本较高的商业软件。经过调研评估,决定采用开源的服务器虚拟化平台实现业务所需的各种服务功能。

2.1.2 任务分析

要顺利完成任务,首先需要进行任务需求分析,厘清其知识要求、技能要求。经过对任务的仔细研究,得出以下分析结果。

需求分析
- 需要了解 KVM 的技术背景及虚拟化的基本概念。
- 掌握在 Linux 上安装 KVM 的方法。

知识要求
- 掌握虚拟化的概念。
- 了解虚拟化的特点。
- 理解 KVM 和 QEMU 的关系。

技能要求
- 能够在服务器上安装 Linux。
- 能够在 Linux 上安装 KVM。

2.1.3 知识准备

2.1.3.1 服务器虚拟化的定义

服务器虚拟化是一种将一台物理服务器的软件环境分割成多个独立分区,使每个分区都能模拟出一台完整虚拟服务器的技术。服务器虚拟化利用虚拟化技术充分发挥服务器的硬件性能,提高运营效率,节约能源并降低经济成本。利用服务器虚拟化技术,企业可以在确保成本的有效投入的同时,提高资源利用率,简化系统管理,实现服务器资源整合,使 IT 系统更加适应业务变化,如图 2-1-1 所示。

教学视频

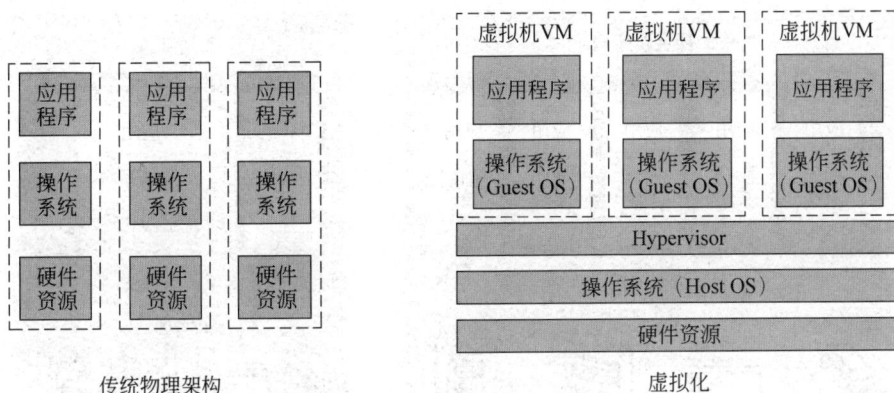

图 2-1-1　服务器虚拟化技术

从 Linux 2.6.20 版本起,KVM 就作为内核的一个模块被集成到 Linux 的主要发行版本中,在技术架构、代码量、功能特性、调度管理、社区活跃度及应用广泛度等多方面表现出明显优势。在公有云领域,亚马逊 AWS、阿里云、华为云等厂商逐渐从开源虚拟化技术 Xen 转向 KVM,与此同时,Google、腾讯云、百度云等也开始使用 KVM,风靡一时的虚拟化技术 Xen 组件被 KVM 取代。在私有云领域,VMware ESXi 逐渐成为领导者,在微软 Hyper-V 中也有不少应用,目前 KVM 能够支持 x86、PowerPC、System/390、ARM 等平台,应用领域不断扩大。

除了 KVM 这样的服务器虚拟化技术以外,容器技术也是近年来快速发展的一种轻量级的虚拟化技术,它允许在单个物理服务器上运行多个隔离的应用程序实例,每个实例都被视为一个容器。容器技术与虚拟机(VM)技术相比,具有更高的资源效率和更快的启动时间,但其隔离性比服务器虚拟化技术稍显逊色。目前,在云计算里,虚拟机技术和容器技术都有广泛应用。

2.1.3.2　服务器虚拟化的基本原理

服务器虚拟化的基本原理是在操作系统与硬件之间加入一个虚拟化软件层虚拟机监视器 VMM(virtual machine monitor,也叫 Hypervisor),将软件和硬件分离,通过空间上的分割、时间上的分时以及模拟,将服务器物理资源抽象成逻辑资源,向上层操作系统提供虚拟硬件环境 VM,使上层操作系统可以直接在虚拟环境上运行,并允许具有不同操作系统的多个虚拟机彼此隔离,并发运行在同一台物理机上,从而提供更高的 IT 资源利用率和灵活性。

VMM(Hypervisor)按照实现的技术架构可以分为 Type-Ⅰ和 Type-Ⅱ两种类型,如图 2-1-2 所示。

(1) Type-Ⅰ。Type-Ⅰ(裸金属架构)是指 VMM 直接运行在裸机物理硬件之上,管理底层的硬件资源,运行在虚拟机中的 Guest OS(虚拟系统)对真实硬件资源的访问都要通过 VMM 来完成,VMM 拥有硬件的驱动程序。

(2) Type-Ⅱ。Type-Ⅱ(寄居架构)是指 VMM 之下还有一层宿主操作系统,Guest OS 对硬件的访问必须经过宿主操作系统,可以充分利用宿主操作系统提供的设备驱动和底层服务进行内存管理、进程调度和资源管理等。

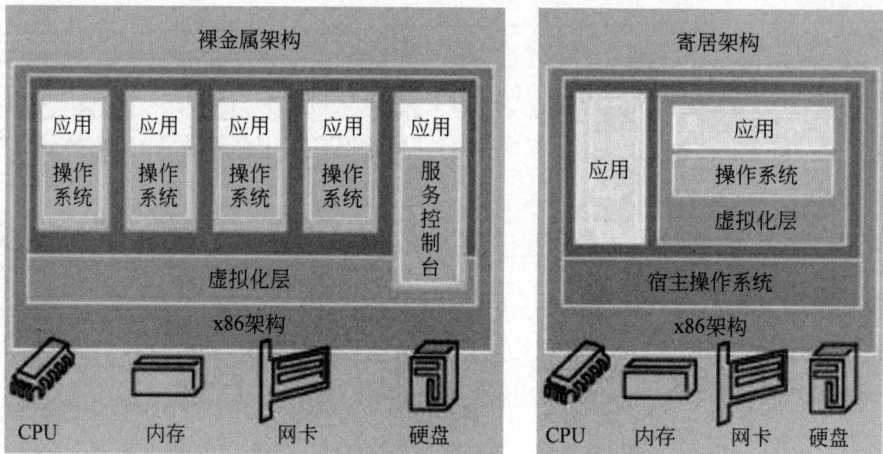

图 2-1-2　服务器虚拟化的两种技术架构

2.1.3.3　服务器虚拟化的优势

在服务器上运行虚拟机具有以下优势。

1．抽象解耦

（1）可在任何相同架构的服务器上运行。

（2）上层应用操作系统无须修改即可运行。

2．分区隔离

（1）可以与其他虚拟机同时运行。

（2）实现了数据处理、网络连接和数据存储的安全隔离。

3．封装移动

（1）可封装于文件之中，通过简单的文件复制实现快速部署、备份及还原。

（2）可以便捷地将整个系统（包括虚拟硬件、操作系统和配置好的应用程序）在不同的物理服务器之间进行迁移，甚至可以在虚拟机运行的情况下进行系统迁移。

4．弹性扩展

（1）可对单个物理服务器上的虚拟资源（虚拟 CPU、虚拟网卡等）进行按需动态扩展（不停机）。

（2）可作为即插即用的虚拟工具构建和分发，根据集群弹性资源分配机制实现动态扩展。

2.1.3.4　KVM/QEMU

QEMU（Quick EMUlator）是一种开源的虚拟机监视器和模拟器，可以模拟多个硬件平台，包括 x86、ARM、PowerPC 等。QEMU 被广泛应用于虚拟化、嵌入式系统开发和仿真等领域。作为虚拟机监视器，QEMU 允许在一个物理主机上同时运行多个虚拟机，并提供相应的虚拟机管理和控制能力，并且支持 Linux、Windows 等多种操作系统。作为模拟器，QEMU 可以在一个主机上执行不同架构的二进制代码，从而实现跨平台的软件开发与测试，以方便程序开发人员在自己的工作环境中运行并调试不同体系结构的程序。

KVM 服务器虚拟化技术在设计时只能实现 CPU 和内存的虚拟化,KVM 需要宿主机 CPU 支持硬件虚拟化技术,如 Intel VT 或 AMD-V。KVM 需要借助/dev/kvm 接口与用户空间程序的虚拟化模块 QEMU 进行交互,以提供完整的虚拟化功能。因此,KVM 服务器虚拟化技术实际上应该叫 KVM/QEMU,其中 KVM 实现 CPU 和内存的虚拟化,而 QEMU 实现 I/O 设备(磁盘、网卡等)的虚拟化,如图 2-1-3 所示。

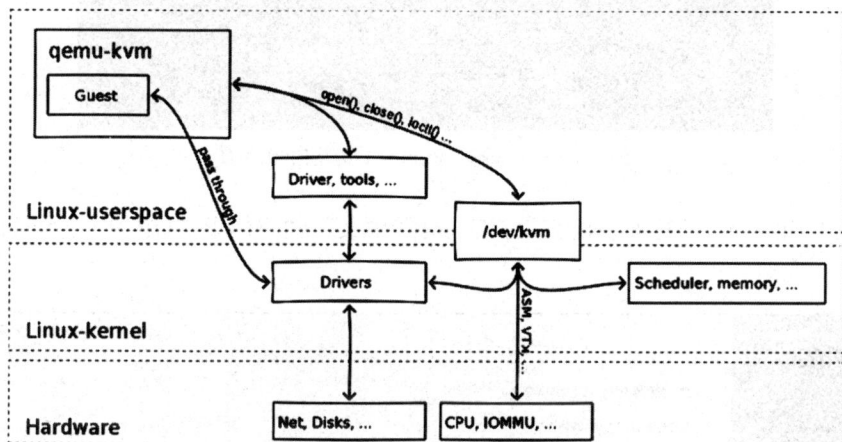

图 2-1-3　QEMU 与 KVM

2.1.4　任务实施

2.1.4.1　安装带 KVM 组件的 Rocky Linux 9.4 操作平台

(1)新建 Rocky Linux 64 位虚拟机,CPU 核心数为 4 个,内存为 4GB,选择"处理器"选项,在"虚拟化引擎"选项组中,勾选"虚拟化 Intel VT-x/EPT 或 AMD-V/RVI"复选框,如图 2-1-4 所示。

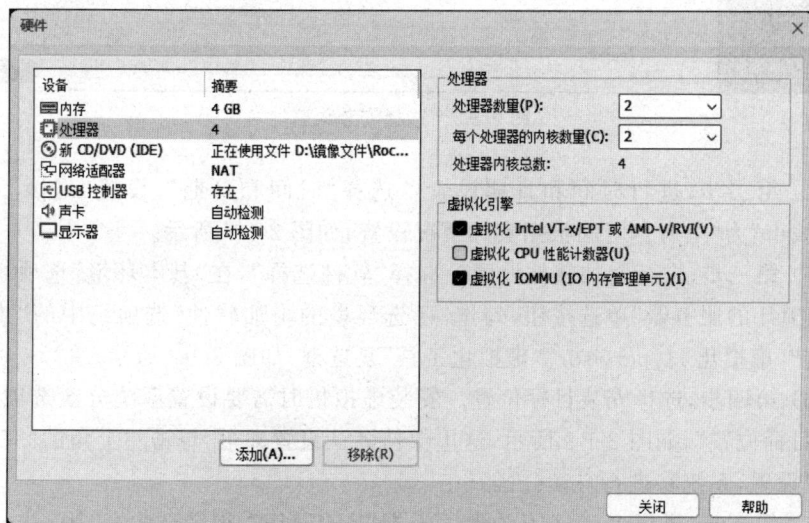

图 2-1-4　设置虚拟化引擎

課堂笔记

教学视频

（2）启动虚拟机，进入如图 2-1-5 所示的界面。选择"Install Rocky Linux 9.4"，按"Enter"键进入 Rocky Linux 9.4 安装向导界面。

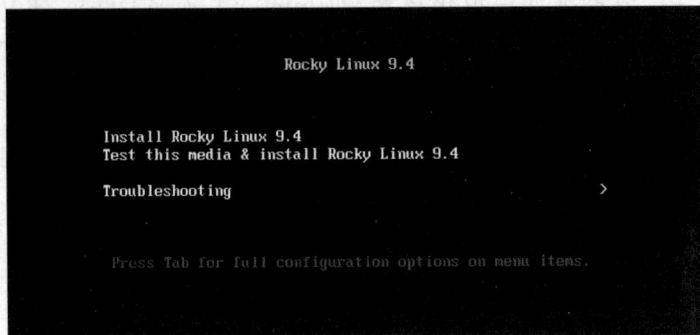

图 2-1-5　Rocky Linux 9.4 安装向导界面

（3）第一步，进行安装语言设置。选择"中文"→"简体中文（中国）"，如图 2-1-6 所示。

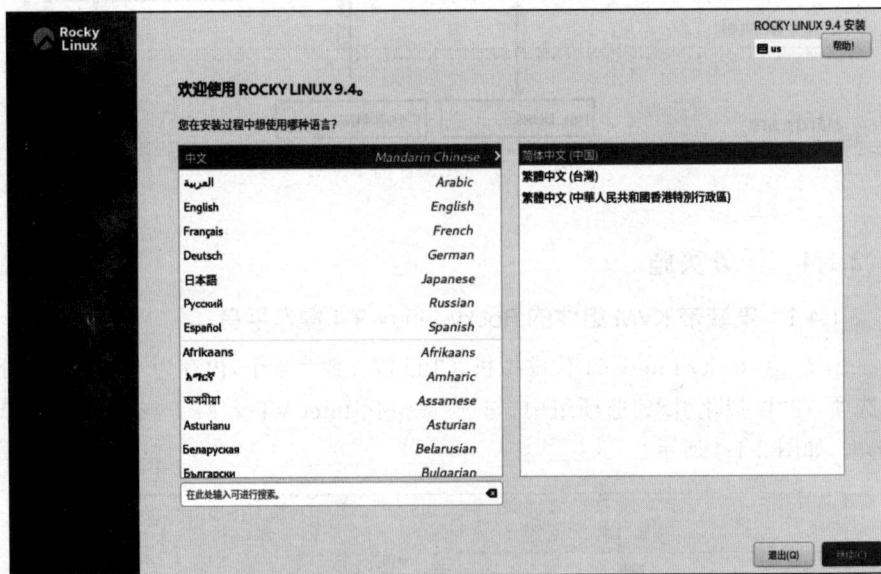

图 2-1-6　选择安装语言

（4）第二步，进行时间和日期设置。选择"时间和日期"，设置"地区"为"亚洲"，"城市"为"上海"，时间根据实际情况设置，如图 2-1-7 所示。

（5）第三步，进行附加软件设置。选择"软件选择"，在"基本环境"选项组中选中"带 GUI 的服务器"单选按钮，勾选"已选环境的附加软件"选项组中的"虚拟化客户端""虚拟化 Hypervisor""虚拟化工具"复选框，如图 2-1-8 所示。

（6）第四步，选择安装目标位置。安装虚拟机时需要设置系统分区选项，选择"安装目标位置"，如图 2-1-9 所示，这里保持默认设置即可，单击左上角的"完成"按钮完成设置，系统将进行自动分区。

（7）第五步，进行 KDUMP 设置。选择"KDUMP"，取消选中"启用 kdump"复

图 2-1-7　选择系统时间和日期

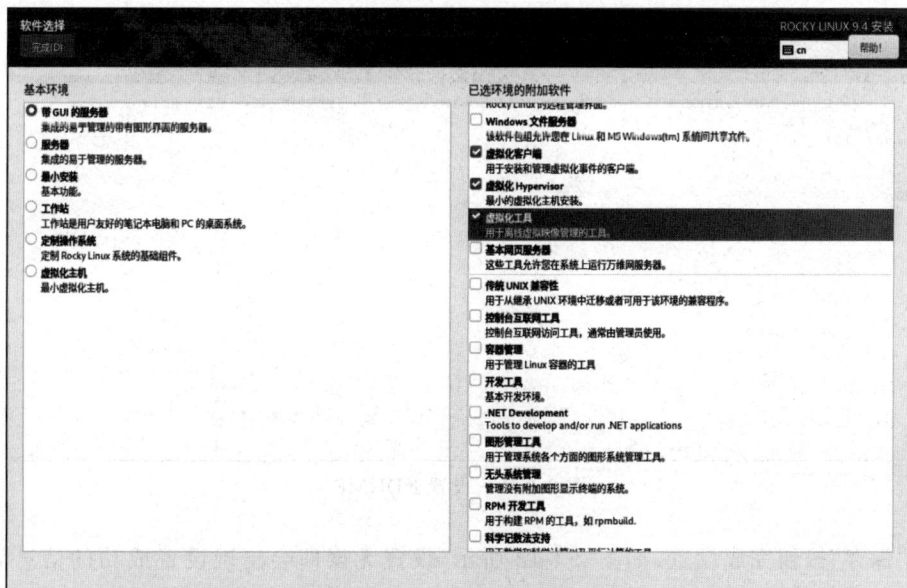

图 2-1-8　选择安装软件包类型

选框,单击左上角的"完成"按钮完成设置,如图 2-1-10 所示。

(8)第六步,进行网络和主机名设置。选择"网络和主机名",设置主机名为"RockyLinux",单击"应用"按钮保存设置,如图 2-1-11 所示。

然后单击"配置"按钮,在弹出的"编辑 ens160"对话框中,切换到"IPv4 设置"选项卡,单击"方法"右侧的下拉列表,选择"手动",此时网络地址的设置方式为手动设置,单击"添加"按钮,依次输入 IP 地址、子网掩码、网关和 DNS 服务器,并单

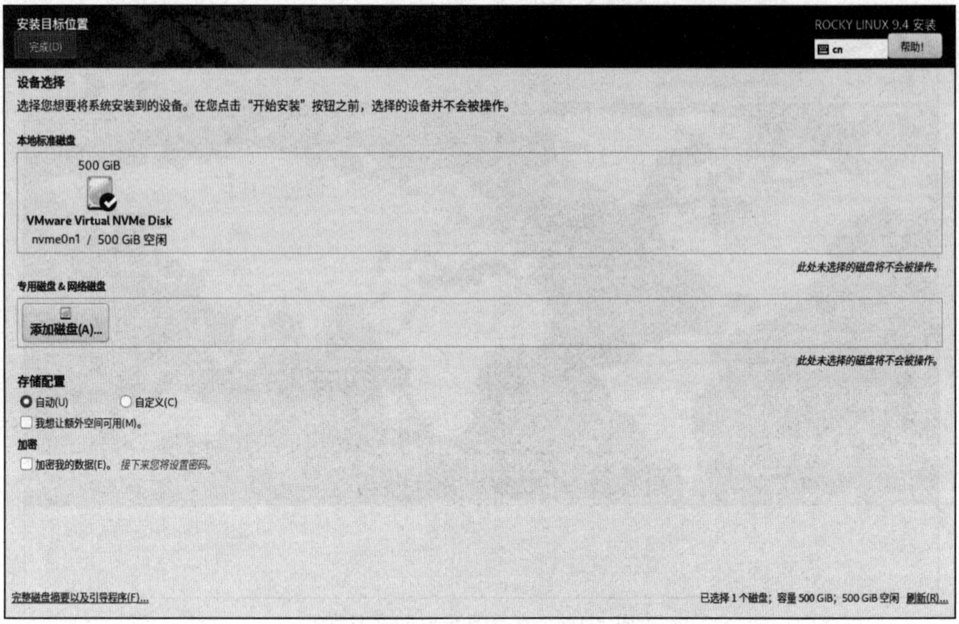

图 2-1-9　选择安装目标位置

图 2-1-10　设置 KDUMP

击"保存"按钮完成设置,如图 2-1-12 所示,设置无误即会出现设置成功的信息界面,如图 2-1-13 所示。

（9）设置 root 密码。在"用户设置"选项组中单击"root 密码",依次输入"root 密码"→"确认",然后勾选"允许 root 用户使用密码进行 SSH 登录"复选框,单击"完成"即可完成密码设置,如图 2-1-14 所示。如果设置的密码复杂度较低,需要双击"完成"按钮使密码生效。

（10）完成上述设置后,单击"开始安装"按钮进入系统自动安装过程,如图 2-1-15 所示。

图 2-1-11 设置主机名

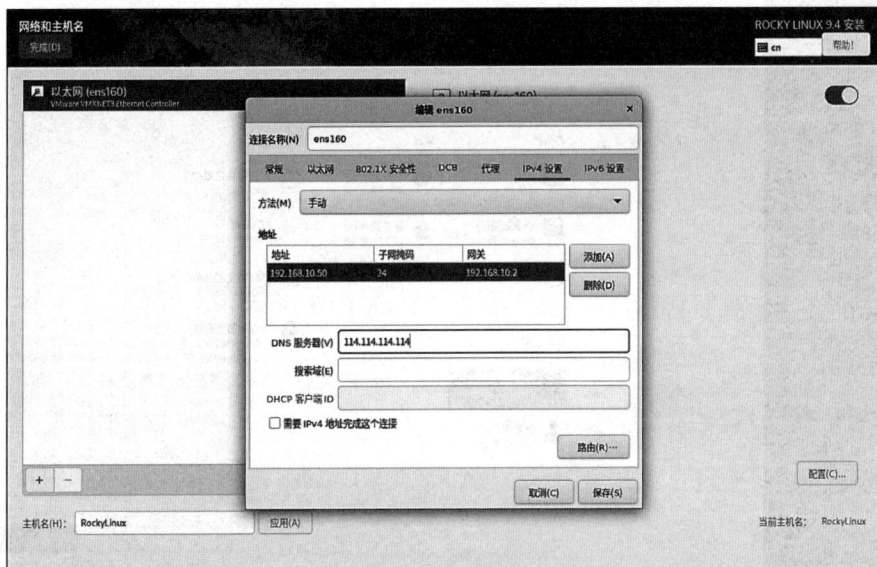

图 2-1-12 设置网络

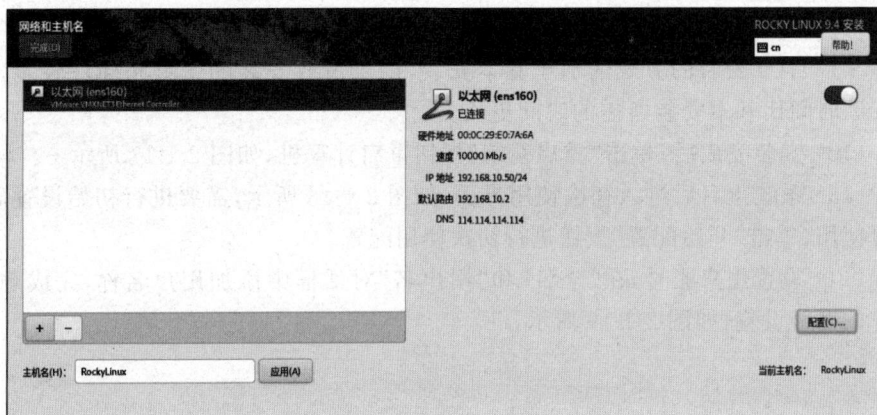

图 2-1-13 设置成功的信息界面

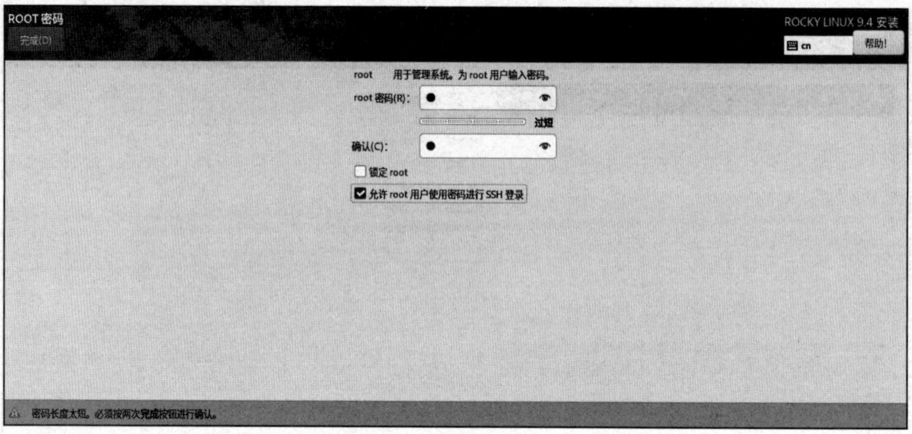

图 2-1-14　设置 root 密码

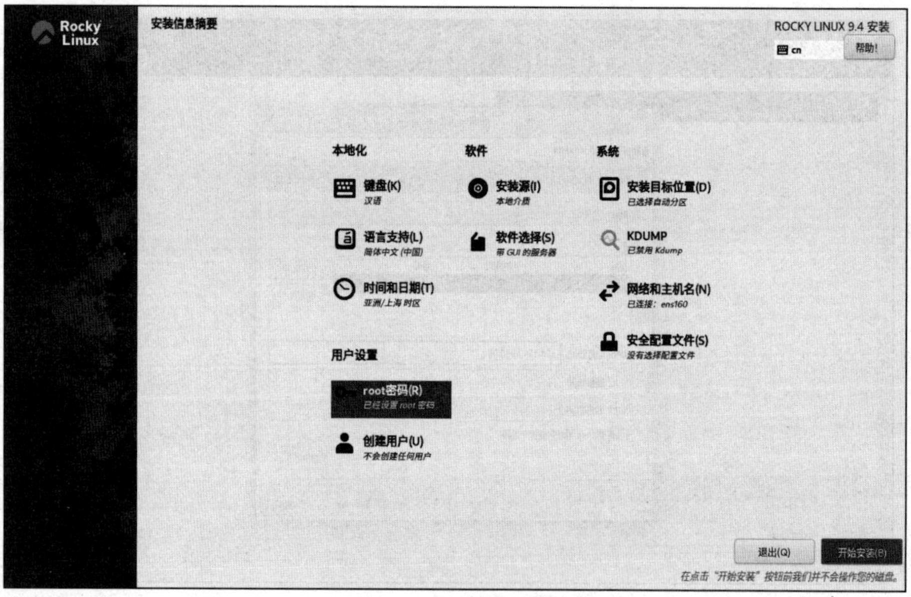

图 2-1-15　开始安装系统

（11）在系统安装过程中，可以通过"安装进度"界面观察安装进度，如图 2-1-16 所示。带 GUI 安装的方式区别于基本安装，由于需要安装的工具和插件较多，所以安装时间比基本安装所需的时间更长。

（12）安装完成后，单击"重启系统"按钮重启计算机，如图 2-1-17 所示。

（13）系统重启后进入初次使用界面，如图 2-1-18 所示，需要进行初始设置后，方可使用，单击"开始配置"按钮进行初次使用配置。

（14）设置用户账号，在"全名"和"用户名"对话框中添加用户名称，完成登录用户的账号设置，如图 2-1-19 所示。

图 2-1-16　"安装进度"界面

图 2-1-17　重启系统

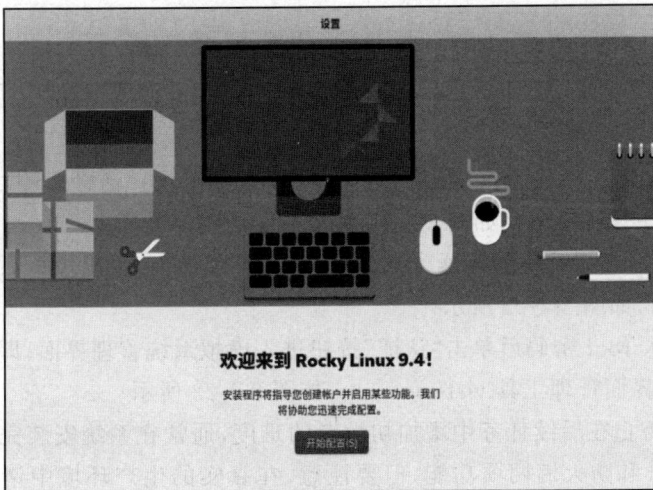

图 2-1-18　初次使用界面

图 2-1-19　设置登录用户账号

（15）设置用户账号之后需要进行密码设置，密码设置完成后即完成了初始化设置，如图 2-1-20 所示。

图 2-1-20　初始化设置完成

（16）进入桌面模式后，单击左上角的"活动"按钮，在"活动"下拉菜单中单击"显示应用程序"按钮，出现如图 2-1-21 所示的应用程序界面。

（17）单击"虚拟系统管理器"启动虚拟系统管理界面，弹出虚拟系统管理器的用户登录界面，如图 2-1-22 所示。

（18）输入 root 密码后单击"认证"按钮进入虚拟系统管理界面，即可开始使用 KVM 的图形界面管理工具 virt-manager，如图 2-1-23 所示。

（19）为防止在后续任务中增加初学者的难度，通常在系统安装完毕后关闭系统的 SELinux 和防火墙两项功能，但要注意，在真实的生产环境中请勿随意关闭

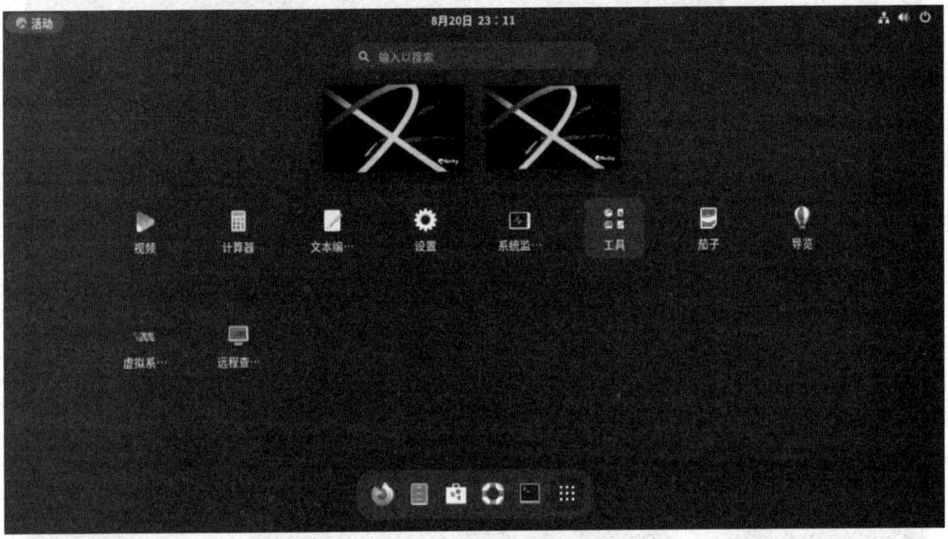

图 2-1-21　应用程序界面

图 2-1-22　虚拟系统管理器的用户登录界面

此两项功能！具体操作如下。

① 禁用 SELinux。在超级用户终端使用"vim /etc/selinux/config"命令，将"SELINUX=enforcing"修改为"SELINUX=disabled"，然后切换到末行模式，输入"wq"保存并退出。

```
[root@RockyLinux ~]#vim /etc/selinux/config
SELINUX=disabled
```

重新启动系统使设置生效，使用 getenforce 命令进行检查，如果返回"Disabled"，即为设置成功。

图 2-1-23   KVM 的图形界面管理工具

```
[root@RockyLinux ~]#reboot
[root@RockyLinux ~]#getenforce
Disabled
```

② 禁用防火墙。在超级用户终端执行"systemctl stop firewalld"和"systemctl disable firewalld"命令,即可禁用防火墙,最后使用"systemctl status firewalld"命令验证防火墙是否为禁用状态。

```
[root@RockyLinux ~]#systemctl stop firewalld
[root@RockyLinux ~]#systemctl disable firewalld
```

注意:上述两条命令可以简化为一条命令。

```
systemctl disable --now firewalld
[root@RockyLinux ~]#systemctl status firewalld
```

2.1.4.2   在 Rocky Linux 中安装 KVM

(1) 在 Rocky Linux 虚拟机启动前,打开"虚拟机设置"对话框,选择"处理器"选项,在"虚拟化引擎"中勾选"虚拟化 Intel VT-x/EPT 或 AMD-V/RVI"复选框,如图 2-1-24 所示。

(2) 启动虚拟机后,在命令行中输入如下命令安装 KVM 软件包。

```
[root@RockyLinux ~]# dnf - y install qemu- kvm qemu- img virt - manager
libvirt libvirt-python libvirt-client virt-install virt-viewer
```

(3) 在命令行中输入如下命令启动 Libvirt 服务并设置开机自启动。

教学视频

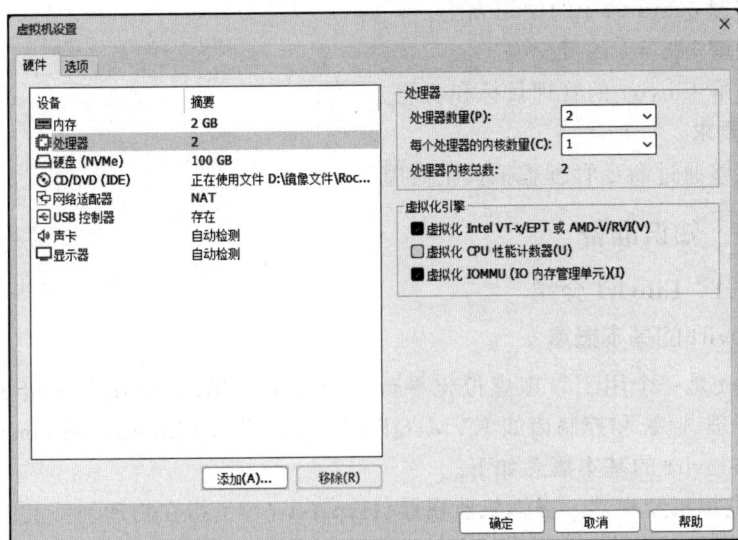

图 2-1-24　设置虚拟化引擎

```
[root@RockyLinux ~]#systemctl start libvirt
[root@RockyLinux ~]#systemctl enable libvirt
```

注意：上述两条命令也可以简化为一条命令。

```
systemctl enable --now libvirt
```

任务 2.2　KVM 通过命令行界面管理虚拟机

2.2.1　任务介绍

在安装好的 KVM 中，通过命令行界面安装一个虚拟机，并确保虚拟机能正常使用。

2.2.2　任务分析

要顺利完成任务，首先需要进行任务需求分析，厘清其知识要求、技能要求。经过对任务的仔细研究，得出以下分析结果。

需求分析

- 了解 KVM 的工作原理。
- 掌握基于命令行管理 KVM 虚拟机的方法。
- 了解 Libvirt。

知识要求

- 掌握 virt 命令的使用方法。
- 掌握 virsh 命令的使用方法。

- 掌握 qemu 命令的使用方法。
- 理解 Libvirt 的概念。
- 了解 Libvirt 的管理目标和功能。

技能要求

- 能够通过命令管理虚拟机生命周期。

2.2.3 知识准备

2.2.3.1 Libvirt 介绍

1. Libvirt 的基本概念

Libvirt 是一个用于管理虚拟化平台的开源工具集,它提供了一组 API 和工具,用于管理、监视和控制诸如 KVM、QEMU、Xen、LXC(Linux Container)等虚拟化技术。Libvirt 的基本概念如下。

(1)虚拟机监视器。虚拟机监视器(Hypervisor)是指在物理硬件上创建、运行和管理虚拟机的软件。Libvirt 支持多种常见的 Hypervisor,如 KVM、QEMU、Xen 等。

(2)域。域(Domain)是指虚拟机的实例。在 Libvirt 中,可以使用 API 或命令行工具来管理和控制各个 Domain 的运行状态、资源分配、网络设置等。

(3)连接。与 Hypervisor 之间的连接用 Connection 表示,它可以是本地连接(连接到本地主机上的 Hypervisor)或远程连接(连接到远程 Hypervisor)。通过 Connection,可以与 Hypervisor 进行通信,创建和管理 Domain。

(4)XML 描述。Libvirt 使用 XML 格式的描述文件来定义 Domain 的配置信息,包括虚拟硬件设备、网络设置、资源分配等。可以使用 XML 描述(XML Description)文件来创建、修改和定义 Domain 配置。

(5)虚拟网络。虚拟网络(Virtual Network)是一种在虚拟化环境中模拟的网络,用于连接虚拟机之间以及虚拟机与物理网络之间的通信。Libvirt 提供了管理和配置虚拟网络的功能。

(6)存储池。存储池(Storage Pool)用于管理虚拟机的磁盘镜像文件。可以将不同的存储设备或目录配置为存储池,Libvirt 提供了管理和操作存储池的功能。

2. Libvirt 的组成

Libvirt 工具集主要包括以下三个部分。

(1)API 库。Libvirt 工具集提供了一套丰富的 API,允许开发者通过编程的方式管理和控制虚拟化资源。

(2)Daemon(libvirt)。Libvirt 工具集作为守护进程运行,负责处理来自客户端的请求,并与管理虚拟化环境的 Hypervisor 进行交互。

(3)命令行工具。Libvirt 工具集提供了一系列命令行工具,如 virsh、virt-install、virt-manager、virt-viewer 等,方便用户进行虚拟化管理。

3. Libvirt 的功能

Libvirt 提供以下主要功能。

（1）虚拟机管理。Libvirt 支持虚拟机的创建、启动、停止、暂停、恢复、迁移等操作，用户可以通过 API 或命令行工具轻松管理虚拟机。

（2）存储管理。Libvirt 提供存储池和存储卷的管理功能，允许用户创建、删除、挂载和卸载存储资源。存储池可以用于管理虚拟机的磁盘镜像文件，存储卷则代表具体的磁盘分区或文件。

（3）网络管理。Libvirt 支持虚拟网络的创建、配置和删除等操作。用户可以通过 Libvirt 配置虚拟机的网络连接，包括 NAT、桥接等模式。

（4）监控和日志。Libvirt 提供监控和日志功能，允许用户实时查看虚拟机和主机的状态信息，以及历史日志记录。

4. Libvirt 的 API 介绍

Libvirt 的 API 提供了许多操作虚拟机和虚拟化资源的功能，可以通过编程语言（如 C 语言、Python、Java 等）与 Libvirt 进行交互。API 包括对虚拟机的创建、启动、停止、暂停、恢复、迁移以及对虚拟网络、存储等资源的管理。它还提供监控和获取虚拟化相关信息的接口。Libvirt 的 API 可以分为以下几类。

（1）连接管理 API。这类 API 用于建立和管理与 Hypervisor 的连接，如 virConnectOpen、virConnectClose 等。

（2）虚拟机管理 API。这类 API 用于创建、配置、启动、停止和管理虚拟机，如 virDomainCreateXML、virDomainGetXMLDesc 等。

（3）存储管理 API。这类 API 用于管理虚拟化环境中的存储资源，包括存储池、卷和快照，如 virStoragePoolCreateXML、virStorageVolCreateXML、virStorageVolDelete 等。

（4）网络管理 API。这类 API 用于管理虚拟化环境中的网络资源，包括网络的创建、配置和删除等，如 virNetworkCreateXML、virNetworkDefineXML、virNetworkDestroy 等。

（5）主机信息 API。这类 API 提供有关主机（Hypervisor）的信息和状态，如 virConnectGetCapabilities、virNodeGetInfo、virNodeGetFreeMemory 等。

（6）监控和事件 API。这类 API 用于监控虚拟机和主机的状态以及事件，如 virDomainGetInfo、virConnectDomainEventRegisterAny 等。

（7）数据结构和常量。这类 API 包括各种数据结构和常量，如 virConnectPtr、virDomainPtr、VIR_CPU_MAPLEN、VIR_DOMAIN_RUNNING 等。

5. Libvirt 的命令行工具

Libvirt 提供了一系列命令行工具，方便用户进行虚拟化管理。以下是一些常用的命令行工具。

（1）virsh。virsh 是一个功能强大的命令行工具，用于与虚拟化宿主机进行交互。可以执行创建、启动、停止、迁移虚拟机等操作，提供管理虚拟网络和存储等功能。

（2）virt-install。virt-install 用于创建和安装新的虚拟机。用户可以指定虚拟机的配置参数和安装介质，快速创建虚拟机实例。

（3）virt-manager。virt-manager 是一个基于图形界面的管理工具，提供对虚拟机和虚拟化资源进行图形化管理和监控的功能。用户可以通过图形界面直观地查看和管理虚拟机。

（4）virt-viewer。virt-viewer 用于查看虚拟机图形界面,支持虚拟网络控制台（VNC）和 SPICE 协议。用户可以连接到运行中的虚拟机并查看其屏幕输出。

6. Libvirt 的应用场景

Libvirt 在企业级环境中有着广泛的应用,以下是 Libvirt 常见的应用场景。

（1）基础设施即服务（IaaS）。Libvirt 可作为云服务商的核心组件之一,在公有云、私有云及混合云架构中管理大规模的虚拟化资源。

（2）自动化部署。利用 Ansible 或 SaltStack 等自动化工具,结合 Libvirt 实现虚拟机的批量部署和维护,减少人工干预和错误风险。

（3）高性能计算（HPC）。在 HPC 场景下利用 Libvirt 创建高性能虚拟环境,加快科研计算任务处理速度。

7. Libvirt 的优势

Libvirt 具有以下优势。

（1）跨平台支持。Libvirt 支持在多种操作系统上运行,如 Linux、FreeBSD（类 UNIX 操作系统）、Windows 和 macOS 等,提供了广泛的兼容性。

（2）统一接口。Libvirt 提供统一的接口来管理和操作不同类型的虚拟化技术,简化了虚拟化环境的管理。

（3）丰富的功能。Libvirt 提供虚拟机管理、存储管理、网络管理、监控和日志等多种功能,能够满足不同场景的需求。

（4）强大的 API。Libvirt 的 API 提供操作虚拟机和虚拟化资源的丰富功能,开发者可以通过编程的方式轻松实现复杂的虚拟化操作。

2.2.3.2　KVM 基础命令介绍

为了更好地进行系统运维和管理,KVM 提供了 virt 命令组、virsh 命令、qemu 命令等命令行管理工具,需要熟练掌握这几类命令的使用方法,以便对 KVM 虚拟机进行快速、高效的管理。

1. virt 命令组

virt 命令组主要包括 virt-install、virt-manager 等命令,是用于 KVM 虚拟机管理的强大工具。

（1）virt-install。virt-install 是一个命令行工具,用于在 KVM 上创建和安装虚拟机。通过指定虚拟机的名称、内存、CPU 数量、操作系统类型及版本、磁盘文件路径等参数,可以轻松创建新的虚拟机。例如,使用 virt-install 命令可以指定 ISO 镜像文件的位置、虚拟磁盘的格式和大小、网络配置等。此外,virt-install 还支持通过串口控制台安装虚拟机,这在无图形界面的服务器环境下特别有用。

（2）virt-manager。virt-manager 是一个图形化管理工具,提供友好的用户界面来管理 KVM 虚拟机,用户可以通过 virt-manager 直观地查看虚拟机的状态,监控虚拟机的性能,配置虚拟机硬件,等等。此外,virt-manager 还支持虚拟机的创建、启动、停止、挂起、恢复等操作,提供虚拟机的快照管理、迁移等功能。

续表

virt 命令组提供 11 条命令对虚拟机进行管理,如表 2-2-1 所示。

表 2-2-1　virt 命令组的命令及其功能

命　　令	功　　能
virt-clone	克隆虚拟机
virt-convert	转换虚拟机配置文件的格式
virt-host-validate	验证 KVM 虚拟化环境配置
virt-image	创建虚拟机镜像
virt-install	创建虚拟机
virt-manager	虚拟机管理器
virt-pki-validate	虚拟机证书验证
virt-top	虚拟机监控
virt-viewer	虚拟机访问
virt-what	探测当前系统是否运行在虚拟机中,采用的是何种虚拟化类型
virt-xml-validate	虚拟机 XML 配置文件验证

2. virsh 命令

virsh 命令是 Red Hat 公司为虚拟化技术封装的管理虚拟机的命令行工具,其中有极丰富、全面的选项和功能,相当于 virt-manager 图形界面程序的命令行版本,覆盖了虚拟机生命周期的全过程,在单个物理服务器虚拟化中起到重要的虚拟化管理作用,也为负载的虚拟化管理提供了坚实的技术基础。

通过 virsh 命令,用户可以查看虚拟机的列表(包括运行和关闭的虚拟机),启动和关闭虚拟机,挂起和恢复虚拟机,保存和还原虚拟机状态,等等。例如,使用 virsh list 命令可以查看当前运行的虚拟机列表;使用 virsh start 命令可以启动指定的虚拟机;使用 virsh shutdown 命令可以安全关闭虚拟机。此外,virsh 还支持虚拟机的内存和 CPU 配置调整、快照管理、迁移等操作。

virsh 命令还提供了丰富的配置和诊断功能,如查看虚拟机的详细配置信息(通过 virsh dumpxml 命令实现),修改虚拟机的内存和 CPU 配置(通过 virsh setmem、virsh setvcpus 命令实现),等等。

virsh 命令提供了 12 条命令进行虚拟化管理,如表 2-2-2 所示。

表 2-2-2　virsh 命令

命令选项功能区域	功　　能
Domain Management	域管理
Domain Monitoring	域监控
Host and Hypervisor	主机和虚拟层

续表

命令选项功能区域	功　　能
Interface	接口管理
Network Filter	网络过滤管理
Networking	网络管理
Node Device	节点设备管理
Secret	安全管理
Snapshot	快照管理
Storage Pool	存储池管理
Storage Volume	存储卷管理
Virsh Itself	自身管理功能

3. qemu 命令

QEMU 是一系列硬件模拟设备的提供者,与 KVM 结合形成了"KVM＋QEMU"的虚拟化解决方案,用于虚拟层的底层管理。

qemu-kvm 是 QEMU 的主要程序包,负责模拟虚拟机的硬件环境,如 CPU、网卡、磁盘等。通过 qemu-kvm 命令,用户可以启动虚拟机,并指定虚拟机的磁盘镜像文件、CPU 模型等参数。例如,使用 qemu-kvm 命令时,可以通过-cpu 参数指定虚拟机的 CPU 模型,通过-hda 参数指定虚拟机的磁盘镜像文件。

qemu-img 是 QEMU 的另一个重要工具,用于创建、转换和管理 KVM 虚拟机磁盘镜像。通过 qemu-img 命令,用户可以创建新的磁盘镜像文件,调整磁盘镜像文件的大小,转换磁盘镜像文件的格式,等等。例如,使用 qemu-img create 命令可以创建一个新的 qcow2 格式的磁盘镜像文件,使用 qemu-img resize 命令可以调整磁盘镜像文件的大小。

qemu 命令提供了 3 条命令进行虚拟化管理,如表 2-2-3 所示。

表 2-2-3　qemu 命令

命令名	功　　能
qemu-kvm	虚拟机管理
qemu-img	虚拟机磁盘镜像管理
qemu-io	接口管理

2.2.4　任务实施

2.2.4.1　使用 virt-install 命令安装虚拟机

使用 virt-install 命令创建新的虚拟机,操作步骤如下。

(1) 用户可以使用 virt-install 命令安装虚拟机,该命令包含许多配置参数,可以首先使用--help 参数查看此命令的帮助文档,如图 2-2-1 所示。

```
[root@RockyLinux ~]#virt-install --help
```

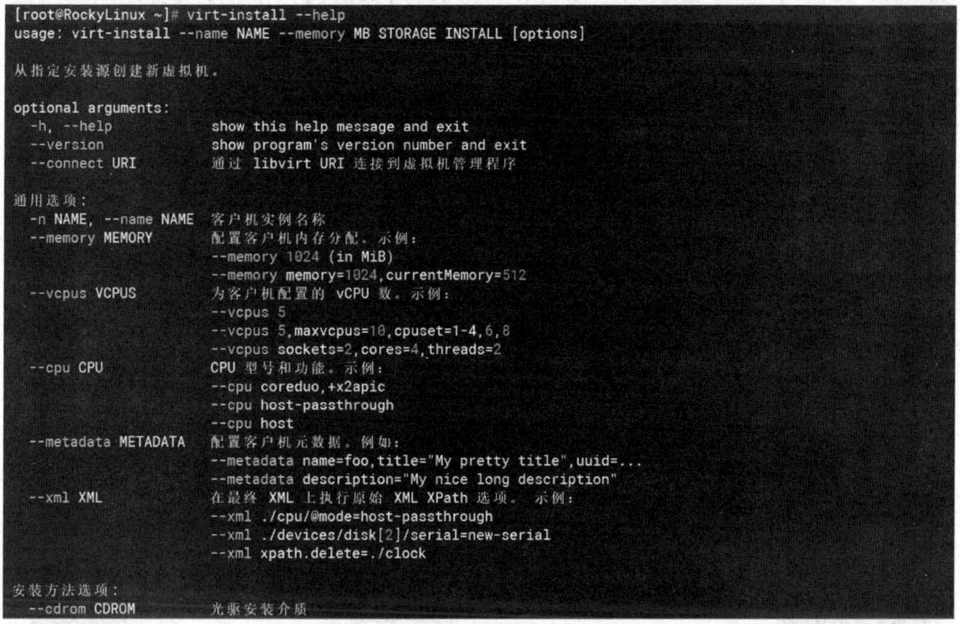

```
[root@RockyLinux ~]# virt-install --help
usage: virt-install --name NAME --memory MB STORAGE INSTALL [options]

从指定安装源创建新虚拟机。

optional arguments:
 -h, --help             show this help message and exit
 --version              show program's version number and exit
 --connect URI          通过 libvirt URI 连接到虚拟机管理程序

通用选项：
 -n NAME, --name NAME   客户机实例名称
 --memory MEMORY        配置客户机内存分配。示例：
                        --memory 1024 (in MiB)
                        --memory memory=1024,currentMemory=512
 --vcpus VCPUS          为客户机配置的 vCPU 数。示例：
                        --vcpus 5
                        --vcpus 5,maxvcpus=10,cpuset=1-4,6,8
                        --vcpus sockets=2,cores=4,threads=2
 --cpu CPU              CPU 型号和功能。示例：
                        --cpu coreduo,+x2apic
                        --cpu host-passthrough
                        --cpu host
 --metadata METADATA    配置客户机元数据，例如：
                        --metadata name=foo,title="My pretty title",uuid=...
                        --metadata description="My nice long description"
 --xml XML              在最终 XML 上执行原始 XML XPath 选项。示例：
                        --xml ./cpu/@mode=host-passthrough
                        --xml ./devices/disk[2]/serial=new-serial
                        --xml xpath.delete=./clock

安装方法选项：
 --cdrom CDROM          光驱安装介质
```

图 2-2-1　virt-install 命令的帮助文档

（2）明确 virt-install 相关参数的功能后，即可使用 virt-install 与参数的组合创建虚拟机，此处使用以下创建命令实现虚拟机的创建。

```
[root@RockyLinux ~]#virt-install --name rockylinux9 --memory 1024 --
vcpus 1 --cdrom /iso/Rocky-9.4-x86_64-minimal.iso --os-variant rhel9.4
--network none --disk /tmp/rockylinux9.qcow2,size=10 --graphics vnc,
listen=0.0.0.0,port=5901
```

上述命令将从/iso/Rocky-9.4-x86_64-minimal.iso 镜像安装 Rocky Linux 虚拟机操作系统，虚拟机名称为 rockylinux9，内存为 1GB，虚拟 CPU 数为 1 个，虚拟磁盘的路径为/tmp/rockylinux9.qcow2，磁盘大小为 10GB，开启 VNC 访问，监听的 IP 地址为 0.0.0.0，端口为 TCP 5901，不开启网络连接，操作系统类型为 rhel9.4。

（3）输入上述命令后即进入虚拟机安装流程，如图 2-2-2 所示。在未出现安装完成提示之前，不要关闭窗口，也不要按"Ctrl＋C"组合键，此时需要耐心等待。

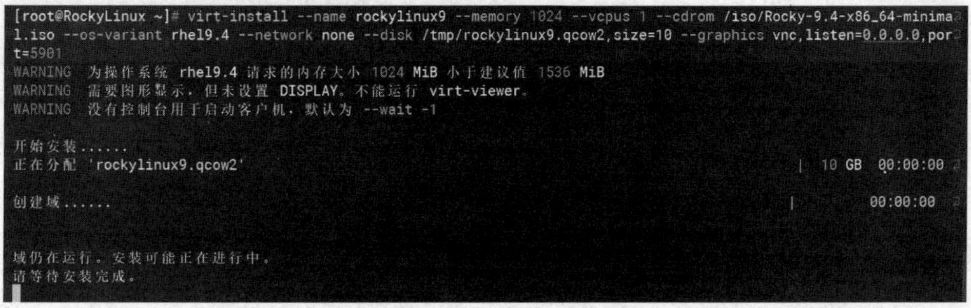

```
[root@RockyLinux ~]# virt-install --name rockylinux9 --memory 1024 --vcpus 1 --cdrom /iso/Rocky-9.4-x86_64-minima
l.iso --os-variant rhel9.4 --network none --disk /tmp/rockylinux9.qcow2,size=10 --graphics vnc,listen=0.0.0.0,por
t=5901
WARNING  为操作系统 rhel9.4 请求的内存大小 1024 MiB 小于建议值 1536 MiB
WARNING  需要图形幕示，但未设置 DISPLAY。不能运行 virt-viewer。
WARNING  没有控制台用于启动客户机，默认为 --wait -1

开始安装......
正在分配 'rockylinux9.qcow2'                                      |  10 GB  00:00:00

创建域......                                                             00:00:00

域仍在运行。安装可能正在进行中。
请等待安装完成。
```

图 2-2-2　使用 virt-install 命令创建虚拟机

2.2.4.2　连接到虚拟机控制台

（1）在使用 VNC 连接到虚拟机时，首先需要关闭防火墙，否则会造成无法连接到虚拟机，命令如下。

```
[root@RockyLinux ~]#systemctl stop firewalld
```

（2）在关闭防火墙后，虚拟机在创建好后会自动打开 VNC Viewer，此时连接到所创建的虚拟机并进行安装，如图 2-2-3 所示。

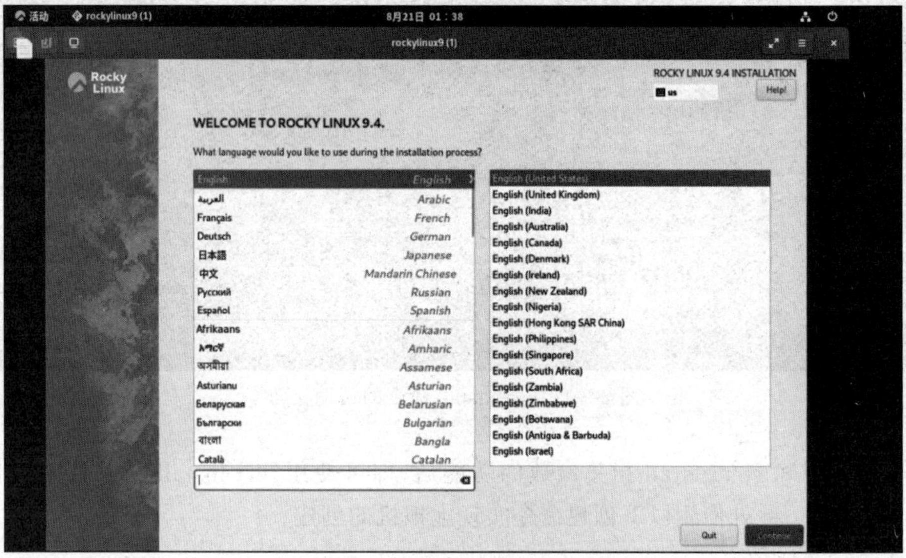

图 2-2-3　安装虚拟机操作系统

（3）在安装好虚拟机操作系统后，便可使用 virsh 管理控制台管理如下内容。

① 查看正在运行的虚拟机，命令如下。

```
[root@RockyLinux ~]#virsh list
 Id   名称            状态
------------------------
 2    rockylinux9  运行
```

② 查看所有虚拟机，包括已经关闭的虚拟机，命令如下。

```
[root@RockyLinux ~]#virsh list --all
 Id   名称            状态
------------------------
 2    rockylinux9  运行
 -    rocky9       关闭
```

③ 查看虚拟机 VNC 端口，命令如下。

```
[root@RockyLinux ~]#virsh vncdisplay --domain rockylinux9
:1
```

（4）在安装好的虚拟机上，使用"ip a"命令查看虚拟机的 IP 地址，如图 2-2-4
所示。

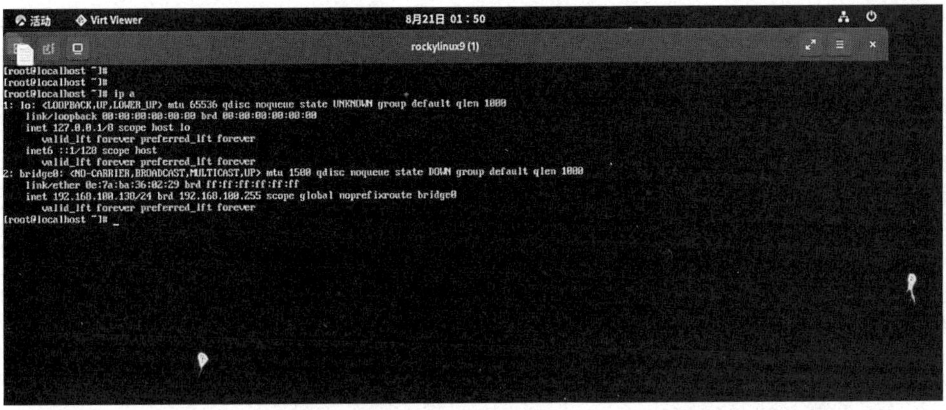

课堂笔记

图 2-2-4　查看虚拟机的 IP 地址

（5）在使用完虚拟机后，输入"shutdown -h now"命令即可正常关闭虚拟机。
如果不能正常关闭，可以使用 virsh destroy 命令强制关闭，命令如下。

```
[root@RockyLinux ~]#virsh list
 Id  名称         状态
--------------------------
 2   rockylinux9  运行

[root@RockyLinux ~]#virsh destroy rockylinux9
域 'rockylinux9' 已销毁

[root@RockyLinux ~]#virsh list --all
 Id  名称         状态
--------------------------
 -   rocky9       关闭
 -   rockylinux9  关闭
```

（6）如果不再使用安装好的虚拟机，则可以删除虚拟机磁盘文件，命令如下。

```
[root@RockyLinux ~]#virsh undefine rocky
rocky9        rockylinux9
[root@RockyLinux ~]#virsh undefine rockylinux9
domain 'rockylinux9' 已被解除定义

[root@RockyLinux ~]#virsh list --all
 Id  名称    状态
--------------------
 -   rocky9  关闭

[root@RockyLinux ~]#cd /tmp/
[root@RockyLinux tmp]#file rockylinux9.qcow2
rockylinux9.qcow2: QEMU QCOW2 Image (v3), 10737418240 bytes
[root@RockyLinux tmp]#rm -f rockylinux9.qcow2
```

任务 2.3　KVM 通过图形界面管理虚拟机

2.3.1　任务介绍

了解 KVM 图形化界面各个按钮的各项功能,利用图形化界面的各种功能高效地管理虚拟机。

2.3.2　任务分析

要顺利完成任务,首先需要进行任务需求分析,厘清其知识要求、技能要求。经过对任务的仔细研究,得出以下分析结果。

需求分析

- 了解 virt-manager。
- 掌握基于图形界面管理 KVM 虚拟机的方法。

知识要求

- 掌握 virt-manager 的概念。
- 掌握 virt-manager 命令的管理目标和功能。

技能要求

- 能够通过图形界面管理虚拟机生命周期。

2.3.3　知识准备

2.3.3.1　virt-manager 的概念及组成

1. virt-manager 的概念

virt-manager,全称为"虚拟机管理器",是一个在 Linux 桌面环境中通过 Libvirt 来管理虚拟机、容器等的图形界面应用程序。它主要为管理 KVM 虚拟机而开发,也可以管理 Xen 和 LXC 容器。virt-manager 是由 Red Hat 公司发起的项目,目前仅支持在 Linux 或其他类 UNIX 系统中运行。

2. virt-manager 的组成

virt-manager 主要由以下三部分组成。

(1)图形用户界面(GUI)。基于 GTK＋和 PyGTK 构建,为用户提供直观、易用的管理界面。

(2)Libvirt API。作为底层虚拟化 API,支持多种虚拟化技术,如 KVM、Xen、QEMU 和 LXC。

(3)Python。用于实现程序逻辑部分,确保应用程序的灵活性和可扩展性。

2.3.3.2　virt-manager 的功能及优势

1. virt-manager 的功能

virt-manager 提供了丰富的功能,以满足用户对虚拟机的各种管理需求。

(1)虚拟机生命周期管理。其中包括创建、编辑、启动、暂停、恢复和停止虚拟机,以及虚拟快照、动态迁移等功能。

（2）实时监控。能够实时查看虚拟机和宿主机的性能统计信息,如 CPU、内存、网络等资源使用情况,并提供图形化展示。

（3）资源分配和调整。支持对虚拟机的资源分配和虚拟硬件的配置进行调整。

（4）图形化引导。提供图形化的虚拟机创建引导,简化配置过程。

（5）内置 VNC 客户端。可用于连接到虚拟机的图形界面进行交互。

（6）远程管理。支持本地或远程管理 Hypervisor 上的 KVM、Xen、QEMU、LXC 等虚拟机。

2. virt-manager 的优势

（1）跨平台支持。支持多种 Linux 发行版本,如 RHEL、Fedora、CentOS、Ubuntu、Debian 和 OpenSUSE 等,提供统一的操作界面。

（2）直观易用。通过直观的图形用户界面,简化复杂的虚拟机管理和配置过程。

（3）功能全面。不仅支持虚拟机的创建、配置和监控,还提供了一系列命令行工具,如 virt-install、virt-clone 和 virt-xml,以满足不同用户的需求。

（4）源社区活跃。拥有活跃的邮件列表、因特网中继聊天(IRC)频道和 bug 报告系统,用户可以参与讨论,共享资源,甚至贡献代码。

（5）高效灵活。通过 Libvirt API 实现对多种虚拟化技术的支持,提高了服务器资源利用率,降低了管理成本。

2.3.3.3 virt-manager 的应用场景

virt-manager 被广泛应用于多个领域。

（1）开发与测试。开发者可以利用 virt-manager 快速搭建多个独立的测试环境,进行软件兼容性和性能测试。

（2）教育与培训。在教学过程中,教师可以创建多个含有特定软件配置的虚拟机,让学生在自己的环境中进行操作练习。

（3）服务器集群管理。系统管理员可以使用 virt-manager 监控和管理整个数据中心的虚拟机,提高运维效率。

2.3.4 任务实施

2.3.4.1 使用 virt-manager 创建虚拟机

（1）首先安装 lrzsz 工具,命令如下。

```
[root@RockyLinux ~]#dnf install -y lrzsz
```

（2）切换到/iso 目录,将 Rocky-9.4-x86_64-minimal 上传到系统中的/iso 目录中(直接拖动即可),如图 2-3-1 所示。

```
[root@RockyLinux ~]#mkdir /iso
[root@RockyLinux ~]#cd /iso/
```

教学视频

图 2-3-1　上传镜像

上传完毕后,用 ll 命令查看上传的镜像文件,命令如下。

```
[root@RockyLinux ~]#ll -h /iso
总用量 1.8G
-rw-rw-rw- 1 root root 1.8G  8月 19 00:46 Rocky-9.4-x86_64-minimal.iso
```

(3) 在 Rocky Linux 图形界面中打开"虚拟系统管理器",单击第一个图标
开始创建新的虚拟机,如图 2-3-2 所示。

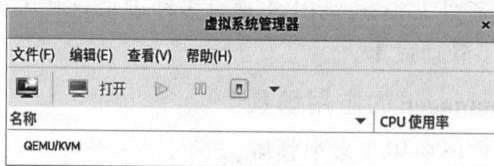

图 2-3-2　新建虚拟机

(4) 在创建新虚拟机的过程中,首先要设置操作系统安装源,这里设置安装来
源为"本地安装介质(ISO 映像或者光驱)",如图 2-3-3 所示。

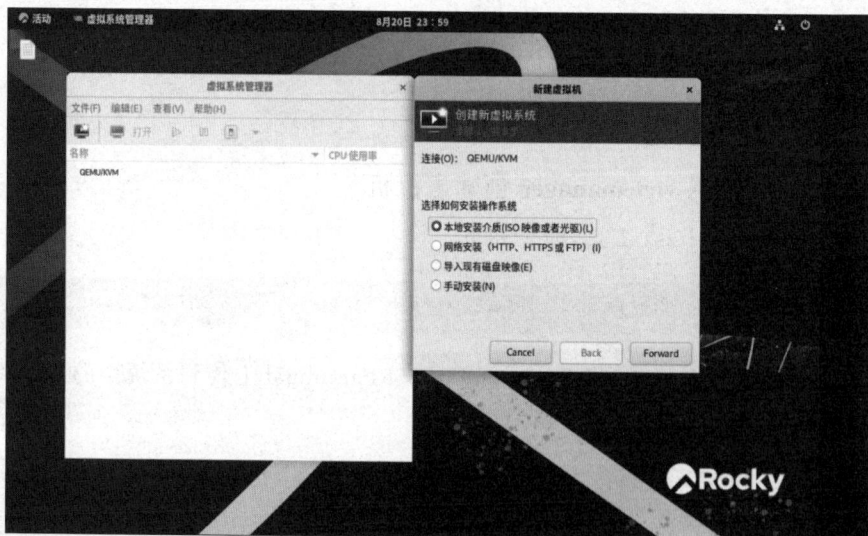

图 2-3-3　选择操作系统安装源

（5）选择 ISO 镜像文件进行安装，通过浏览找到/iso 目录下的 Rocky-9.4-x86_64-minimal.iso，系统会自动检测到操作系统类型，如图 2-3-4 所示。

课堂笔记

图 2-3-4　安装系统设置

（6）设置完成后，需要设置虚拟机内存，这里设置虚拟机内存为 1024MB，虚拟 CPU 数为 1 个，如图 2-3-5 所示。

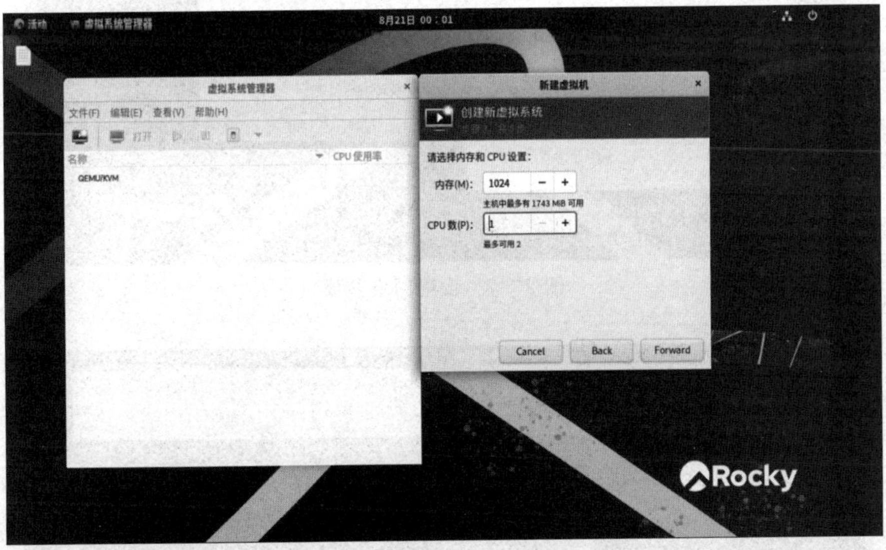

图 2-3-5　设置虚拟机内存

（7）设置虚拟机硬盘大小。这里使用默认的 20GB，如图 2-3-6 所示。

（8）设置网络参数。在"选择网络"下拉列表框中，可以看到虚拟网络使用默认的 NAT 类型，也可以根据需要更改其他虚拟网络类型，如图 2-3-7 所示。

（9）单击"完成"按钮，虚拟机会自动重启，进入光盘安装引导界面，如图 2-3-8 所示。

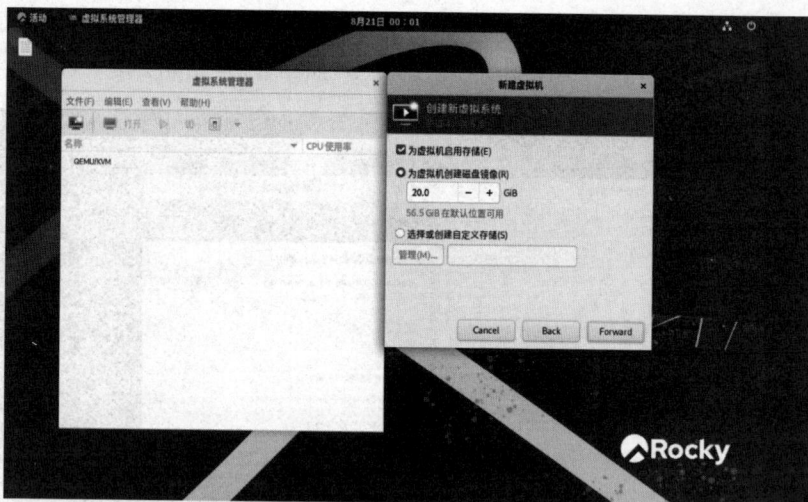

图 2-3-6　设置虚拟机硬盘大小

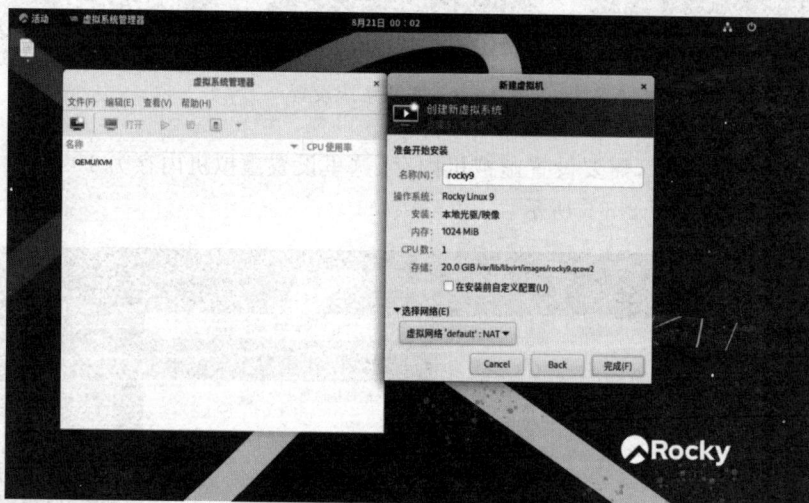

图 2-3-7　设置网络参数

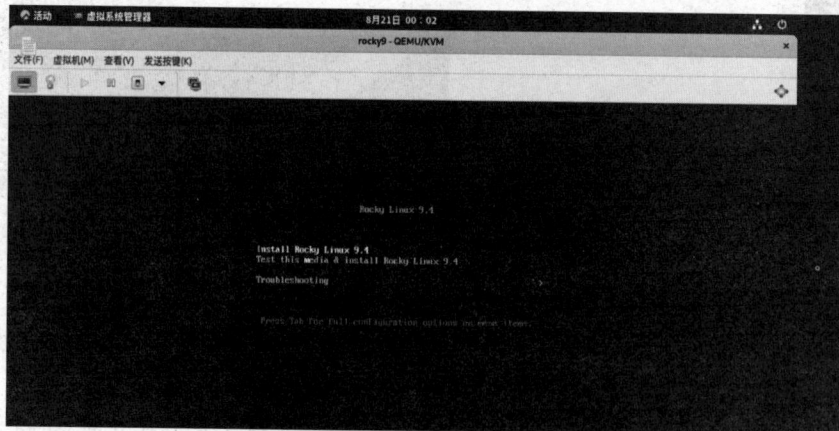

图 2-3-8　光盘安装引导界面

（10）在虚拟机上安装 Rocky Linux 的过程与真实机器上的安装过程相同，网卡 eth0 的配置通过 DHCP 自动获取 IP 地址，如图 2-3-9 所示。

图 2-3-9　DHCP 自动获取 IP 地址

（11）安装完成后，使用 root 用户登录虚拟机，并输入命令"ip a"查看系统 IP 地址，此时 Linux 系统的 IP 地址为 192.168.122.26，如图 2-3-10 所示。

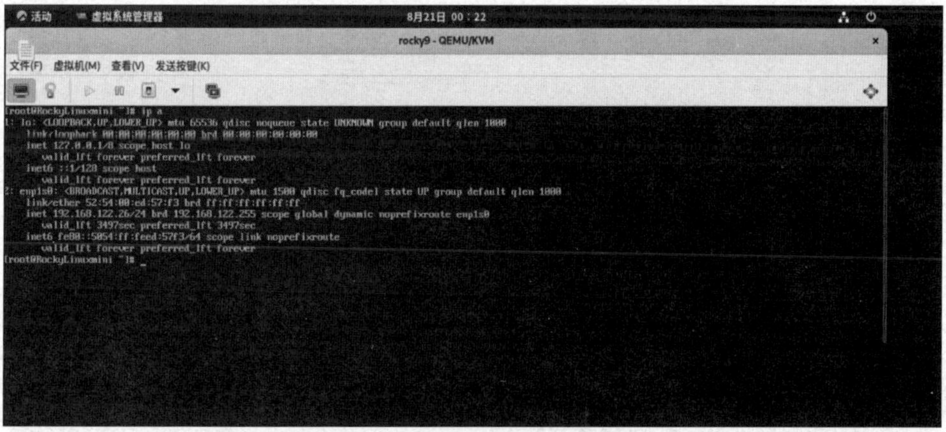

图 2-3-10　登录虚拟机并查看 IP 地址

2.3.4.2　使用 virt-manager 管理虚拟机

（1）在宿主机中查看网卡信息（以下称允许 KVM 虚拟化软件的 Rocky Linux 为宿主机，称虚拟机 Rocky Linux 为客户机），命令如下。

```
[root@RockyLinuxmini ~]#ifconfig
enp1s0: flags=4163<UP,BROADCAST,RUNNING,MULTICAST>  mtu 1500
        inet 192.168.122.26  netmask 255.255.255.0  broadcast 192.168.
122.255
        inet6 fe80::5054:ff:feed:57f3  prefixlen 64  scopeid 0x20<link>
        ether 52:54:00:ed:57:f3  txqueuelen 1000  (Ethernet)
        RX packets 1808  bytes 11247088 (10.7 MiB)
```

```
        RX errors 0  dropped 296  overruns 0  frame 0
        TX packets 1320  bytes 109613 (107.0 KiB)
        TX errors 0  dropped 0 overruns 0  carrier 0  collisions 0

lo: flags=73<UP,LOOPBACK,RUNNING>  mtu 65536
        inet 127.0.0.1  netmask 255.0.0.0
        inet6 ::1  prefixlen 128  scopeid 0x10<host>
        loop  txqueuelen 1000  (Local Loopback)
        RX packets 0  bytes 0 (0.0 B)
        RX errors 0  dropped 0  overruns 0  frame 0
        TX packets 0  bytes 0 (0.0 B)
        TX errors 0  dropped 0 overruns 0  carrier 0  collisions 0
```

可以看到存在 enp1s0 网卡,客户机可以通过该网卡与宿主机进行通信。

(2) 在宿主机上 ping 客户机的 IP 地址,可以 ping 通,命令如下。

```
[root@RockyLinux ~]#ping -c 4 192.168.122.26
PING 192.168.122.26 (192.168.122.26) 56(84) 比特的数据
64 比特,来自 192.168.122.26: icmp_seq=1 ttl=64 时间=0.410 毫秒
64 比特,来自 192.168.122.26: icmp_seq=2 ttl=64 时间=0.341 毫秒
64 比特,来自 192.168.122.26: icmp_seq=3 ttl=64 时间=0.356 毫秒
64 比特,来自 192.168.122.26: icmp_seq=4 ttl=64 时间=0.336 毫秒

--- 192.168.122.26 ping 统计 ---
已发送 4 个包, 已接收 4 个包, 0% packet loss, time 3050ms
rtt min/avg/max/mdev = 0.336/0.360/0.410/0.029 ms
```

(3) 从宿主机通过 SSH 连接到客户机,命令如下。

```
[root@RockyLinux ~]#ssh root@192.168.122.26
The authenticity of host '192.168.122.26 (192.168.122.26)' can't be
established.
ED25519 key fingerprint is SHA256: G0LmErlsOjVANhcMFjAgzRfu +
YHKD090KGnozYeXyhc.
This key is not known by any other names
Are you sure you want to continue connecting (yes/no/[fingerprint])? yes
Warning: Permanently added '192.168.122.26' (ED25519) to the list of
known hosts.
root@192.168.122.26's password:
Last login: Wed Aug 21 00:20:38 2024
[root@RockyLinuxmini ~]#
```

(4) 在客户机上输入"exit"返回到宿主机,命令如下。

```
[root@RockyLinuxmini ~]#exit
logout
Connection to 192.168.122.26 closed.
[root@RockyLinux ~]#
```

（5）在本机上 ping 客户机的 IP 地址，可以发现访问是不成功的，如图 2-3-11 所示。

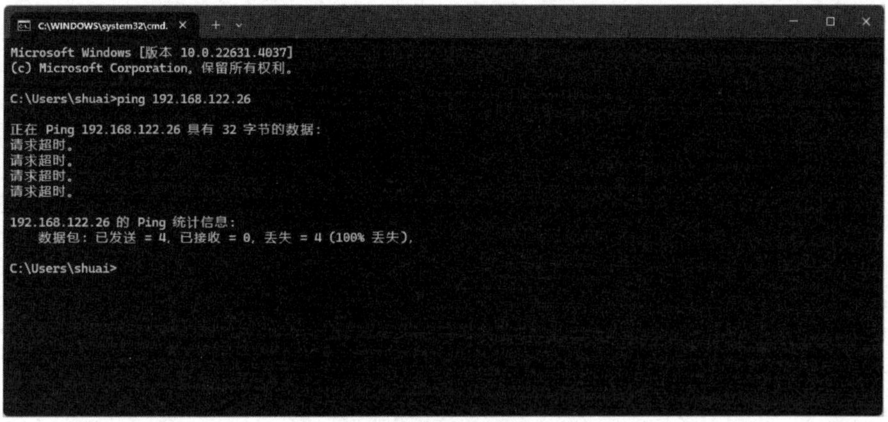

图 2-3-11 测试访问权限

📝 项目总结

项目 2"KVM 技术"包含 3 个任务：任务 2.1 是 KVM 虚拟化的安装，任务 2.2 是 KVM 通过命令行界面管理虚拟机，任务 2.3 是 KVM 通过图形界面管理虚拟机。项目完成过程中了解什么是服务器虚拟化、服务器虚拟化的作用、KVM/QEMU 服务器虚拟化的基本原理，熟悉在 Linux 中安装 KVM 的具体操作，掌握 KVM 的 virsh 的常用命令的使用方法以及 virt-manager 图形管理工具的日常使用。

通过本项目的学习，对作为服务器虚拟化入门技能的 KVM 技术有一定的认知，能理解 KVM 的基本概念和相关基础理论，并能够熟练掌握 KVM 的虚拟机日常操作，建立起对服务器虚拟化技术的基本理解和认知，为下一个项目"虚拟化平台技术"的学习打下坚实的基础。

对项目实施过程中产生的相关信息进行总结，并填写项目记录表。

项目记录表

项目实施过程中使用的配置参数（主机名、密码、IP 等）：

续表

项目实施过程中需要掌握的关键点：

项目实施过程中遇到的异常问题：

项目 3

虚拟化平台技术

项目背景

作为云计算、大数据等技术的底层应用，服务器虚拟化是不可替代的。虽然近些年 Docker、Kubernetes 等容器技术获得了广泛使用，但并不能说它们就可以取代虚拟化，特别是服务器虚拟化。在国产企业级虚拟化市场上，新华三技术有限公司自主研发的 H3C CAS 虚拟化平台占据比较高的市场份额。

H3C CAS 虚拟化产品从 2009 年发展至今经过 10 多年的研发技术积累，从原来的 CAS 1.0 版本发展到现在的 CAS 7.0 版本，从原来的一个小众产品发展至拥有超过 8000 个重要客户。CAS 服务于政府、企业、教育、医疗等领域，全国 13 个部委级政务云、19 个省级政务云，如四川省级政务云，20 所"双一流"大学，如清华大学，皆是由 CAS 为其提供稳定、高效的虚拟化平台。在中国电信集中采购项目中，CAS 以性能测试第一名、总体技术分排名国产厂商第一名的优势入围。在国产虚拟化品牌的市场份额中占据第一名。

本项目旨在理解和掌握商用虚拟化平台，要求通过本项目的学习，能够熟悉新华三商用级服务器虚拟化平台 CAS 的背景知识和基本原理，能够掌握 CAS 的安装部署、集群初始化及虚拟机生命周期管理的操作技能。

项目目标

- 了解 CAS 虚拟化平台的特点及功能。
- 安装和部署 CAS 虚拟化平台。
- 配置和使用 CAS 虚拟化特性。

职业能力要求

- 掌握 CAS 虚拟化平台管理技能。
- 对商用虚拟化平台有一定的了解和认识。
- 理解虚拟机的生命周期管理。
- 了解典型的虚拟化高级特性。

项目资源清单

序号	资 源 目 录
1	x86 商用服务器 2 台 建议配置：CPU 为 16 核 32 线程，内存为 192GB，磁盘大小为 500GB，千兆网卡
2	商用存储 1 台，提供如下磁盘空间 提供 iSCSI 卷 1：200GB 提供 iSCSI 卷 2：50GB 提供 iSCSI 卷 3：30GB
3	镜像文件 1：CAS-E0730P11-h3linux-x86_64.iso 镜像文件 2：CentOS-7-x86_64-DVD-2009.iso
4	终端软件 Xshell 或其他同类软件平替
5	文件传输工具 XFTP 或其他同类软件平替
6	谷歌或火狐浏览器

任务 3.1　CAS 虚拟化集群节点安装

3.1.1　任务介绍

某公司计划新建一个虚拟化平台，考虑到没有足够的运维开发团体支持，不能使用开源免费的 KVM 等产品，选择购买新华三商业版本的虚拟化平台软件 CAS。商业版本相比开源免费的同类产品功能完整，稳定性更好，安全性有保障。

3.1.2　任务分析

要顺利完成任务，首先需要进行任务需求分析，厘清其知识要求、技能要求。经过对任务的仔细研究，得出以下分析结果。

需求分析

- 需要了解 CAS 虚拟化平台的架构以及虚拟机的基本功能、高级功能。
- 掌握在 x86 商用服务器上安装 CAS 的操作方法。

知识要求

- 掌握虚拟机、虚拟机模板、快照等概念。
- 了解 CAS 虚拟化平台的特点。
- 理解 CAS 虚拟化平台的计算资源、存储资源、网络资源。

技能要求

- 能够在 x86 服务器上安装 CAS 虚拟化平台。
- 能够在 CAS 虚拟化平台上管理虚拟机。

3.1.3　知识准备

3.1.3.1　CAS 简介

CAS 虚拟化平台是新华三技术有限公司自主研发的面向数据中心的虚拟化

管理软件,支持计算、存储、网络、安全资源的虚拟化,通过精简数据中心服务器数量,整合了数据中心 IT 基础设施资源,简化了 IT 运维管理。

CAS 支持 x86/ARM 集群统一管理,适配业界主流操作系统、数据库、中间件,同时支持 vGPU 热迁移,还支持基于智能网卡的网络卸载功能,满足用户的特定性能需求,也支持对 VMware 虚拟化的统一纳管、一键迁移、无缝灾备。CAS 在虚拟化安全方面提供内核层、数据层、业务层、管理层的安全防护机制,满足安全合规要求,全面防护业务系统安全,同时内核深度集成安全防护引擎,支持无代理防病毒和深度包检测,提供虚拟化内核级虚拟机安全防护功能。CAS 支持虚拟化拓扑、全面细致的性能监控、可定制的统计报表等众多可视化功能,大大简化了管理和运维,其独特的虚拟化"一键运维"功能,包含一键健康巡检、一键资源分析、一键存储清理等,使用户能够轻松完成日常运维中的复杂操作。CAS 在场景化解决方案里提供动态资源扩展(DRX)、云彩虹等功能,DRX 方案基于业务系统负载情况,自助实现资源动态扩展或收缩,解决突发流量导致系统性能不足的问题,保障业务系统的高效运行。CAS 的云彩虹技术可以实现虚拟机跨数据中心在线迁移,打破本地部署业务系统的局限性,满足业务系统部署的灵活性要求。

CAS 保持开放可定制化的标准接口,平滑对接 OpenStack 云平台架构,广泛兼容第三方软硬件平台,并与亚信安全、数腾、爱数、精容数安、宏杉科技、银河麒麟、龙蜥等厂商开展深度合作,携手合作伙伴提供一体化的虚拟化解决方案。

3.1.3.2 CAS 商用场景介绍

CAS 虚拟化平台服务于政府、企业、教育、医疗等行业,为全行业客户提供稳定、高效的虚拟化平台。CAS 在国产虚拟化市场中市场份额连续 7 年居于首位,经过 10 多年的研发积累,目前拥有超 40 万在线运行 CPU 规模,赋能百行百业,服务超过 10000 个在网项目。CAS 虚拟化平台的典型使用场景如图 3-1-1 所示。

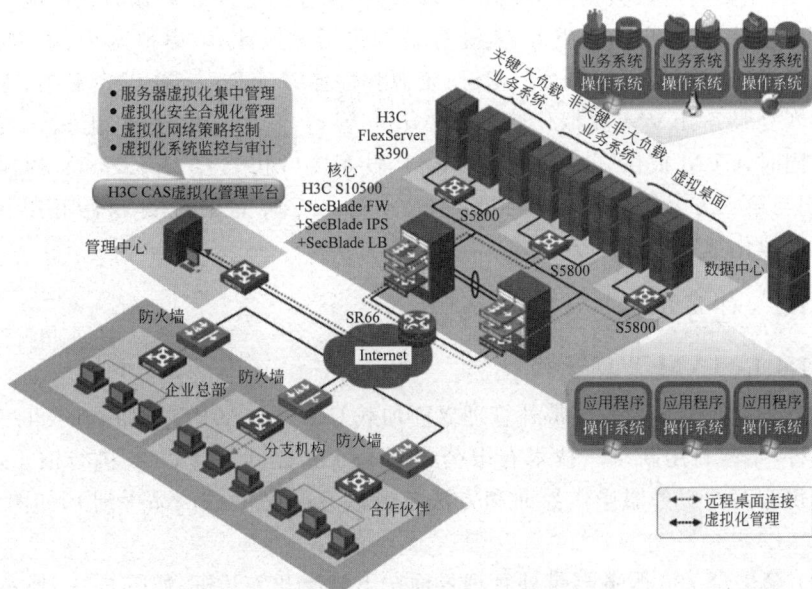

图 3-1-1 CAS 虚拟化平台的典型应用场景

3.1.3.3 CAS 虚拟化平台的系统架构

CAS 虚拟化平台由虚拟化内核系统(Cloud Virtualization Kernel,CVK)、虚拟化管理系统(Cloud Virtualization Manager,CVM)两大组件构成,能提供强大的数据中心虚拟化及管理能力,其产品架构如图 3-1-2 所示。

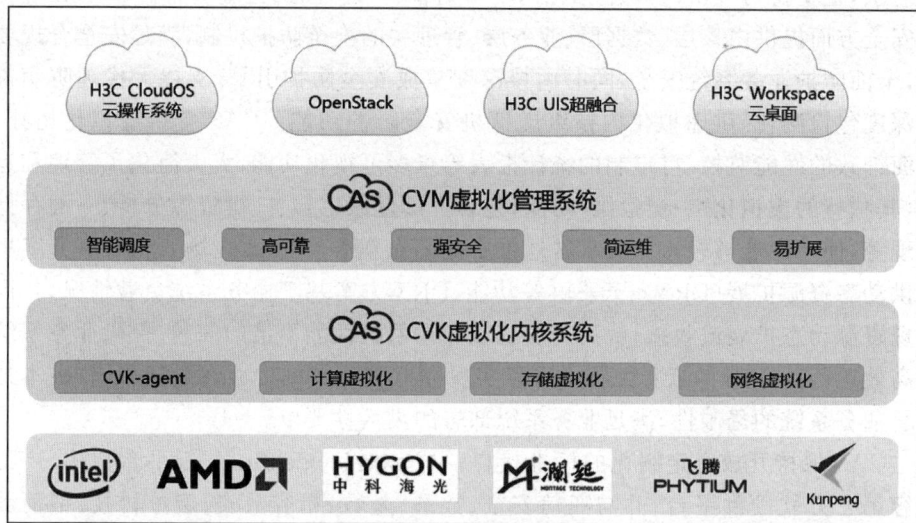

图 3-1-2 CAS 产品架构

CVK 是运行在基础设施层和上层客户操作系统之间的虚拟化内核软件。针对上层客户操作系统对底层硬件资源的访问,CVK 用于屏蔽底层异构硬件之间的差异性,消除上层客户操作系统对硬件设备和驱动的依赖,同时增强虚拟化运行环境中的硬件兼容性、高可靠性、高可用性、可扩展性等。

CVM 主要实现对数据中心内的计算、网络和存储等硬件资源的软件虚拟化管理,对上层应用提供自动化服务,其业务范围包括虚拟计算、虚拟网络、虚拟存储、高可用性(HA)、资源动态调度(DRS)、资源弹性伸缩(DRX)、GPU 资源池、虚拟机备份与恢复服务、KVM 虚拟化管理、vSwitch 管理、高可靠性管理、虚拟化安全管理等。同时,CVM 提供开放的北向 REST 服务接口和兼容 OpenStack 的插件接口,实现与第三方云管理平台和标准的 OpenStack 云平台的对接,屏蔽底层复杂和异构的虚拟化基础架构。

3.1.4 任务实施

3.1.4.1 CVM 节点安装

(1) 第 1 台 x86 服务器带外管理界面加载 CAS-E0730P11-h3linux-x86_64.iso 镜像文件(本教材用新华三技术有限公司的 x86 服务器 R4900G3 进行演示,实际中其他供应商的服务器操作界面和方法参考供应商提供的产品手册),如图 3-1-3 所示。

(2) 第 1 台 x86 服务器带外管理界面按下电源开关开机,如图 3-1-4 所示。

(3) 选择虚拟光驱引导,如图 3-1-5 所示。

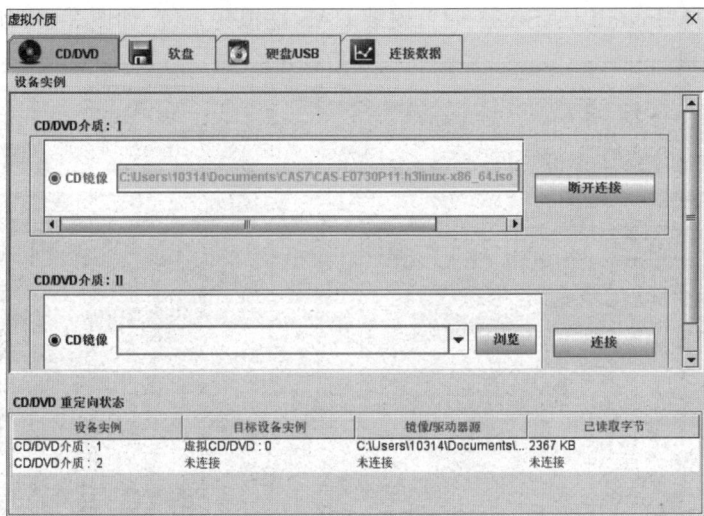

图 3-1-3　选择安装媒介

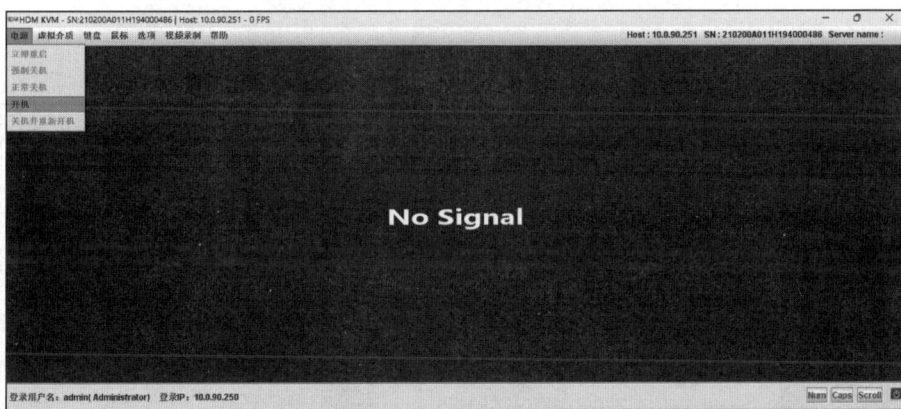

图 3-1-4　服务器开机

图 3-1-5　选择虚拟光驱引导

(4) 选择"Install CAS-x86-64",安装 CAS 虚拟化系统,如图 3-1-6 所示。

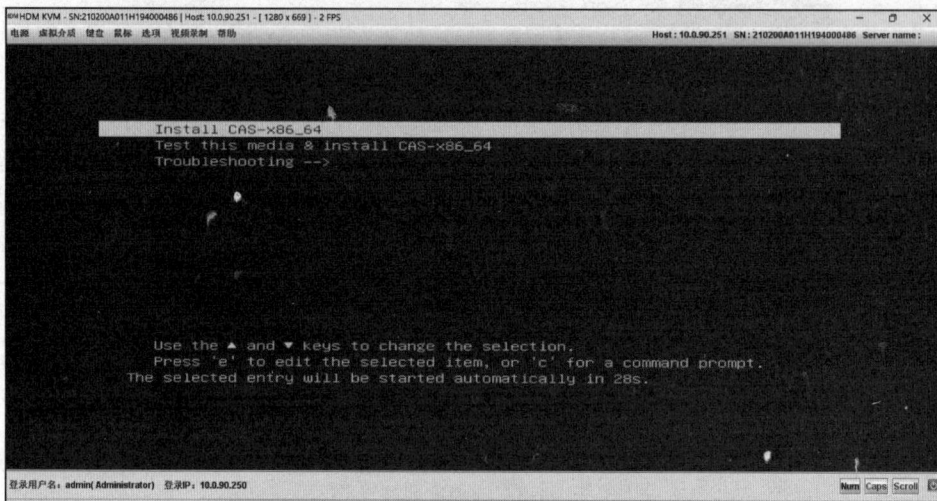

图 3-1-6　安装 CAS 虚拟化系统

(5) 进行软件组件、磁盘、网络的相关配置,如图 3-1-7 所示。

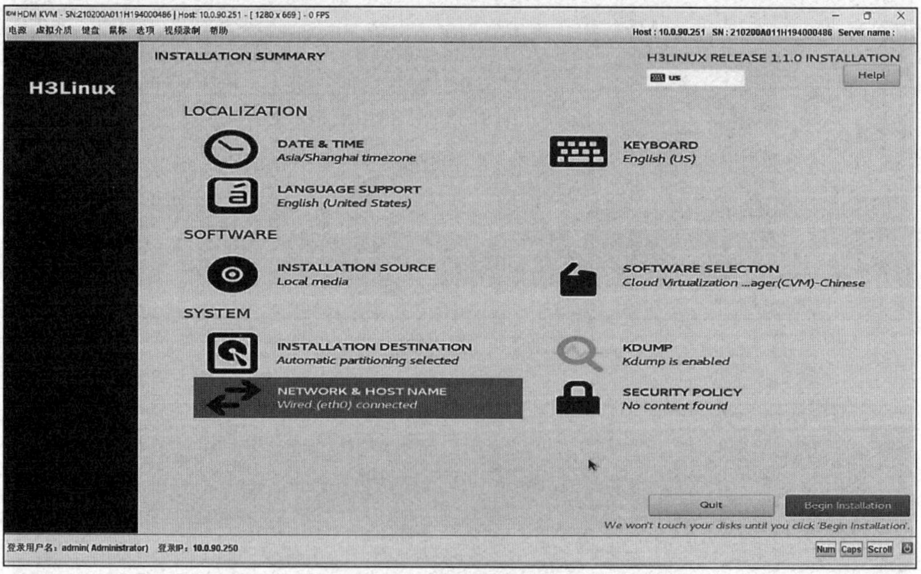

图 3-1-7　选择安装选项

(6) 第 1 台服务器安装,选中"Cloud Virtualization Manager(CVM)-Chinese"单选按钮,选择 CVM 组件,如图 3-1-8 所示。

(7) 选择第 1 块磁盘,将 CAS 安装在 500GB 空间的磁盘上,如图 3-1-9 所示。

(8) 在网络配置界面设置主机名为"cvm",同时设置 IP 地址、网关等参数,如图 3-1-10 所示。

(9) 开始安装后,在如图 3-1-11 所示的界面,单击"ROOT PASSWORD"图标设置 root 账号密码。

图 3-1-8　选择 CVM 组件

图 3-1-9　选择磁盘

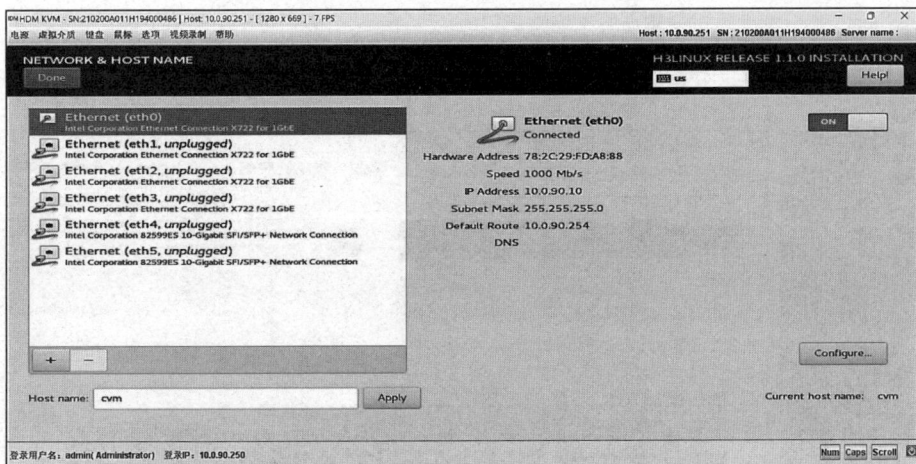

图 3-1-10　设置主机名、IP 地址及网关

课堂笔记

课堂笔记

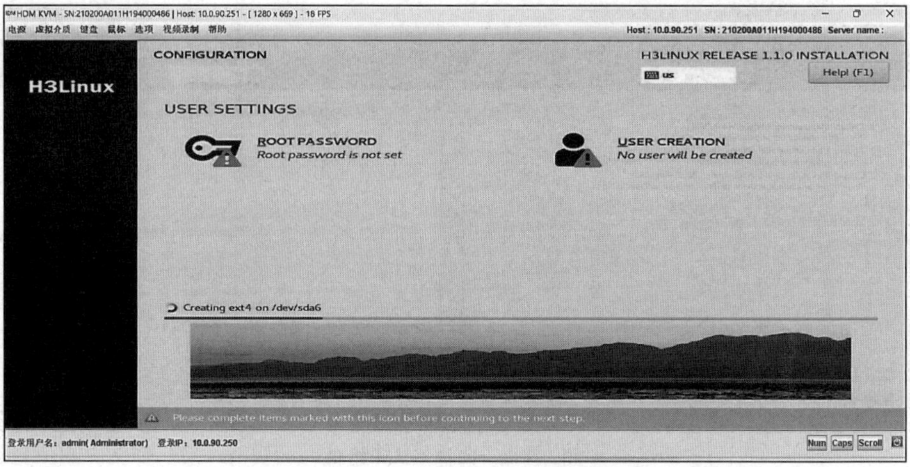

图 3-1-11　设置 root 账号密码

（10）在如图 3-1-12 所示的界面连续输入两次 root 用户的密码。

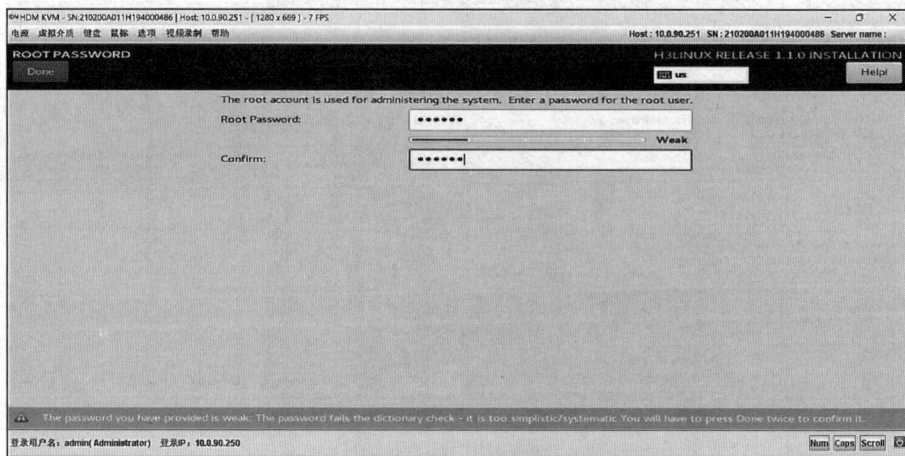

图 3-1-12　输入两次密码

（11）在如图 3-1-13 所示界面等待系统安装完成，服务器会自动重启。

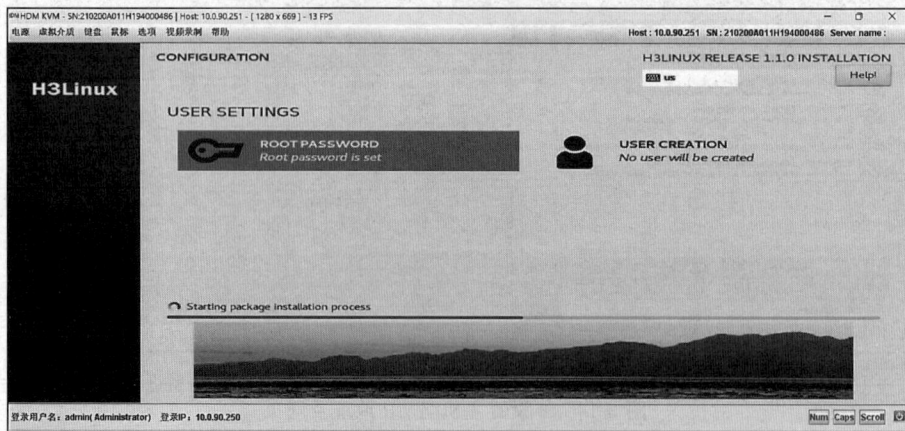

图 3-1-13　等待系统安装完成

（12）系统安装完毕后，服务器自动重启，并进入如图 3-1-14 所示的界面，说明该节点安装成功。

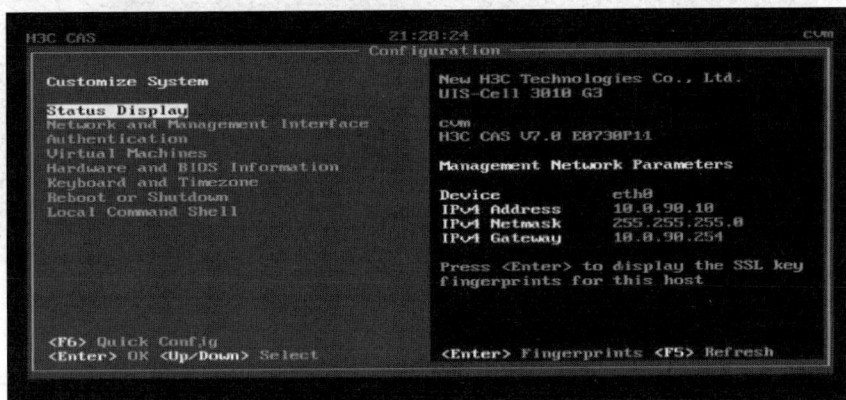

图 3-1-14　CVM 节点安装成功

3.1.4.2　CVK 节点安装

（1）第 2 台 x86 服务器带外管理界面加载 CAS-E0730P11-h3linux-x86_64.iso 镜像文件，如图 3-1-15 所示。

教学视频

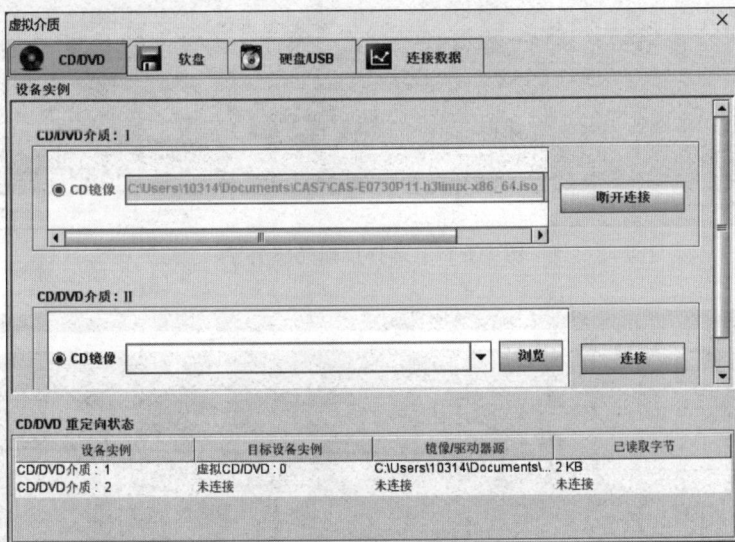

图 3-1-15　选择安装媒介

（2）第 2 台 x86 服务器带电源开机、关机的外管理界面，如图 3-1-16 所示。

（3）在如图 3-1-17 所示的界面选择虚拟光驱引导。

（4）在如图 3-1-18 所示的界面选择"Install CAS-x86-64"，安装 CAS 虚拟化系统。

（5）在如图 3-1-19 所示的界面进行软件组件、磁盘、网络的配置。

（6）选择第 1 块磁盘，将 CAS 安装在 500GB 空间的磁盘上，如图 3-1-20 所示。

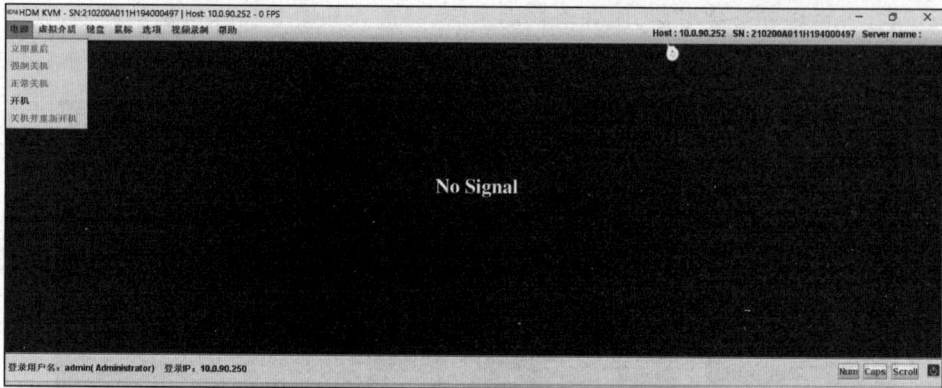

图 3-1-16　服务器开机

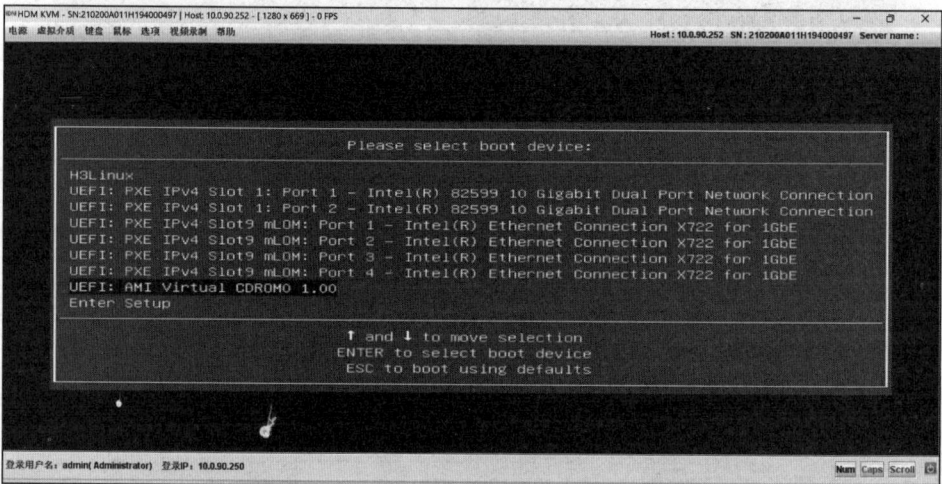

图 3-1-17　选择虚拟光驱引导

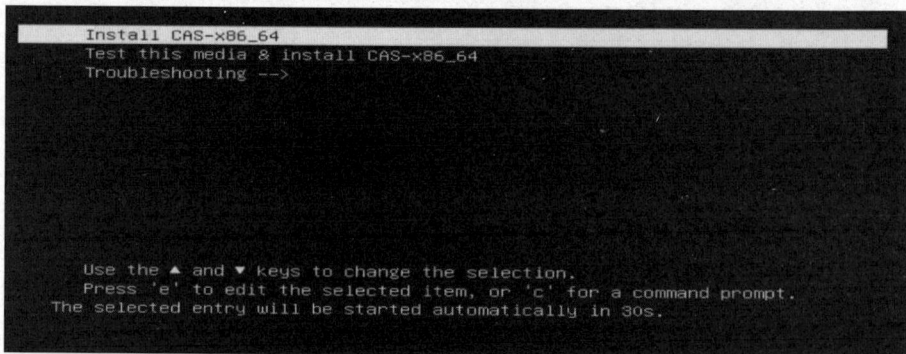

图 3-1-18　选择安装 CAS

（7）在网络配置界面设置主机名为"cvk"，同时设置 IP 地址、网关等参数，如图 3-1-21 所示。

（8）开始安装后，在如图 3-1-22 所示的界面选择"ROOT PASSWORD"图标设置 root 账号的密码。

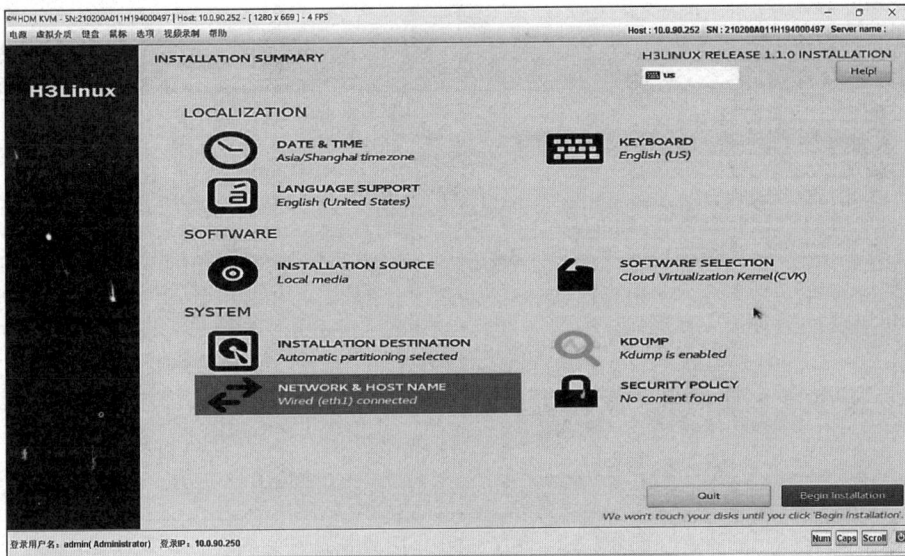

图 3-1-19　设置安装选项

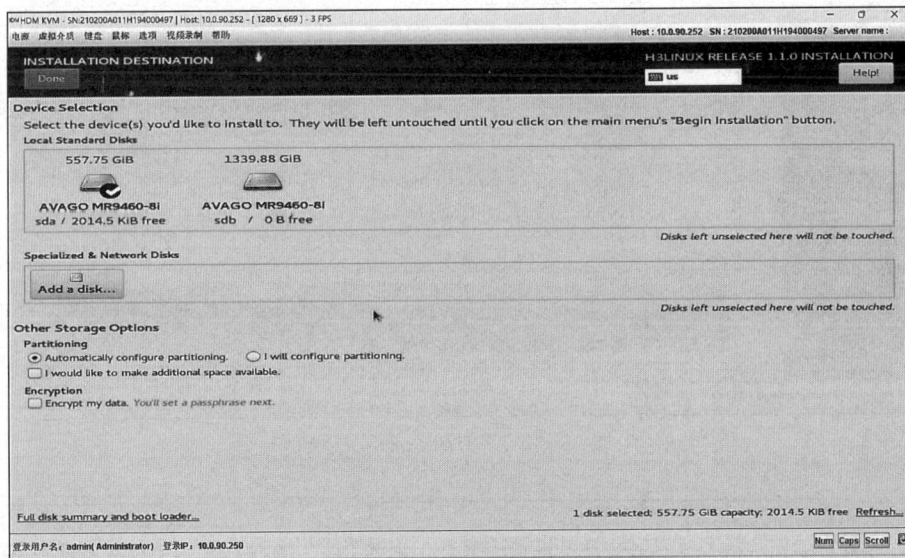

图 3-1-20　选择安装磁盘

（9）在如图 3-1-23 所示的界面连续输入 2 次 root 用户的密码。

（10）在如图 3-1-24 所示的界面等待系统安装完成，服务器会自动重启。

（11）系统安装完毕后，服务器自动重启，并进入如图 3-1-25 所示的界面，说明 CVK 节点安装成功。

3.1.4.3　iSCSI 卷准备

（1）登录到准备好的商用存储管理界面（本教材用 GDSS 商用存储进行演示，如果用的是其他供应商的存储产品，请参考供应商提供的产品手册），如图 3-1-26 所示。

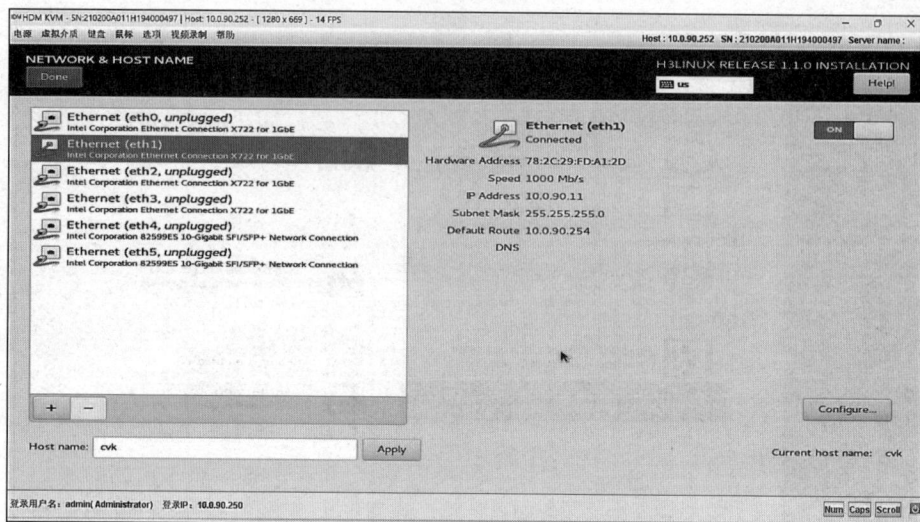

图 3-1-21　设置主机名、IP 地址及网关

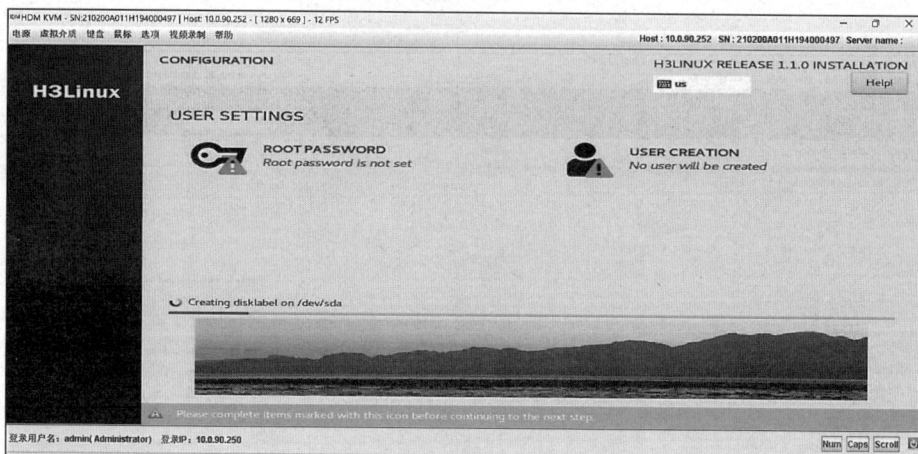

图 3-1-22　设置 root 账号密码

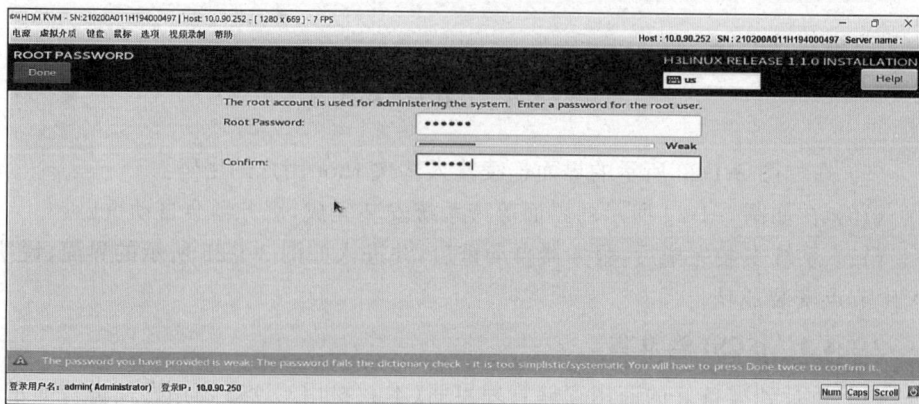

图 3-1-23　连续输入两次密码

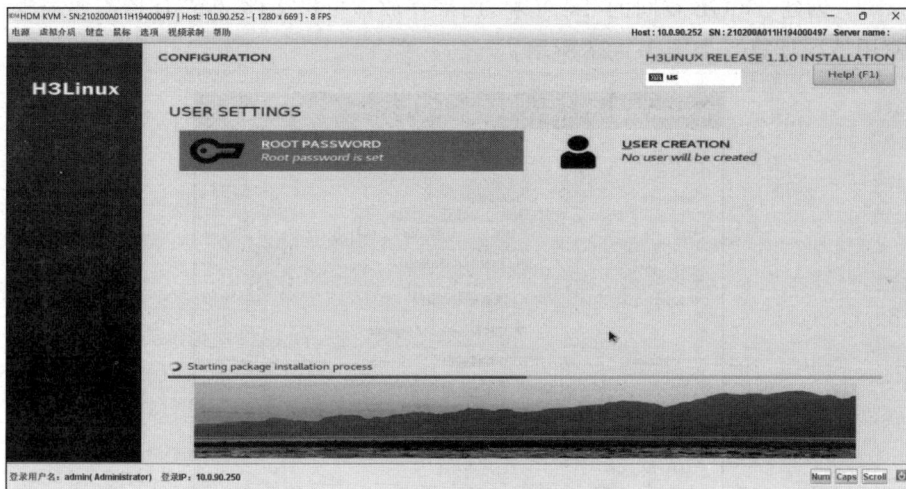

图 3-1-24 等待系统安装完成

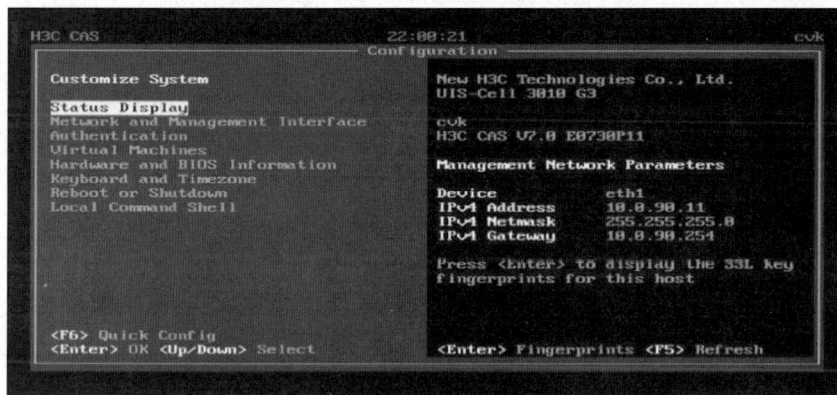

图 3-1-25 CVK 节点安装成功

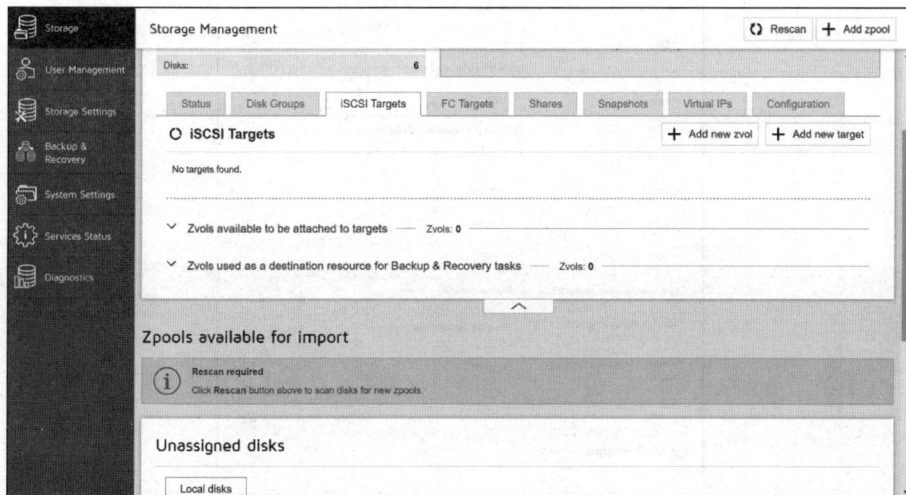

图 3-1-26 商用存储管理界面

(2) 创建 200GB 空间的 iSCSI 卷,用来存放虚拟机文件(生产环境需要根据业务使用情况计算),如图 3-1-27 所示。

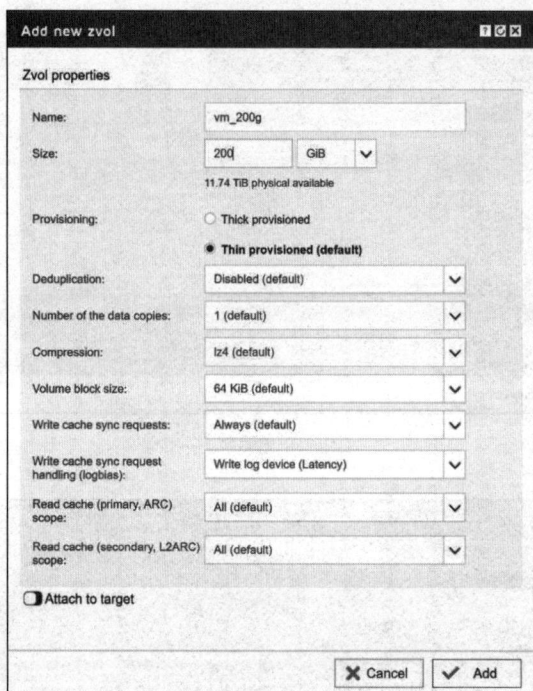

图 3-1-27　创建 200GB 的 iSCSI 卷

(3) 创建 50GB 空间的 iSCSI 卷,用来存放虚拟机镜像文件(生产环境需要根据业务使用情况计算),如图 3-1-28 所示。

图 3-1-28　创建 50GB 的 iSCSI 卷

（4）创建 30GB 空间的 iSCSI 卷，用来存放虚拟机模板文件（生产环境需要根据业务使用情况计算），如图 3-1-29 所示。

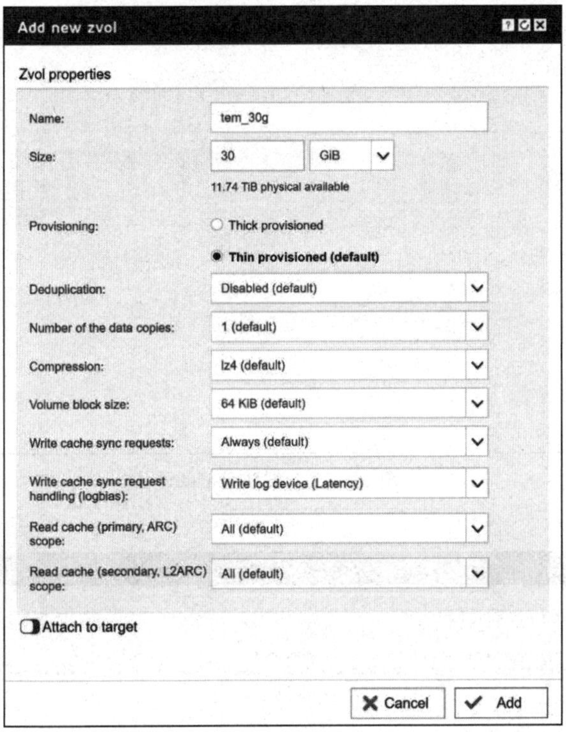

图 3-1-29　创建 30GB 的 iSCSI 卷

（5）查看创建完成的 3 个 iSCSI 卷，如图 3-1-30 所示。

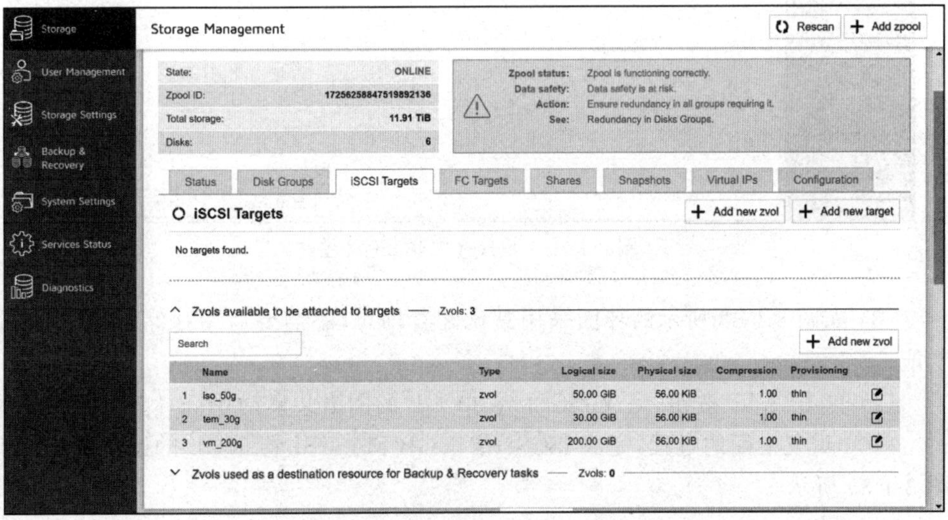

图 3-1-30　查看创建完成的 iSCSI 卷

（6）创建存储端的用来共享 200GB iSCSI 卷的 Target，如图 3-1-31 所示。

（7）关联 200GB 的 iSCSI 卷，如图 3-1-32 所示。

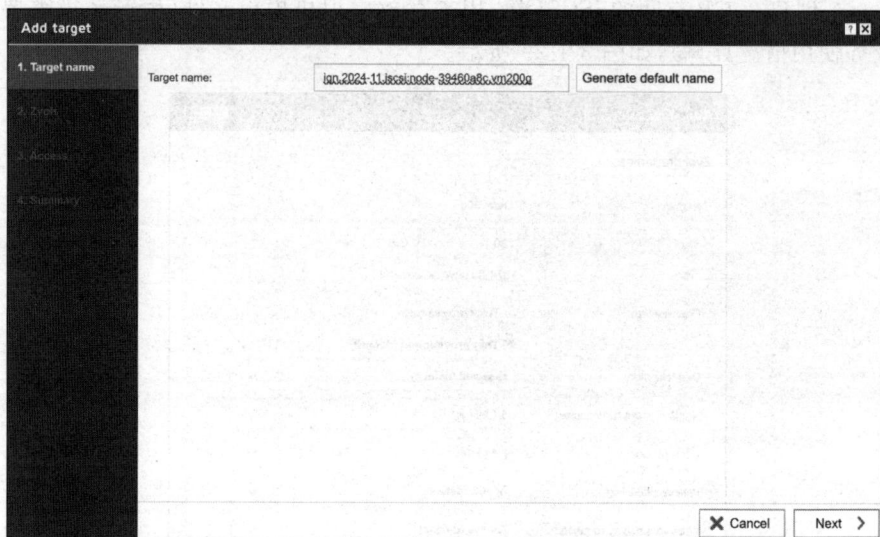

图 3-1-31　创建 Target

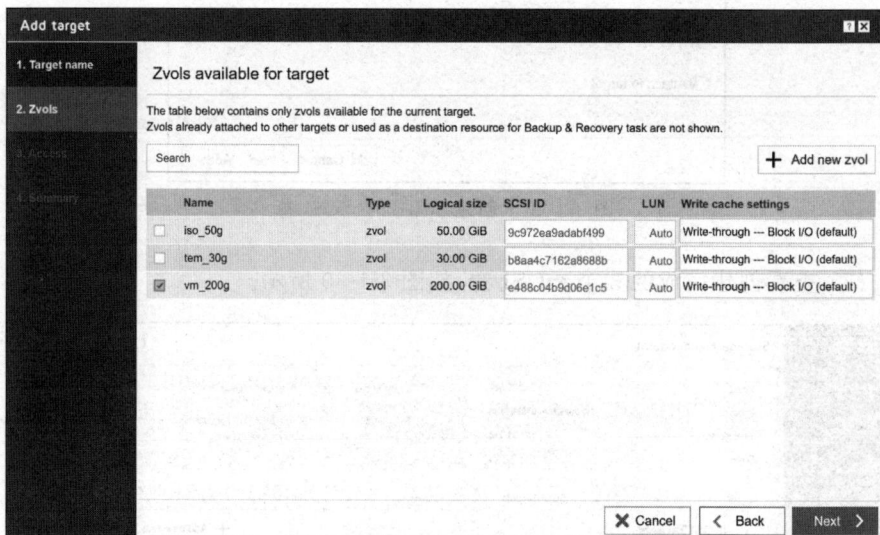

图 3-1-32　Target 关联 iSCSI 卷

（8）如图 3-1-33 所示的界面采用默认配置即可，不需要启用存储访问的认证功能。

（9）单击"Add"按钮，完成 iSCSI 卷 200GB 的网络共享，如图 3-1-34 所示。

（10）重复上面的过程，完成 iSCSI 卷 50GB 和 iSCSI 卷 30GB 的网络共享，如图 3-1-35 所示。

图 3-1-33　Target 权限设置

图 3-1-34　Target 共享确认 1

图 3-1-35　Target 共享确认 2

课堂笔记

任务 3.2　CAS 虚拟化平台初始化

3.2.1　任务介绍

在已经安装好的两个节点的 CAS 虚拟化环境中,通过登录虚拟化平台进行虚拟化环境的初始化,为运行虚拟机做好基本环境配置,主要涉及创建主机池、创建集群、添加主机、对接共享存储等操作。

3.2.2　任务分析

要顺利完成任务,首先需要进行任务需求分析,厘清其知识要求、技能要求。经过对任务的仔细研究,得出以下分析结果。

需求分析
- 了解虚拟化集群与虚拟化平台的关系。
- 掌握通过虚拟化平台管理界面进行虚拟化集群初始化的具体操作。
- 了解虚拟化资源池。

知识要求
- 掌握 NTP 服务器的作用。
- 掌握主机池的作用。
- 掌握集群的作用。
- 掌握存储的作用。
- 了解虚拟化集群初始化的目标和功能。

技能要求
- 能够通过虚拟化平台管理界面进行集群初始化。

3.2.3　知识准备

3.2.3.1　主机池和集群

在 CVM 中,主机池是一系列主机和集群的集合体。在搭建虚拟化平台时,必须先创建主机池,再通过过主机池或主机池中的集群来管理主机。在系统中增加主机池后,操作员可以在主机池中增加集群或主机,也可以在主机池中增加共享文件系统,还可以将主机池内的系统资源授权给其他操作员分组进行管理。

集群是由物理主机和虚拟机组成的计算资源集合,用来提供虚拟化环境下的高可靠性和高可用性。通过集群,操作员可以像管理单个实体一样轻松地管理多个主机和虚拟机,从而降低管理的复杂程度。

如果主机池中配置了集群,集群中包含主机并且启用了 HA 功能,则不允许删除该主机池。如果主机池中的主机配置了共享文件系统存储,则不允许删除该主机池。主机池、集群、主机、虚拟机之间的关系如图 3-2-1 所示。

3.2.3.2　主机和虚拟机

主机是运行了虚拟化软件的实体物理服务器。主机的作用是给虚拟机提供硬

图 3-2-1　主机池、集群、主机、虚拟机之间的关系

件环境,也称为"宿主机"。通过主机和虚拟机的配合,一台主机上可以安装多个操作系统(主机上的操作系统和虚拟机中的操作系统),并且实现各操作系统间的互相通信,就像真实的物理机一样。在 CVM 中增加主机后,操作员可以根据实际需要配置相应的虚拟交换机,可以为虚拟机、主机、外部网络提供网络连接,为主机增加相应的存储池,用于存放虚拟机磁盘镜像文件,还可以为主机开启相关高级功能,如大页内存(HugePages)、IOMMU(一种内存管理单元)、CPU 隔离、DPDK(数据平面开发套件)、中断亲和性和英特尔 AEP 配置等。

同一集群中的主机架构类型必须一致,也就是说必须都为 x86 架构或都为 ARM 架构。同一集群中的 ARM 架构主机的 CPU 型号在实际使用中建议一致。集群批量增加主机时,IP 地址池中的地址个数应少于 512 个,且起始 IP 必须小于结束 IP。若待增加的主机正在运行共享文件系统,则需采用增加单个主机的方式向主机池或集群中增加主机,以便初始化主机的共享文件系统。若待增加的主机上已挂载网络文件系统(NFS)或 Windows 系统共享目录类型的存储池,必须使用与该存储池同地址类型(IPv4 或 IPv6)的主机 IP 增加主机。若系统未启用 Root SSH 权限,在增加主机时需要使用 sysadmin 账号(默认密码为 Sys@1234)。若将 CVM 主机作为 CVK 主机添加到主机池或集群中,需要在该主机上为 CVM 组件预留至少 20GB 的内存空间,以保证管理平台的正常运行。

虚拟机与主机类似,每台虚拟机都是一个完整的系统,它具有 CPU、内存、网络设备、存储设备和基本输入输出系统(BIOS),因此操作系统和应用程序在虚拟机中的运行方式与它们在普通物理机上的运行方式没有任何区别。虚拟机创建后,可以根据实际需要对虚拟机的系统配置进行修改,如调整虚拟机的 CPU 数量、内存大小,增加或删除网卡、磁盘、显卡等;可以对虚拟机进行迁移,以达到系统运行最优化的目的;还可以对虚拟机进行快照或备份,以保证数据安全。

在执行创建虚拟机、通过模板部署虚拟机、克隆虚拟机、导入虚拟机、手工迁移虚拟机等需要选择目的主机的操作时,若选择以 CVM 主机为目的主机(CVM 主机已作为 CVK 主机添加到主机池或集群中),需要确保该 CVM 主机上预留至少20GB 内存空间,以保证管理平台的正常运行。对虚拟机的批量操作(包括但不限于批量启动、重启、迁移虚拟机)会影响主机的内存及 CPU 使用率、网络带宽和磁盘 I/O,影响系统性能,建议在业务空闲时执行对虚拟机的批量操作。

如果创建虚拟机时自定义硬盘类型为"高速硬盘",需要更新虚拟机操作系统的驱动程序才能正常使用。处于运行状态的虚拟机,只有增加或者删除高速硬盘的操作会实时生效,增加或者删除其他类型硬盘的操作会在虚拟机下次启动时生效,若要执行删除其网卡的操作,只有当操作系统支持在线删除网卡时才会立即生效,否则只会在虚拟机下次启动时生效。

虚拟机的光驱挂载镜像文件后,在虚拟机操作系统中打开光驱,可能会不显示内容,需要先在虚拟机操作系统中弹出光驱,通过虚拟机控制台中的虚拟光驱或修改虚拟机页面中的"光驱"选项重新挂载镜像文件。可将已删除的虚拟机保留的磁盘文件(块设备)作为任意虚拟机的新增磁盘的磁盘文件(块设备),启动虚拟机完成磁盘总线类型的更改。虚拟机进行外部快照后,不能修改其磁盘的工作模式。

3.2.4 任务实施

3.2.4.1 创建主机池及集群

(1)启动浏览器,输入 CVM 的 IP 地址,打开 CAS 虚拟化平台管理界面,输入用户名和密码进行登录(出厂用户名是 admin,密码是 Cloud@1234),如图 3-2-2 所示。

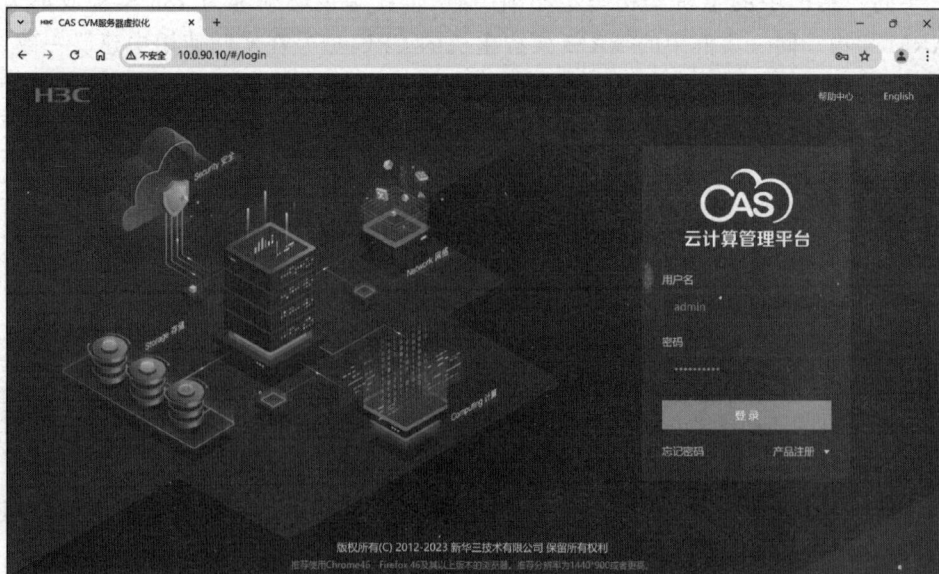

图 3-2-2 登录 CAS 虚拟化平台管理界面

（2）登录成功后，出现如图 3-2-3 所示的 CAS 虚拟化平台管理界面。

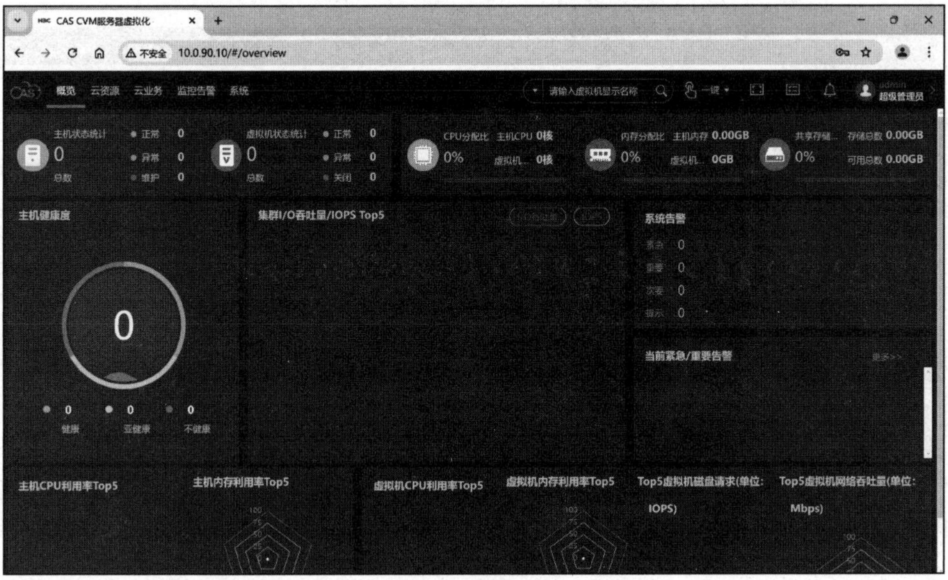

图 3-2-3　CAS 虚拟化平台管理界面

（3）选择"云资源"→"计算"→"NTP 时间服务器"命令，如图 3-2-4 所示。

图 3-2-4　NTP 时间服务器

（4）输入 CVM 的地址作为 CAS 虚拟化平台的 NTP 服务器地址实现时钟同步（生产场景可以设置独立的 NTP 服务器地址），然后单击"确定"按钮完成设置，如图 3-2-5 所示。

（5）选择"云资源"→"计算"→"增加主机池"，在弹出的"增加主机池"对话框中输入主机池名称"HostPool_01"，单击"确定"按钮完成操作（主机池名称可以自定义），如图 3-2-6 所示。

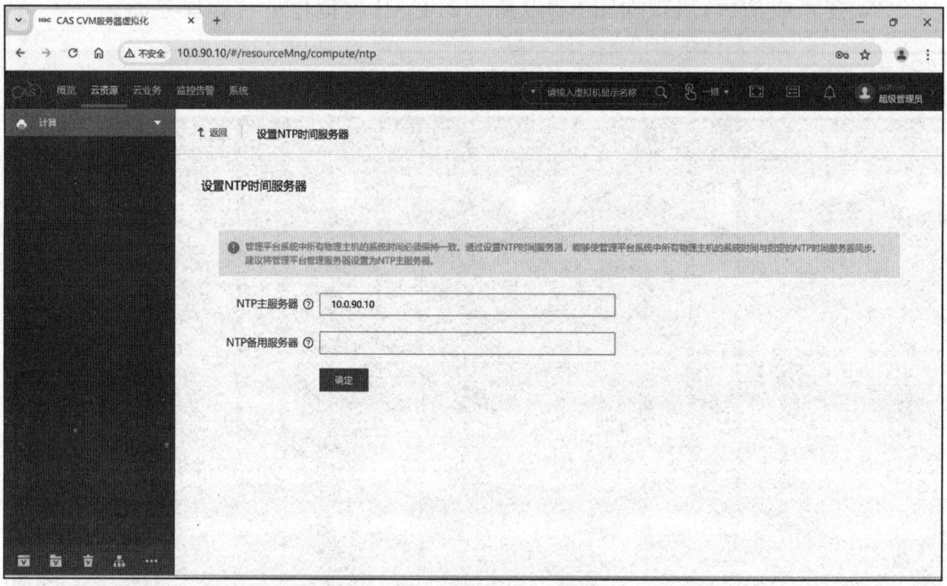

图 3-2-5 设置 NTP 时间服务器

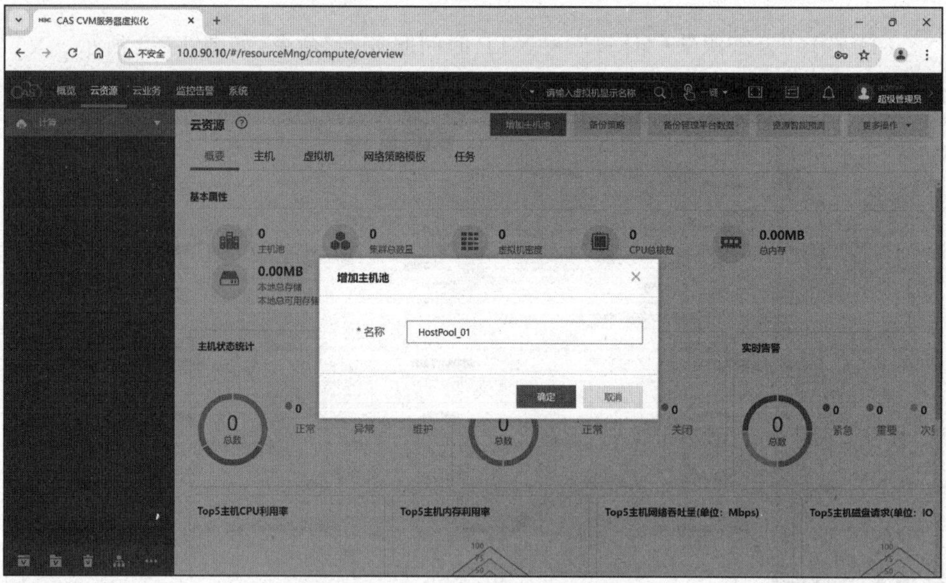

图 3-2-6 "增加主机池"对话框

（6）选择"HostPool_01"→"增加集群"，在弹出的"增加集群"对话框中输入主机池名称"Cluster_01"，单击"确定"按钮完成操作（集群名称可以自定义），如图 3-2-7所示。

3.2.4.2 增加主机

（1）选择"Cluster_01"→"增加主机"，在弹出的"增加主机"对话框中输入主机的起始 IP 和结束 IP，设置用户名为"root"，密码是安装时设置的，单击"确定"按钮完成操作，如图 3-2-8 所示。

图 3-2-7　"增加集群"对话框

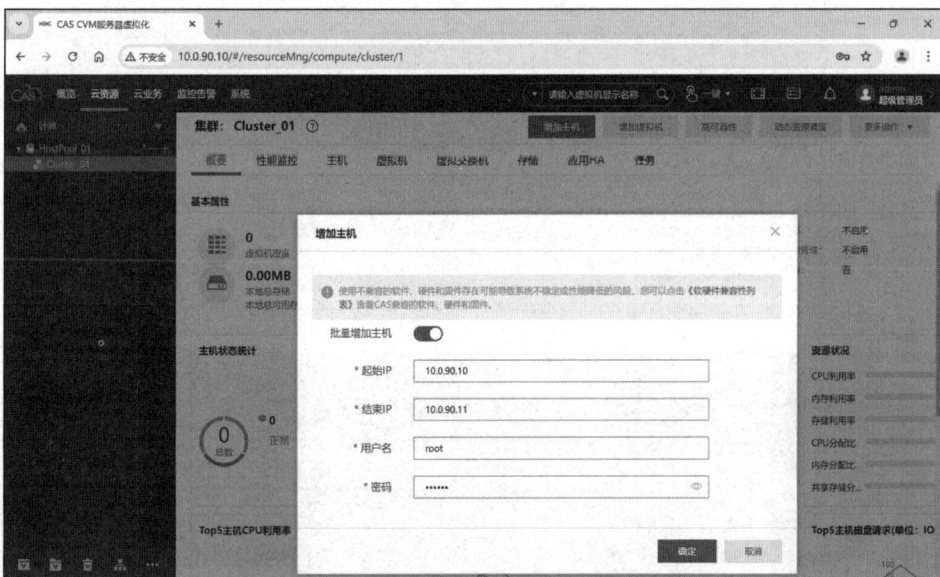

图 3-2-8　"增加主机"对话框

（2）在如图 3-2-9 所示的"批量增加主机"界面等待增加主机结束。

（3）显示如图 3-2-10 所示的界面,说明 2 台主机增加成功。

（4）显示如图 3-2-11 所示的界面,说明 2 台主机被成功增加至集群 Cluster_01。

3.2.4.3　虚拟化节点挂载存储卷

（1）单击"云资源"→"HostPool_01"→"共享文件系统",如图 3-2-12 所示。

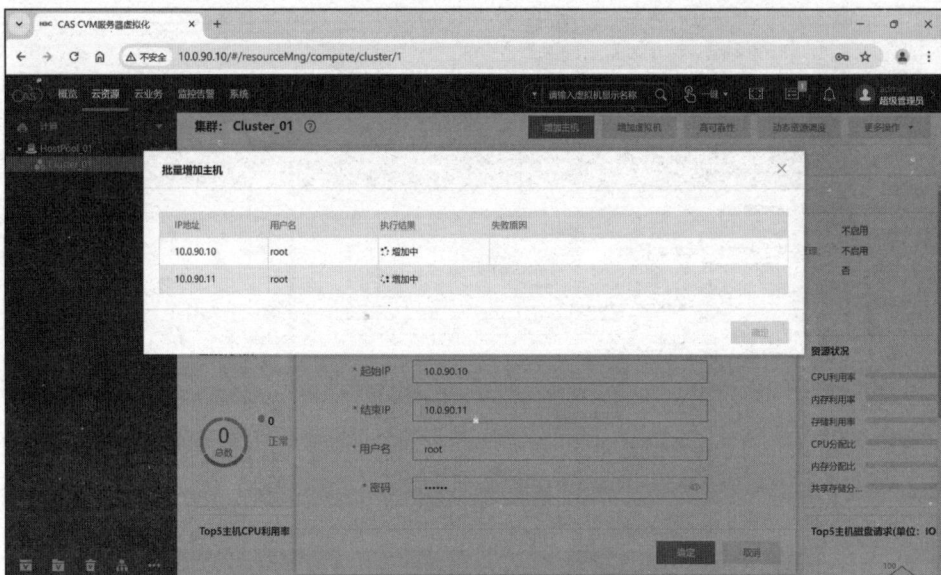

图 3-2-9　增加主机过程

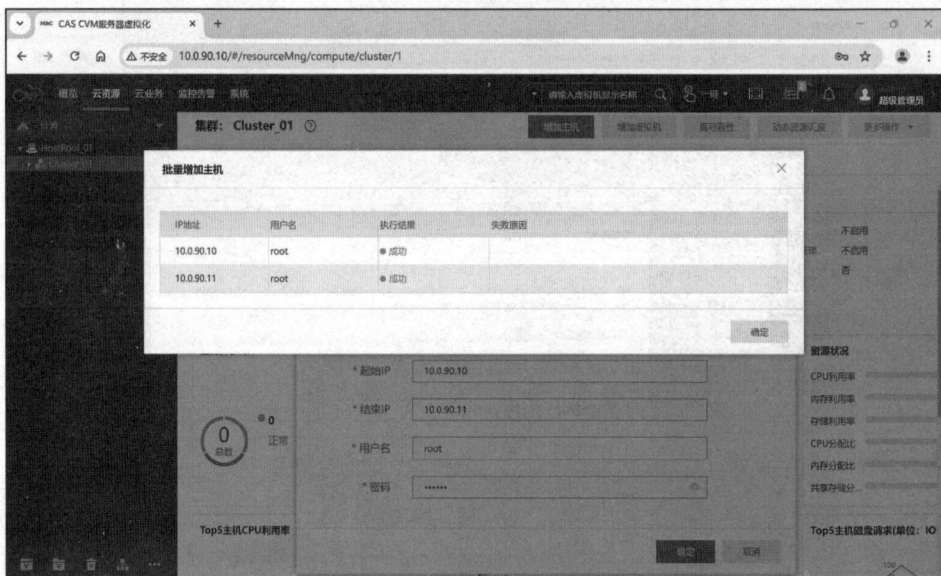

图 3-2-10　增加主机成功

（2）在弹出的"增加共享文件系统"对话框中，输入共享文件系统的名称（可自定义）、显示名称（可自定义），设置"类型"为"iSCSI 共享文件系统"，单击"下一步"按钮，如图 3-2-13 所示。

（3）在弹出的"增加共享文件系统"对话框中，输入存储设备的 IP 地址，单击放大镜图标扫描 LUN，如图 3-2-14 所示。

（4）扫描出 iSCSI 卷，选择 200GB 空间 iSCSI 卷，单击"确定"完成操作，如图 3-2-15 所示。

课堂笔记

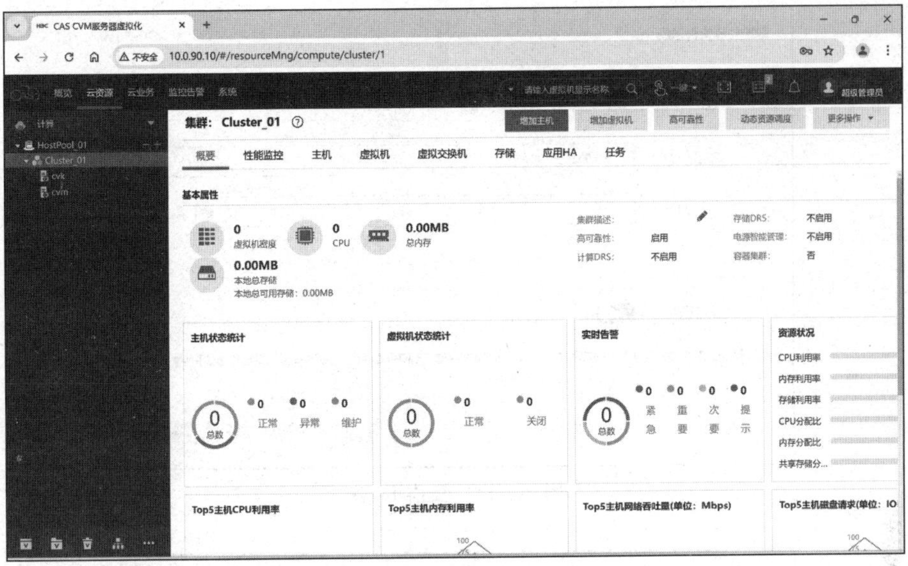

图 3-2-11　两台主机被成功增加至集群 Cluster_01 中

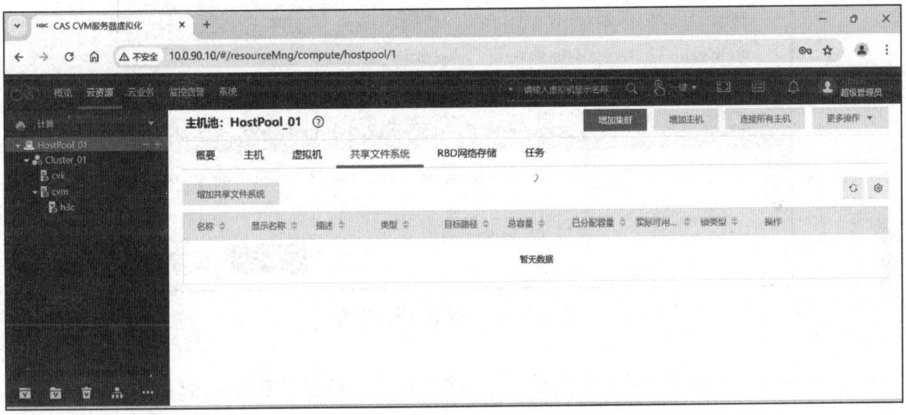

图 3-2-12　共享文件系统

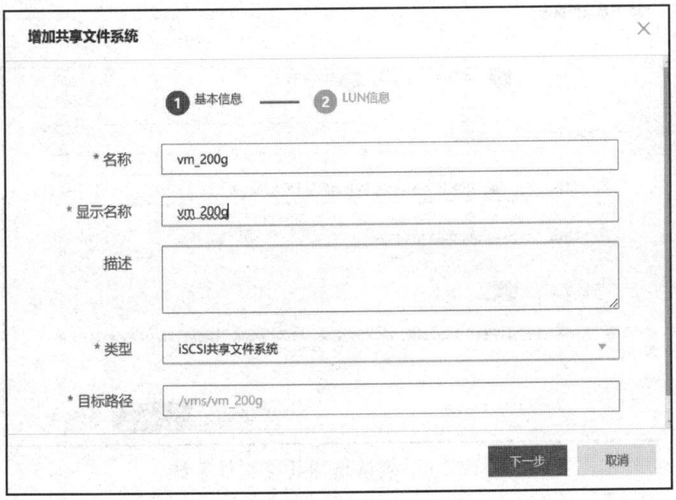

图 3-2-13　设置卷名称

图 3-2-14　扫描 LUN

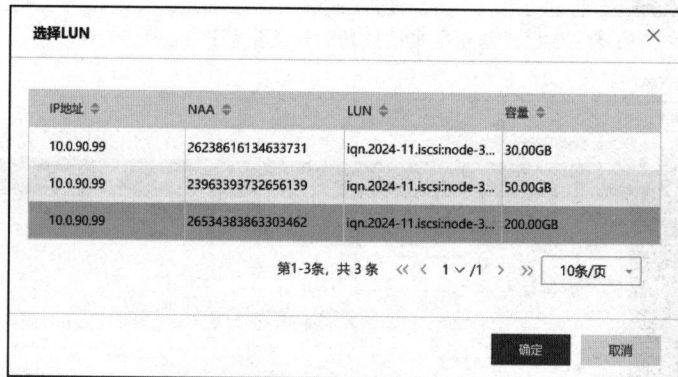

图 3-2-15　确认 iSCSI 卷

（5）返回到"增加共享文件系统"对话框，单击"确定"按钮完成操作，如图 3-2-16
所示。

图 3-2-16　确认增加共享文件系统

（6）返回"主机池：HostPool_01"界面，显示已成功增加 200GB 空间的 iSCSI 卷，如图 3-2-17 所示。

图 3-2-17 200GB iSCSI 卷增加成功

（7）重复上面的步骤，增加 50GB 空间的 iSCSI 卷，如图 3-2-18 所示。

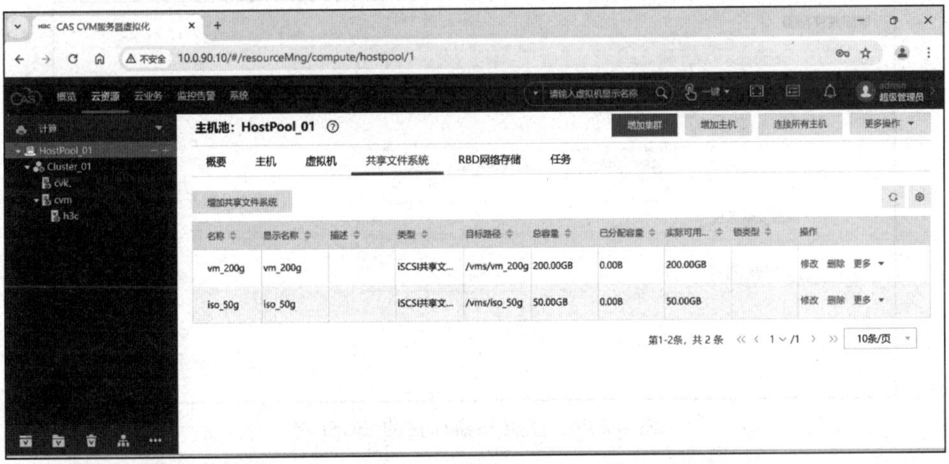

图 3-2-18 200GB iSCSI 卷和 50GB iSCSI 卷增加成功

（8）选择"Cluster_01"→"存储"→"增加"，如图 3-2-19 所示。

（9）在弹出的"增加共享存储"对话框中单击"共享文件系统"右侧的放大镜图标，如图 3-2-20 所示。

（10）在弹出的"选择共享文件系统"对话框中，选择 200GB 空间的 iSCSI 卷，单击"确定"按钮完成操作，如图 3-2-21 所示。

（11）在弹出的"增加共享存储"对话框中单击"选择主机"，如图 3-2-22 所示。

（12）在弹出的"选择主机"对话框中勾选"cvk""cvm"复选框，如图 3-2-23 所示。

（13）在弹出的"增加共享存储"对话框中单击"确定"按钮，如图 3-2-24 所示。

（14）在弹出的"操作确认"对话框中单击"确定"按钮启动 iSCSI 卷，图 3-2-25 所示。

图 3-2-19　在 Cluster_01 集群中增加 iSCSI 卷

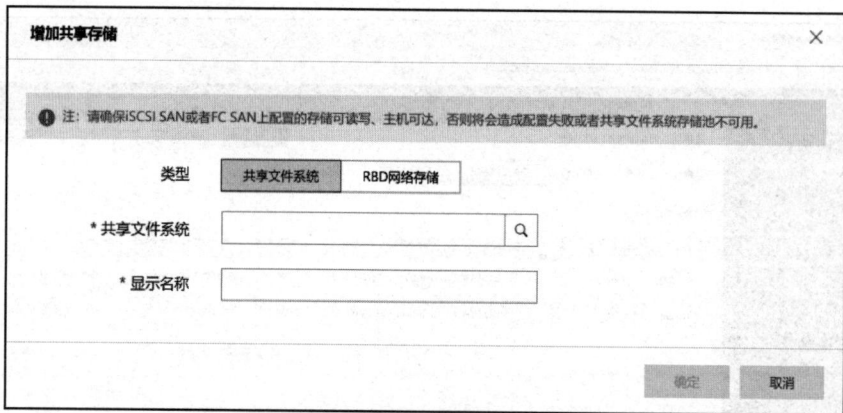

图 3-2-20　集群扫描存在的 iSCSI 卷

图 3-2-21　选择增加 iSCSI 卷

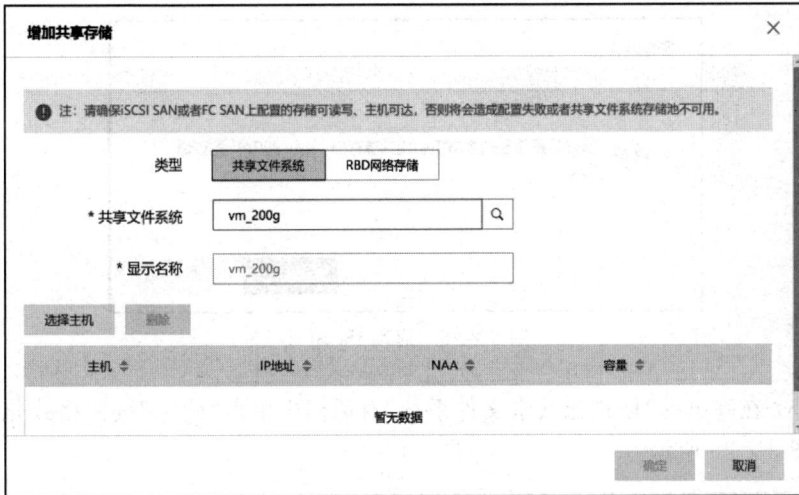

图 3-2-22　扫描集群下的主机

图 3-2-23　选择要增加的 iSCSI 卷主机

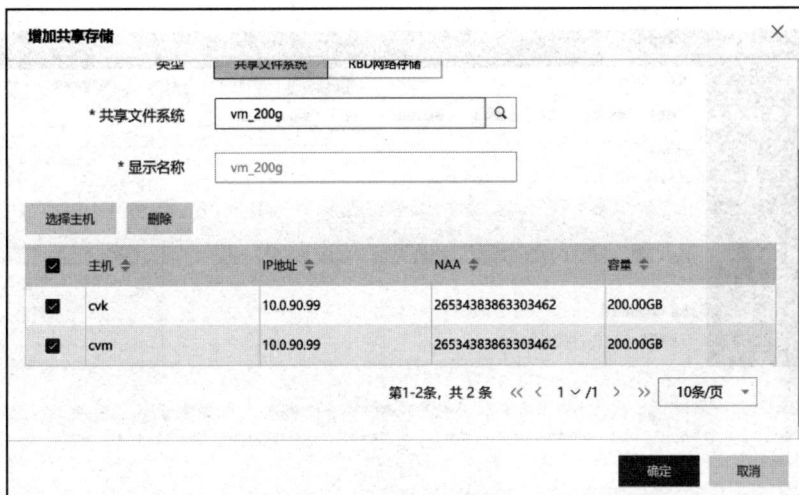

图 3-2-24　确认增加 iSCSI 卷主机

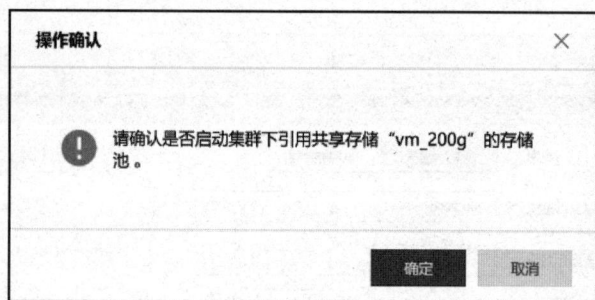

图 3-2-25　启动 iSCSI 卷

（15）在弹出的"格式化共享文件系统"对话框中单击"确定"按钮格式化 iSCSI 卷，如图 3-2-26 所示。

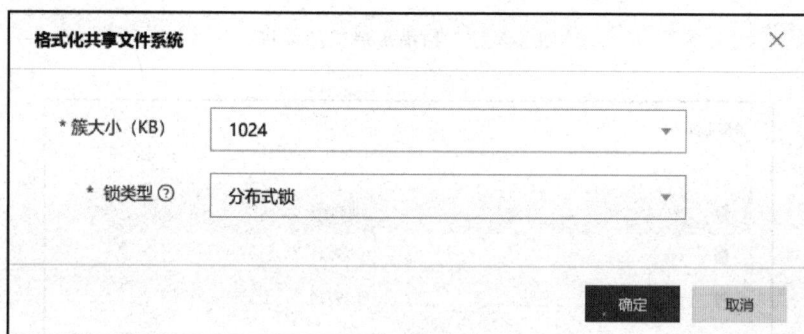

图 3-2-26　格式化 iSCSI 卷

（16）在"集群：Cluster_01"界面中查询到集群 Cluster_01 中已成功添加 200GB 空间的 iSCSI 卷，如图 3-2-27 所示。

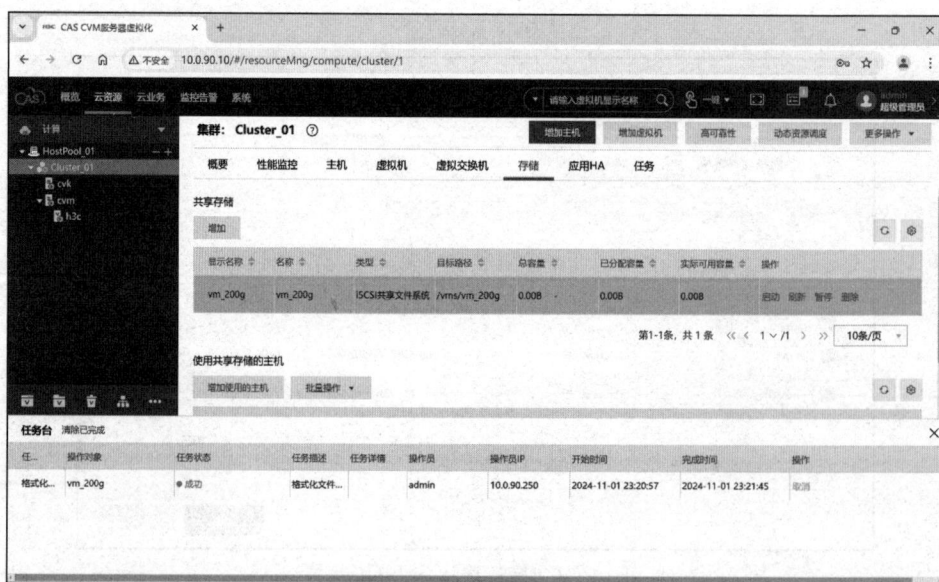

图 3-2-27　确认格式化成功 iSCSI 卷

（17）重复上述步骤，添加 50GB 空间的 iSCSI 卷，如图 3-2-28 所示。

图 3-2-28　确认 iSCSI 卷添加完成

任务 3.3　CAS 虚拟化平台虚拟机生命周期管理

3.3.1　任务介绍

了解 CAS 虚拟机的基本功能和高级功能，利用集群管理界面的各种功能高效地管理虚拟机。

3.3.2　任务分析

要顺利完成任务，首先需要进行任务需求分析，厘清其知识要求、技能要求。经过对任务的仔细研究，得出以下分析结果。

需求分析
- 了解虚拟化资源管理。
- 掌握虚拟机生命周期管理。

知识要求
- 掌握创建虚拟机的方式。
- 掌握虚拟机的基本功能。
- 掌握虚拟机的高级功能。

技能要求
- 能够通过图形界面管理虚拟机生命周期。

3.3.3　知识准备

3.3.3.1　虚拟机模板

虚拟机模板是虚拟机操作系统、应用软件和配置文件的集合。通过虚拟机模板，可批量创建多个软硬件规格相同的虚拟机，避免手工创建虚拟机过程中的烦琐配置，降低出错概率。虚拟机模板适用于大规模部署虚拟机或通过自助服务流程申请虚拟机的场景。

虚拟机模板制作通常有克隆为模板和转换为模板两种类型。克隆为模板的操作是复制出与指定虚拟机完全一样的虚拟机作为模板，而源虚拟机在克隆为模板后仍然存在且可以正常使用。转换为模板则是将处于"关闭"状态的虚拟机转换为模板，源虚拟机在转换为模板后只能作为模板使用，源虚拟机消失。

3.3.3.2　虚拟机快照

虚拟机快照是某一时刻虚拟机状态的副本，可以保存虚拟机的设置和磁盘数据，用于虚拟机数据的还原和恢复。在为虚拟机执行升级操作系统、安装新应用软件或升级应用软件等变更操作之前，通常先为虚拟机创建快照。当虚拟机因为上述操作引起系统崩溃或者软件运行异常时，可以通过快照快速地恢复虚拟机到变更操作之前的正常状态。如需周期性地为虚拟机创建快照，可以通过配置快照策略来实现。

虚拟机的快照可以分为外部快照和内部快照两种类型，两种快照方式不能混用，当虚拟机已经创建内部快照，再次快照时只能选择内部快照方式，同理，虚拟机创建外部快照后，再次快照时也只能选择外部快照方式。

为虚拟机创建内部快照时，快照存储在虚拟机基础磁盘文件中，当虚拟机的磁盘文件遭到损坏或者误删除时，快照数据也会随之丢失。删除内部快照时，会释放磁盘空间。为避免磁盘文件过大，建议控制虚拟机快照个数，必要时可以通过删除虚拟机快照来释放磁盘空间。

为虚拟机创建外部快照时，当前磁盘被设置为只读，系统在磁盘所在存储路径中创建增量镜像文件，后续对该磁盘数据的编辑保存在增量镜像文件中。再次对该磁盘创建快照时，原磁盘和当前增量镜像文件均被设置为只读，系统会在数据存储中再创建一个增量镜像文件，形成一个具有数据依赖关系的镜像链。由于外部快照是通过创建增量镜像文件的方式存储增量数据的，对虚拟机业务影响较小，比较适用于业务变化频繁的虚拟机。删除外部快照不会更改虚拟机或其他快照。

3.3.3.3　HA

集群的高可靠性依赖于集群下的主机使用了共享存储和虚拟机自动迁移技术，为集群中所有虚拟机上运行的应用程序提供简单易用、经济高效的高可用性，最大限度减少了因硬件故障造成的服务器宕机和服务中断时间。集群的高可靠性适用于业务运行连续性要求较高的场景。开启集群 HA 功能之后，管理平台会持续监测集群内所有的服务器主机与虚拟机运行状态。当主机发生故障时，管理平台会自动将故障主机上的虚拟机迁移到集群内其他可用主机上。当主机与共享存储之间的网络发生故障时，管理平台自动将主机上的虚拟机迁移到集群内其他可用主机上。若管理平台发现主机或虚拟机故障,会在集群内其他主机上重启所有受影响的虚拟机,这个过程不需要手动干预。通过在其他主机上重启虚拟机,可以确保在虚拟机中运行的任何应用程序不会因为主机和虚拟机失效而中断服务。当同时开启集群高可靠性与动态资源调度功能时,管理平台可以根据资源的使用情况,为失效主机上的虚拟机选择能获得最佳运行效果的主机。

在启用 HA 功能的集群中,每台主机上虚拟交换机的配置(虚拟交换机的个数、名称、转发模式等)必须一致。在启用 HA 功能的集群中,为确保虚拟机在集群中各主机间顺利迁移,所有虚拟机的镜像文件都必须保存在共享存储中。若虚拟机必须使用本地存储,不建议启用 HA 或者动态资源调整功能。在启用 HA 功能的集群中,各主机的 CPU 厂商必须一致。例如,CPU 厂商均为 Intel(英特尔)公司或 AMD(超威半导体)公司。另外,采用同一厂商、同一型号 CPU 的主机组成的集群,可以获得最好的迁移兼容能力。

如果关闭集群 HA 功能,注意确保集群中没有处于关闭或者重启等异常状态的主机,否则可能会导致集群中的虚拟机重名(如果出现虚拟机重名的问题,可以通过重新开启集群 HA 功能来解决)。启用或者禁用集群 HA 功能的过程中,请勿对集群中的虚拟机执行启用、部署、迁移等操作,也不要对集群中的主机执行重启、关机等操作,以免造成不可预知的错误。在启用 HA 功能的集群中,如果重新安装主机上的 CVK 组件,需要先从集群中删除该主机,待 CVK 组件重新安装完成,再将其加入集群,这样可以避免集群中出现主机状态不一致的情况。在集群启用 HA 功能之前,需要确保集群下的所有主机已预留出足够的系统资源(CPU、内存等),当集群内有主机发生故障时,故障主机上的虚拟机能够迁移到同集群中正常运行的主机上。

3.3.4 任务实施

3.3.4.1 手动创建虚拟机

(1)在如图 3-3-1 所示的界面中单击"云资源"→"cvk"→"增加虚拟机"。

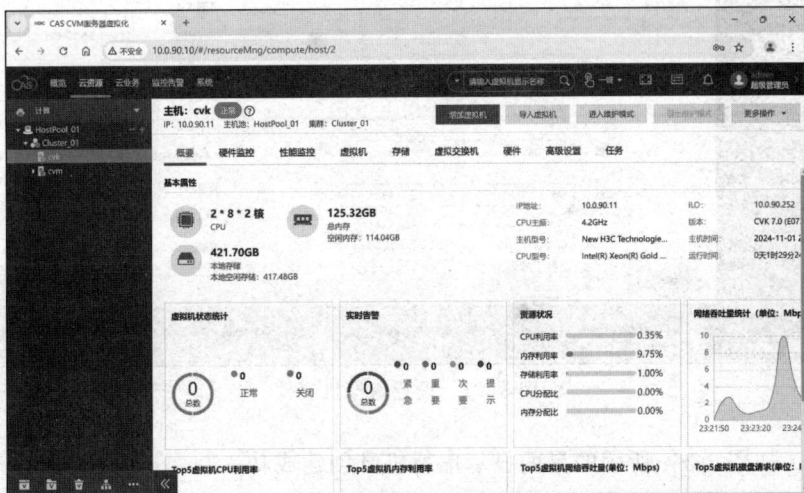

图 3-3-1 创建虚拟机

　　(2) 弹出如图 3-3-2 所示的"增加虚拟机"对话框,输入虚拟机名称(名称可以自定义),选择操作系统类型为"Linux",版本为"CentOS 6/7(64 位)"。

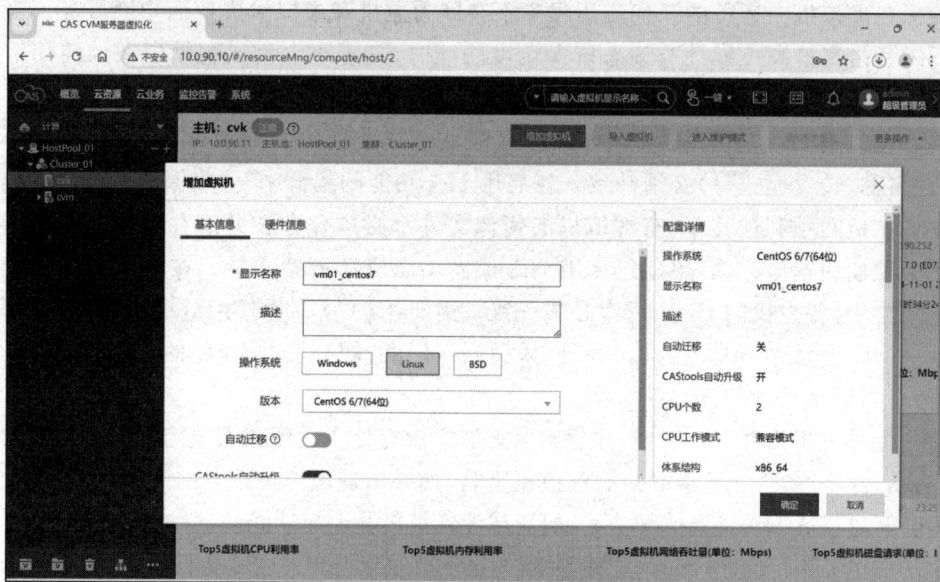

图 3-3-2　设置虚拟机属性

　　(3) 在"硬件信息"选项卡中,设置 CPU 数为 2 个,内存为 4GB,网络默认设置,磁盘大小为 20GB,删掉软盘驱动器,单击"确定"按钮,如图 3-3-3 所示。

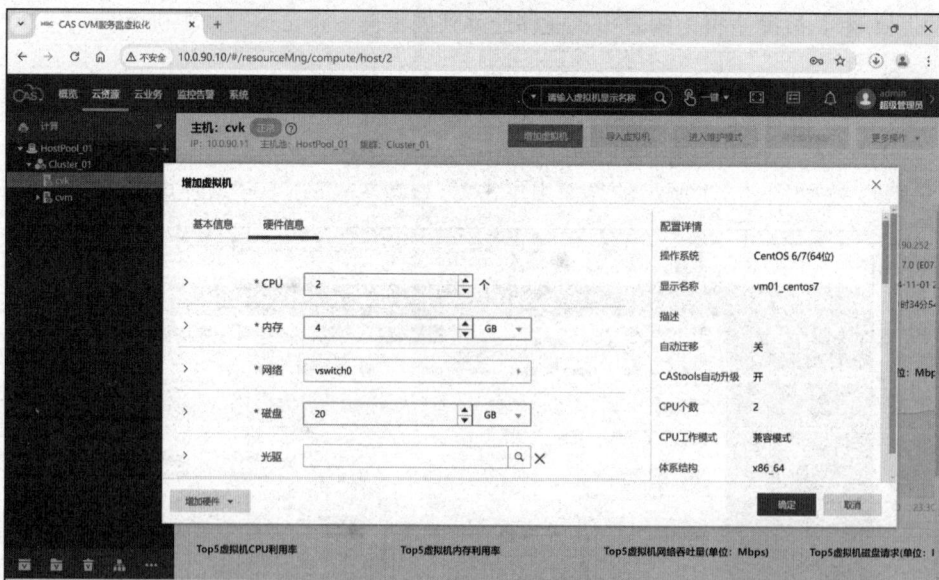

图 3-3-3　设置虚拟机硬件

　　(4) 如图 3-3-4 所示的界面显示虚拟机已创建成功。
　　(5) 在如图 3-3-5 所示的界面中,单击"cvk"→"存储"→"iso_50g"→"上传文件"。

图 3-3-4　虚拟机创建成功

图 3-3-5　上传操作系统镜像文件

（6）在如图 3-3-6 所示的"上传文件"对话框中，单击"请选择文件 把文件拖曳到这里"。

（7）选择准备好的 CentOS 7 的 ISO 镜像文件，单击"打开"按钮，如图 3-3-7 所示。

（8）在如图 3-3-8 所示的"上传文件"对话框中，单击"开始上传"按钮上传镜像文件。

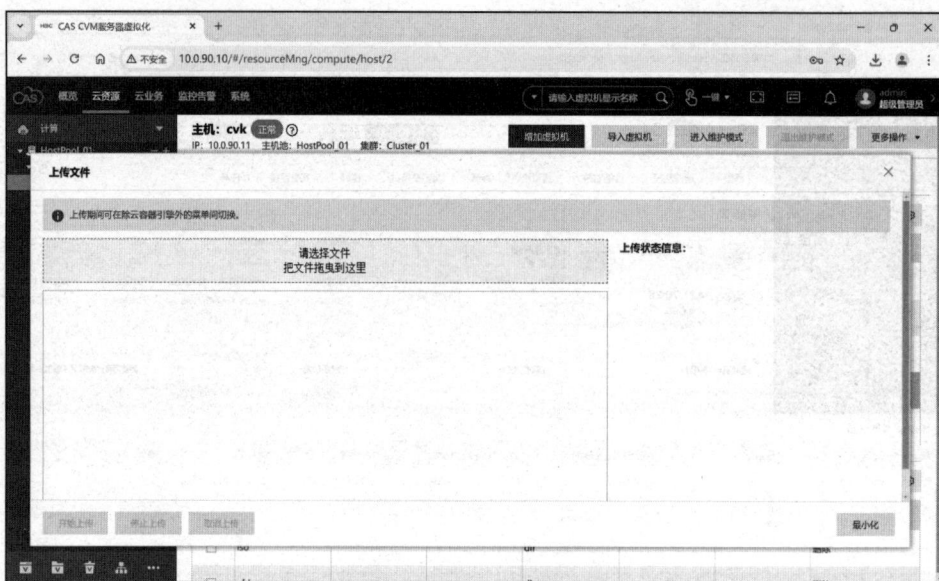

图 3-3-6 浏览操作系统镜像文件

图 3-3-7 选择镜像文件

（9）在显示"所有文件上传完成！"后，关掉此界面，如图 3-3-9 所示。

（10）选中虚拟机"vm01_centos7"，单击"挂载光驱"图标，如图 3-3-10 所示。

（11）在弹出的"选择文件"对话框中，单击"选择文件"右侧的放大镜图标，如图 3-3-11 所示。

（12）在弹出的"选择存储"对话框中，选择"iso_50g"，选中 CentOS 7 镜像文件，单击"确定"按钮，如图 3-3-12 所示。

图 3-3-8　上传镜像文件

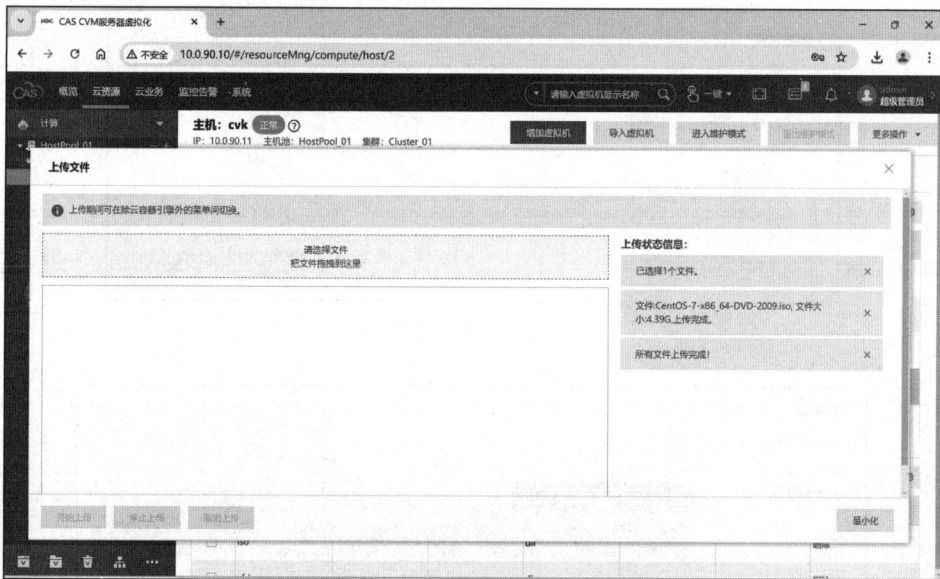

图 3-3-9　镜像文件上传成功

（13）返回图 3-3-10 所示的"选择文件"对话框，单击"确定"按钮完成操作，如图 3-3-13 所示。

（14）在如图 3-3-14 所示的界面中单击"控制台"命令。

（15）在如图 3-3-15 所示的界面中单击"启动"按钮。

（16）在如图 3-3-16 所示的界面中，选中"Install CentOS 7"按回车键确认操作。

图 3-3-10　虚拟机挂载镜像

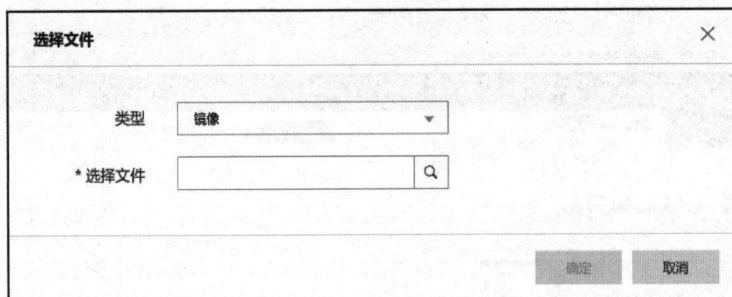

图 3-3-11　浏览镜像文件

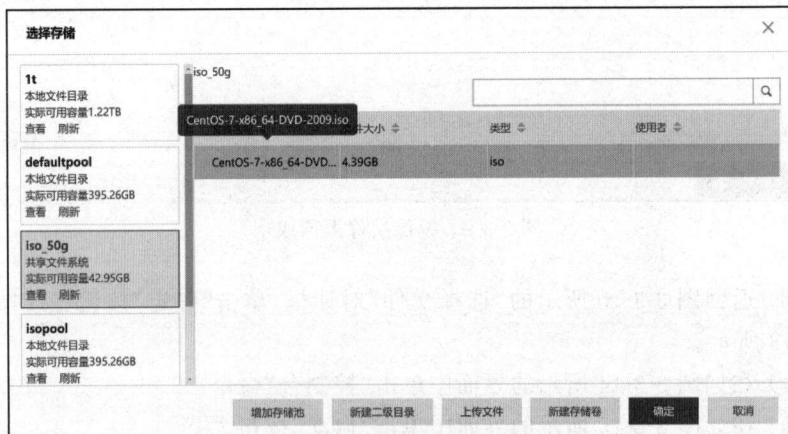

图 3-3-12　选择镜像文件

图 3-3-13 虚拟机挂载镜像成功

图 3-3-14 打开虚拟机控制台

图 3-3-15 启动虚拟机

图 3-3-16 虚拟机安装操作系统

教学视频

（17）在如图 3-3-17 所示的界面中单击"Continue"按钮选择系统语言。

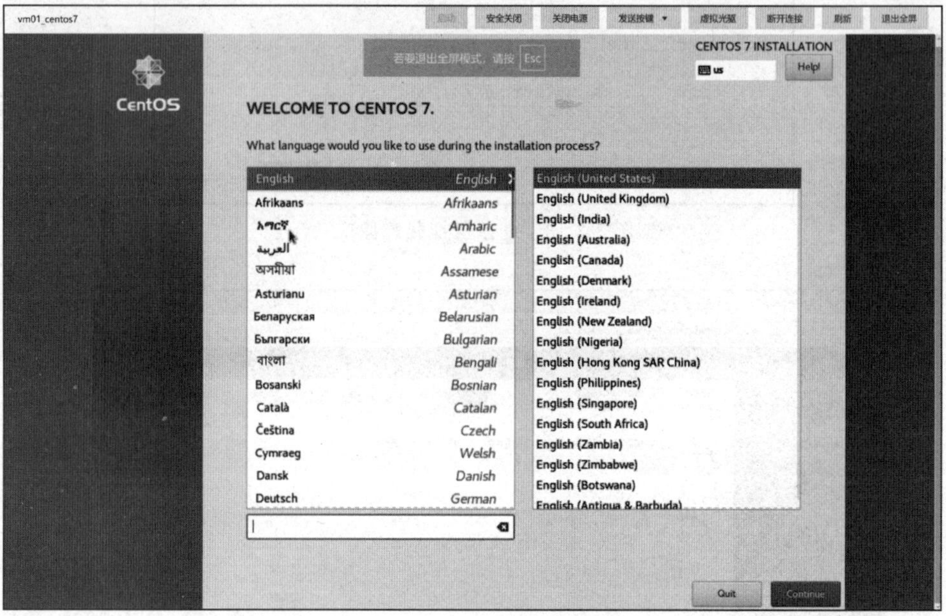

图 3-3-17　选择系统语言

（18）在如图 3-3-18 所示的界面中单击"INSTALLATION DESTINATION"按钮选择磁盘。

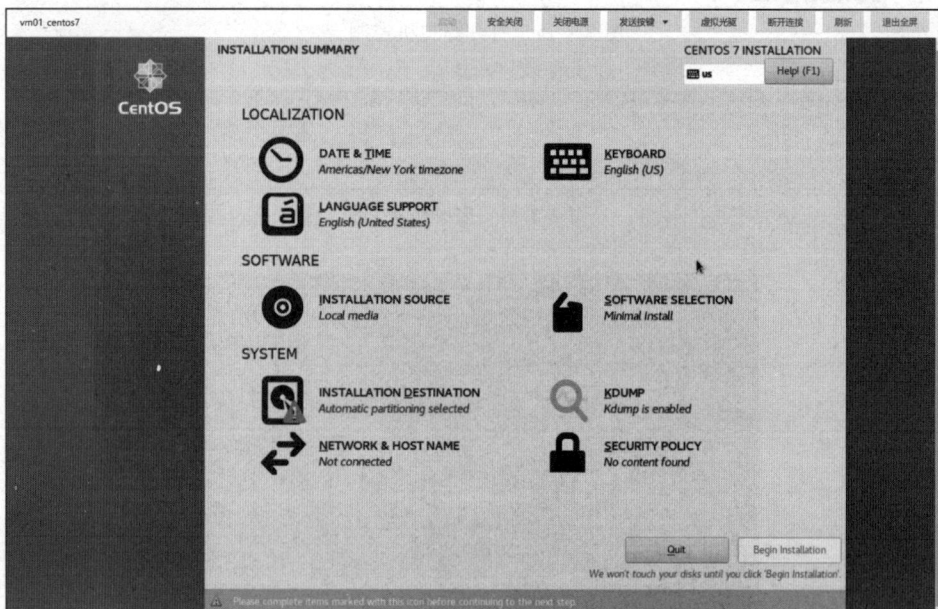

图 3-3-18　选择磁盘

（19）在如图 3-3-19 所示的界面中单击"Done"按钮完成操作。

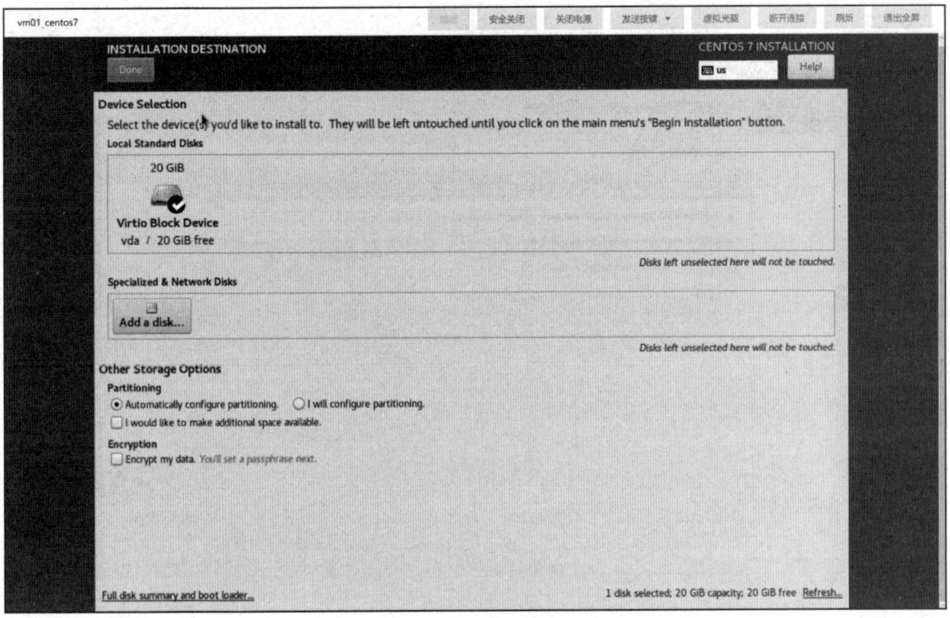

图 3-3-19　磁盘确认

（20）进入"NETWORK&HOST NAME"界面，设置主机名为"centos7"，单击"Apply"按钮，然后单击"Configure"按钮，如图 3-3-20 所示。

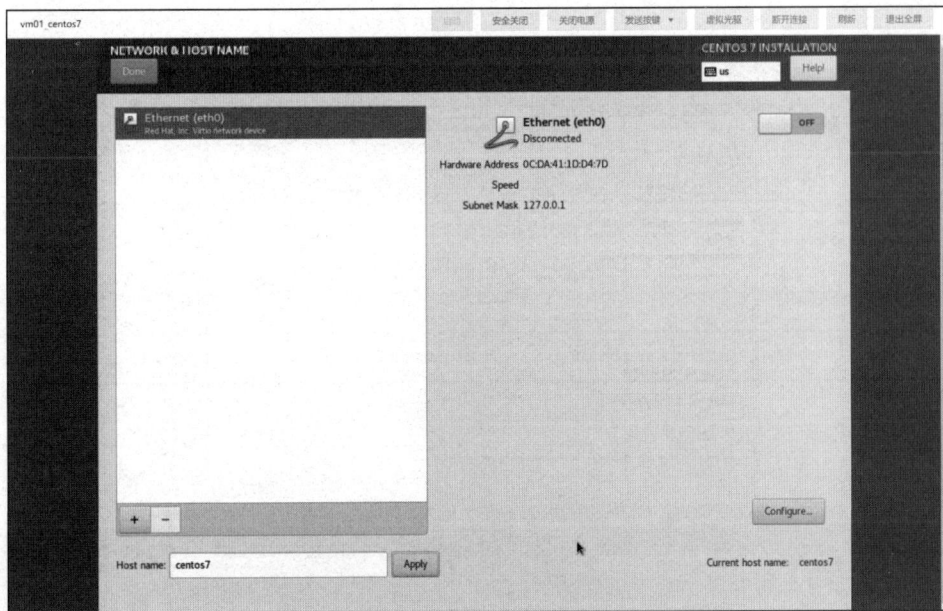

图 3-3-20　设置主机名

（21）在弹出的如图 3-3-21 所示的"Editing eth0"对话框中切换到"General"选项卡，勾选"Automatically connect to this network when it is available"复选框。

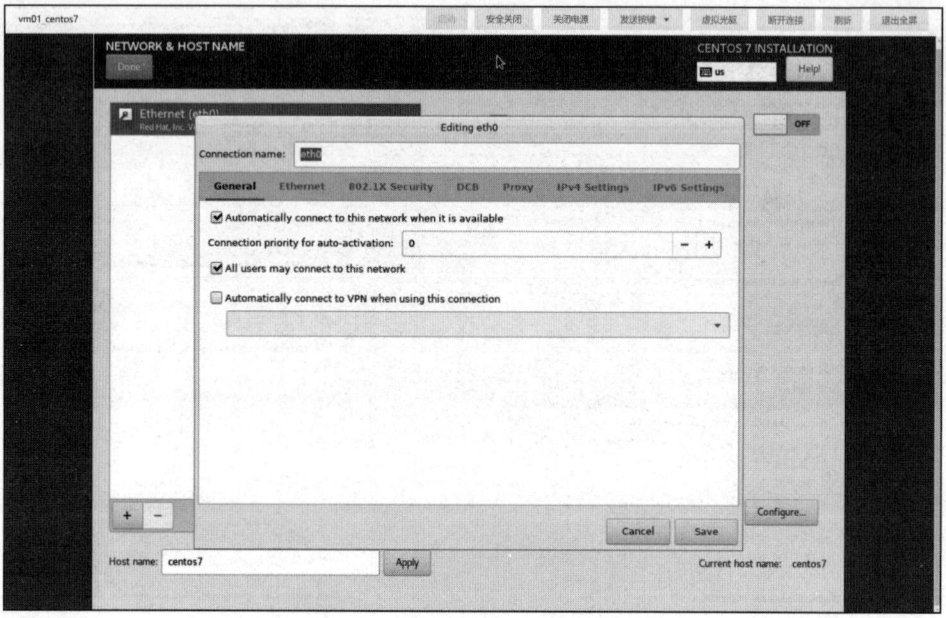

图 3-3-21　设置网卡"General"属性

（22）切换到"IPv4 Settings"选项卡，勾选"Require IPv4 addressing for this connection to complete"复选框，单击"Save"按钮，如图 3-3-22 所示。

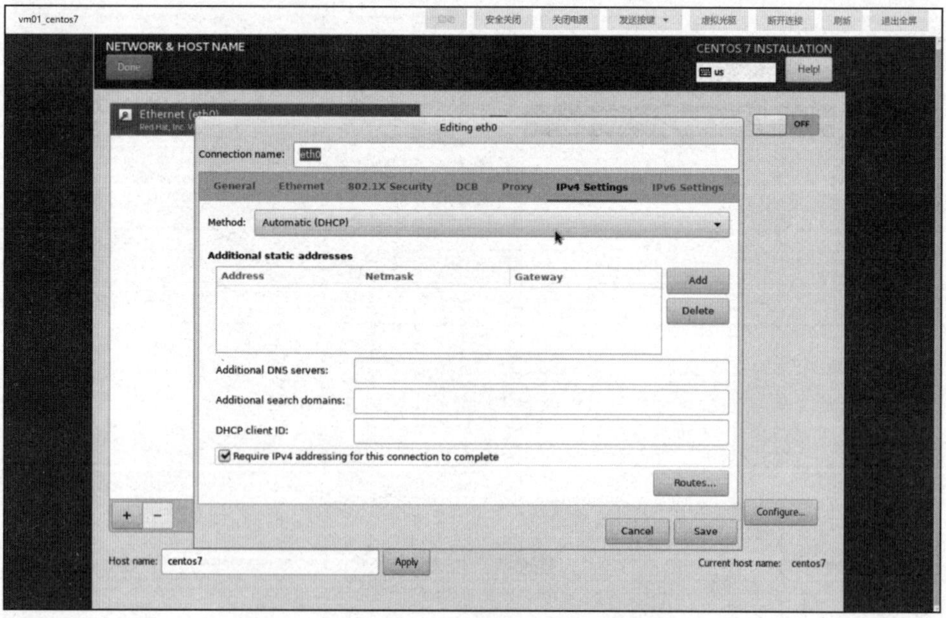

图 3-3-22　设置网卡"IPv4 Settings"属性

（23）设置完成后单击"Done"按钮，如图 3-3-23 所示。

（24）返回如图 3-3-24 所示的界面，单击"Begin Installation"按钮开始安装虚拟机操作系统。

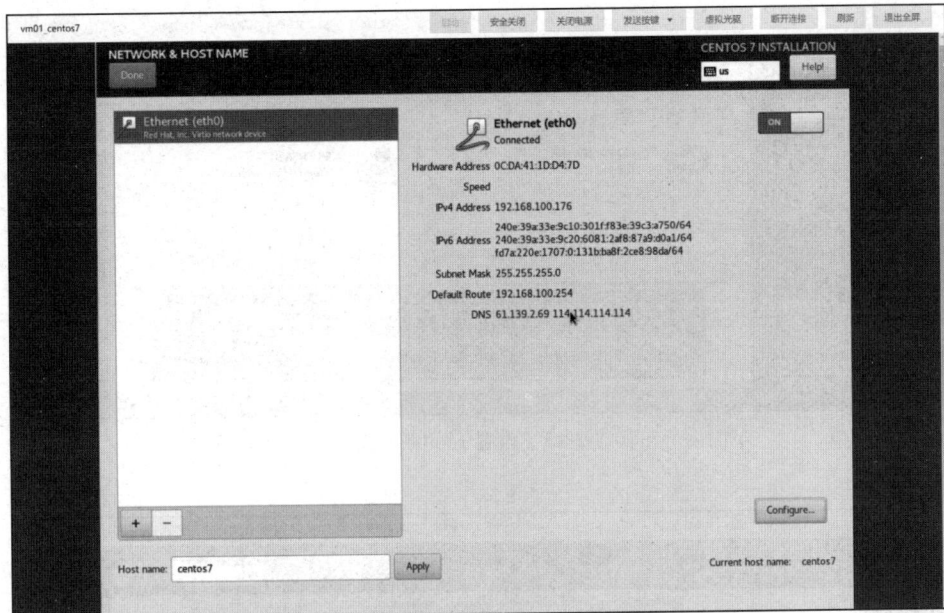

图 3-3-23 确认网卡配置

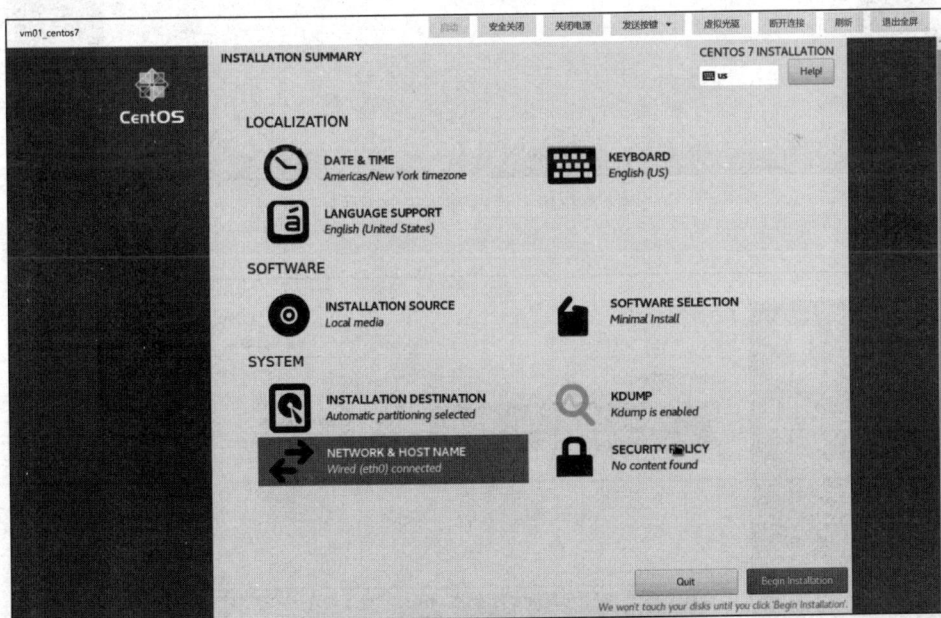

图 3-3-24 开始安装虚拟机操作系统

(25) 安装过程中,单击"ROOT PASSWORD"按钮,如图 3-3-25 所示。

(26) 连续输入 2 次 root 账号密码(密码自定义),如图 3-3-26 所示。

(27) 返回如图 3-3-27 所示的界面,等待虚拟机操作系统安装完成。

(28) 安装完毕后,单击"Reboot"按钮重启系统,如图 3-3-28 所示。

(29) 用 root 账号和密码成功登录虚拟机的命令行界面,执行"ip a"命令,看到

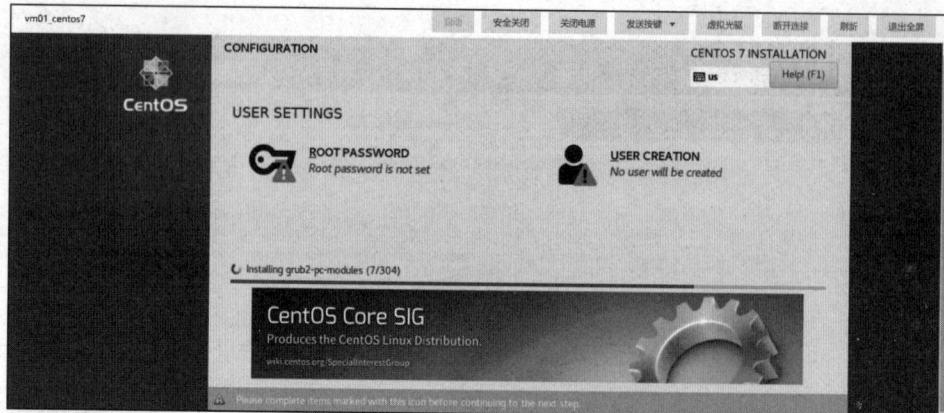

图 3-3-25　设置 root 账号密码

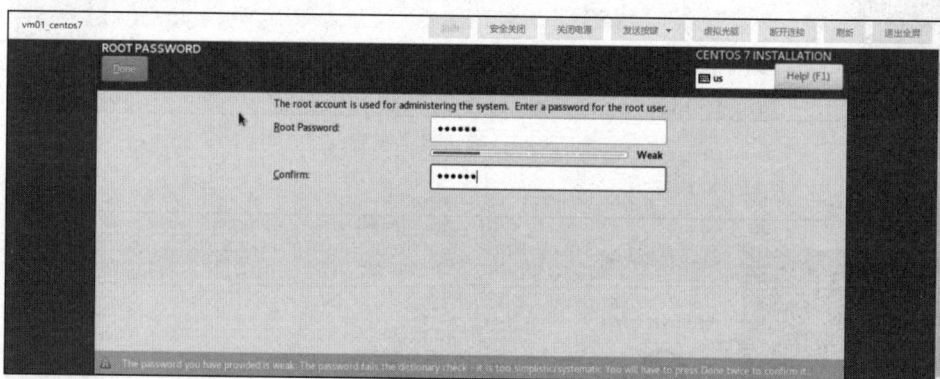

图 3-3-26　连续输入 2 次密码

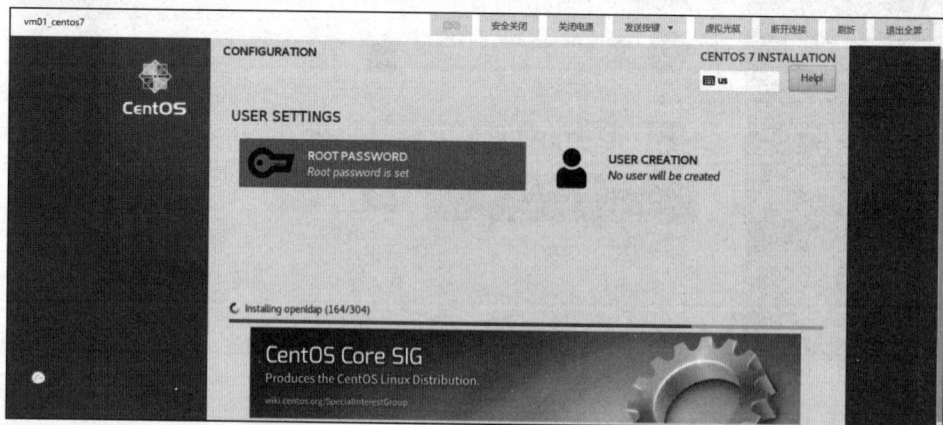

图 3-3-27　等待虚拟机操作系统安装完成

虚拟机已获取 IP 地址，如果网络环境接入 Internet，也可以 ping 外网，如图 3-3-29 所示。

（30）选中虚拟机"vm01_centos7"，单击"挂载光驱"图标，如图 3-3-30 所示。

（31）在弹出的如图 3-3-31 所示的对话框中，单击"选择文件"右侧的放大镜

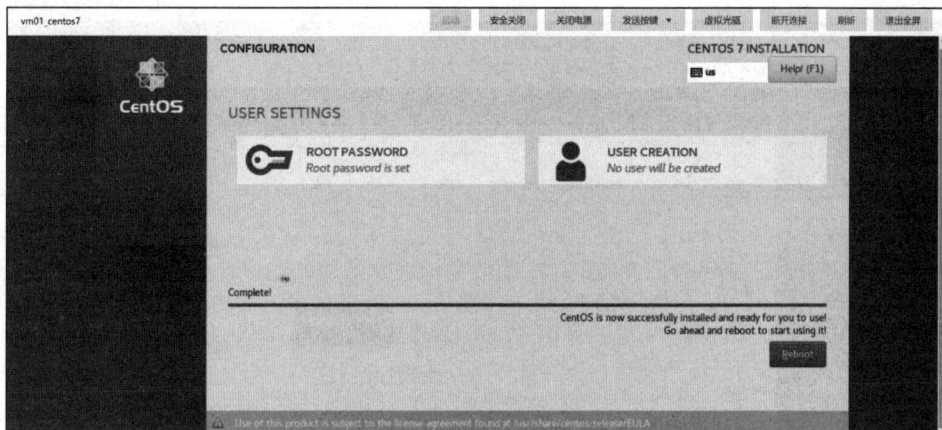

图 3-3-28 安装完成重启系统

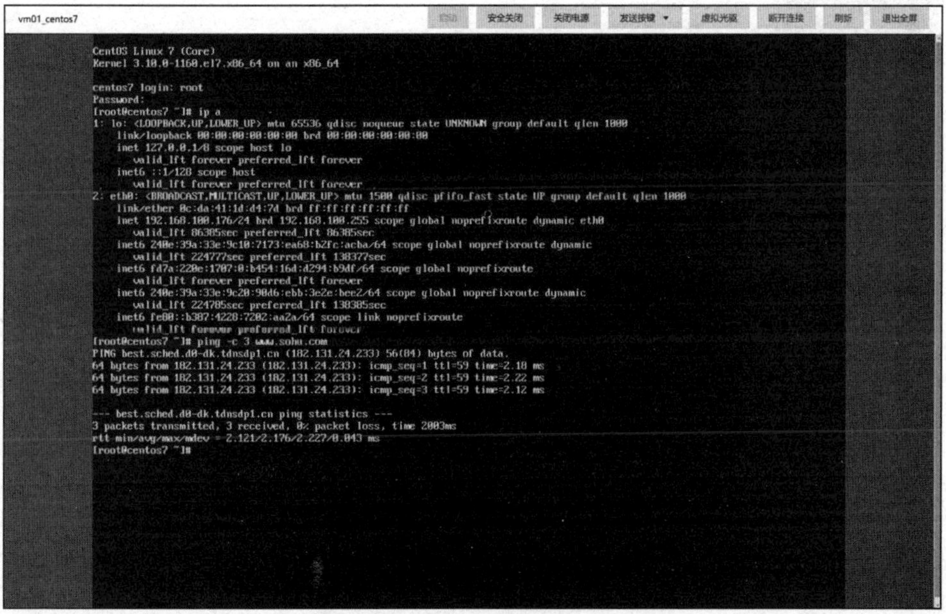

图 3-3-29 登录虚拟机操作系统

按钮。

（32）在弹出的"选择存储"对话框中，单击"isopool"，选择"castools.iso"镜像文件，单击"确定"按钮，如图 3-3-32 所示。

（33）返回如图 3-3-33 所示的"选择文件"对话框，单击"确定"按钮完成挂载。

（34）返回虚拟机控制台界面，执行"mount /dev/sr0 /media""cd /media""cd linux""ls -al""./CAS_tools_install.sh"命令安装 CAStools，如图 3-3-34 所示。

（35）返回如图 3-3-35 所示的界面，查询确认虚拟机的 CAStools 状态为"运行"。

课堂笔记

教学视频

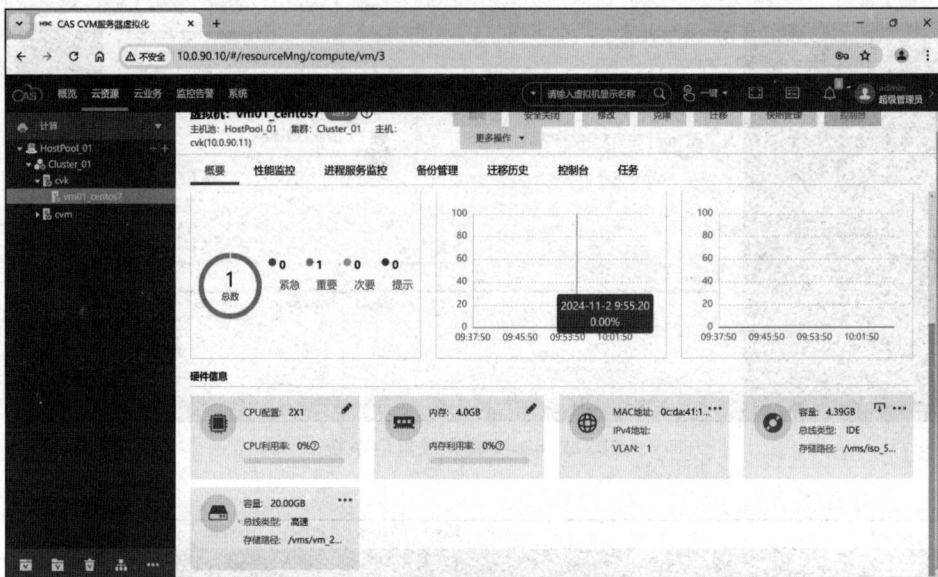

图 3-3-30　挂载虚拟机光驱

图 3-3-31　选择镜像文件

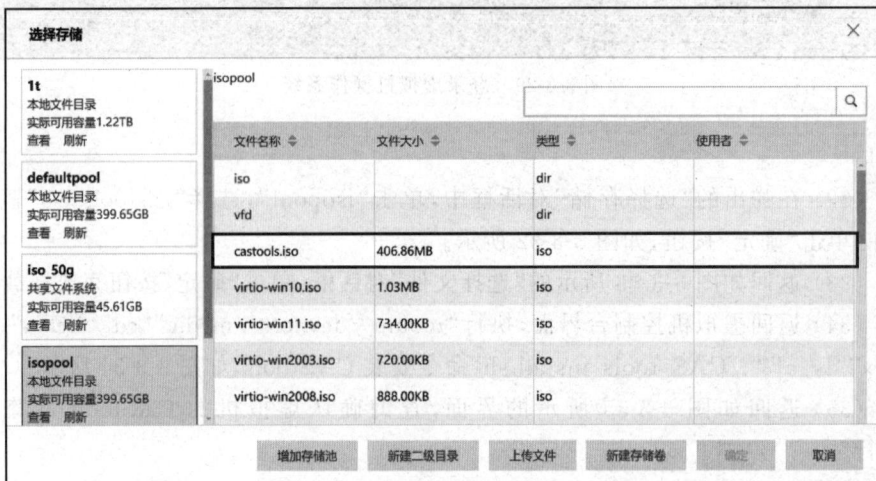

图 3-3-32　选择 CAStools 镜像

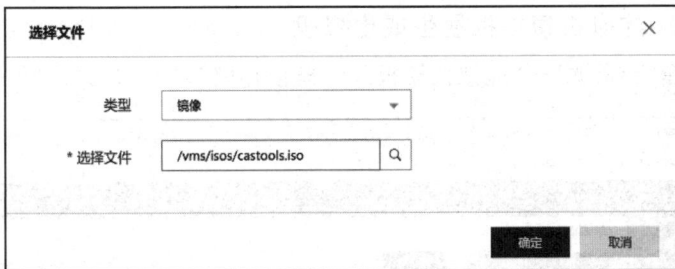

图 3-3-33　确认虚拟机挂载 CAStools 镜像

图 3-3-34　安装 CAStools

图 3-3-35　确认 CAStools 安装成功

3.3.4.2 虚拟机模板批量生成虚拟机

（1）选择"云资源"→"虚拟机模板"→"模板存储"，如图 3-3-36 所示。

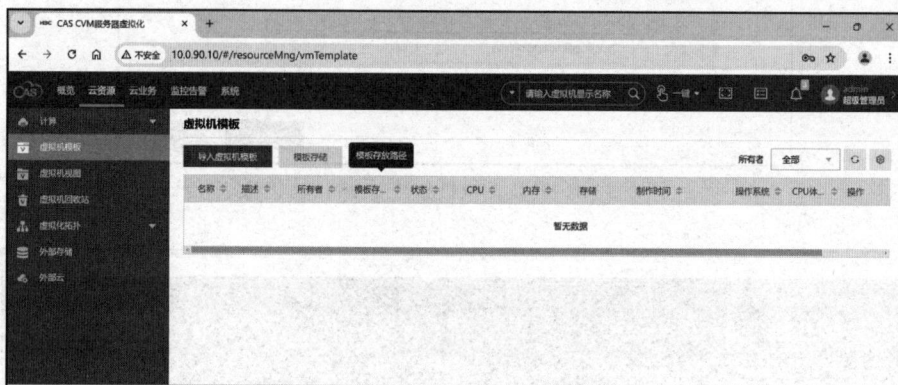

图 3-3-36　选中"模板存储"

（2）单击"增加模板存储"，如图 3-3-37 所示。

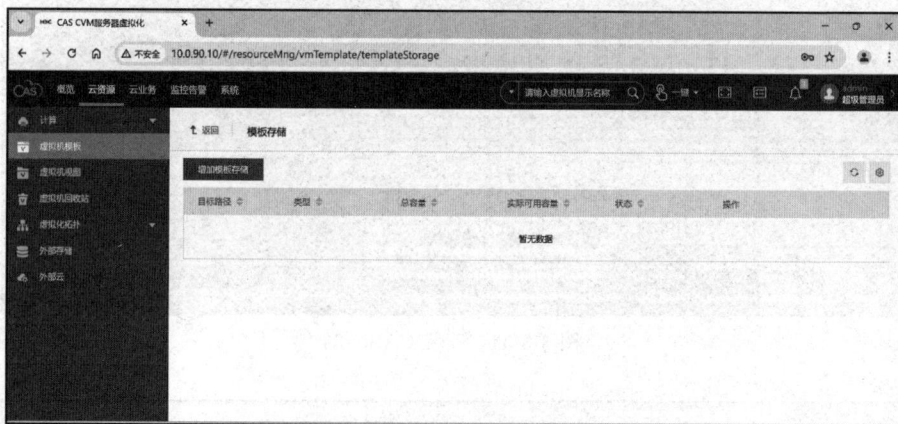

图 3-3-37　增加模板存储

（3）在弹出的如图 3-3-38 所示的"增加模板存储"对话框中，输入目标路径

图 3-3-38　设置模板存储属性

"/vm_tem_30g"（目标路径可以自定义，但不能以"/vms"开头），选择"类型"为"iSCSI 共享目录"，IP 地址输入存储设备 IP"10.0.90.99"，单击"LUN"右侧的放大镜图标，选择 30GB 空间的 iSCSI 卷，单击"确定"按钮。

（4）在弹出的如图 3-3-39 所示的"操作提示"界面中，单击"确定"按钮。

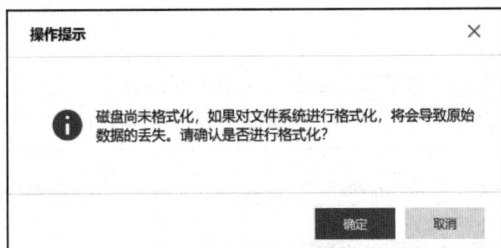

图 3-3-39　格式化模板存储

（5）返回如图 3-3-40 所示的界面，确认虚拟机模板存储添加成功。

图 3-3-40　确认模板存储添加成功

（6）选择"云资源"→"vm01_centos7"→"更多操作"→"克隆为模板"，如图 3-3-41 所示。

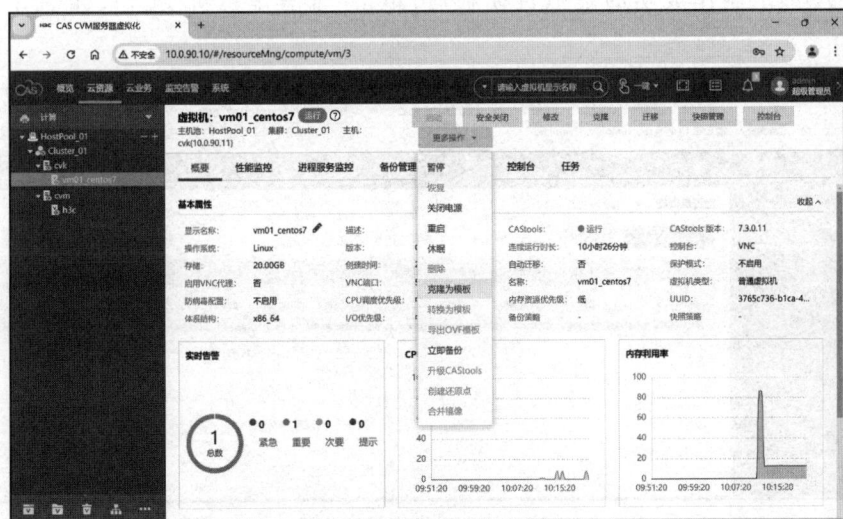

图 3-3-41　制作虚拟机模板

教学视频

(7) 在弹出的如图 3-3-42 所示的"克隆为模板"对话框中，输入虚拟机模板名称"centos7_tem"（模板名称可以自定义），"模板存储"选择"/vm_tem_30g"，单击"确定"按钮。

图 3-3-42　设置模板属性

(8) 在弹出的如图 3-3-43 所示的"操作确认"界面中，单击"确定"按钮。

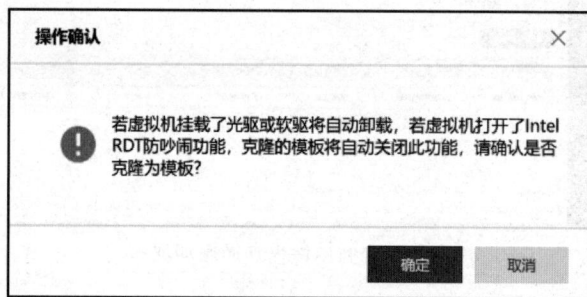

图 3-3-43　确认模板属性

(9) 显示制作成功的虚拟机模板后，单击"部署虚拟机"按钮，如图 3-3-44 所示。

图 3-3-44　虚拟机模板制作成功

（10）在弹出的如图 3-3-45 所示的界面中，设置"数量"为"3"，"显示名称前缀"为"centos7_tem_vm"，其他项保留默认设置，单击"下一步"按钮。

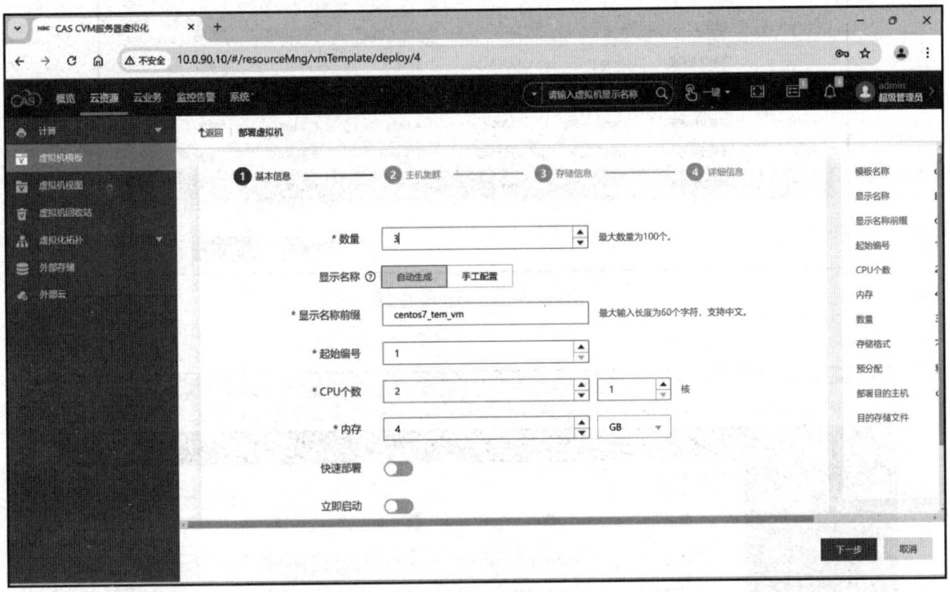

图 3-3-45　利用模板批量生成虚拟机

（11）在如图 3-3-46 所示的界面中，选择"cvk"，单击"下一步"按钮。

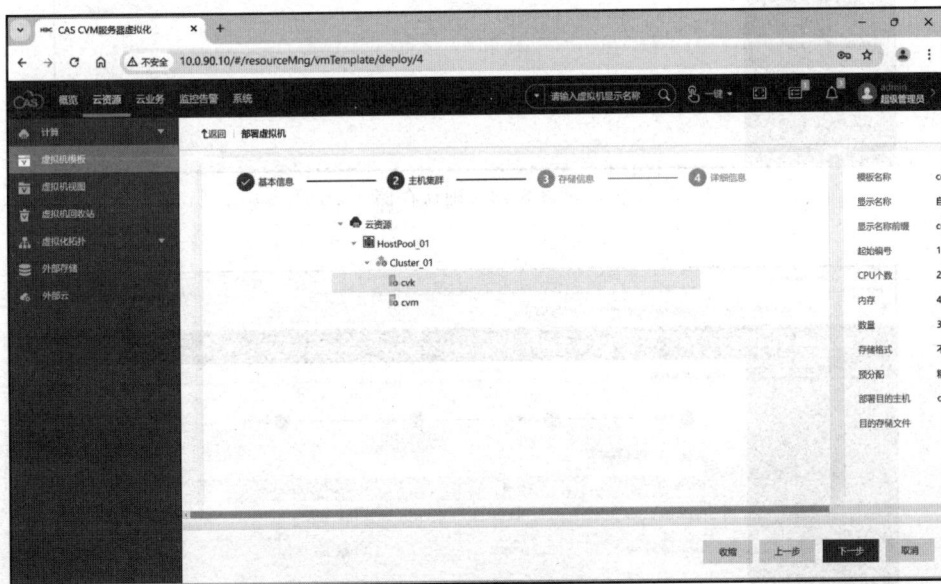

图 3-3-46　选择主机

（12）选择将虚拟机存放在"vm_200g"，单击"确定"按钮，如图 3-3-47 所示。

（13）单击"下一步"按钮确认存储，如图 3-3-48 所示。

（14）在如图 3-3-49 所示的界面中，单击"确定"按钮确认虚拟机网络。

（15）等待基于模板生成虚拟机完毕，如图 3-3-50 所示。

课堂笔记

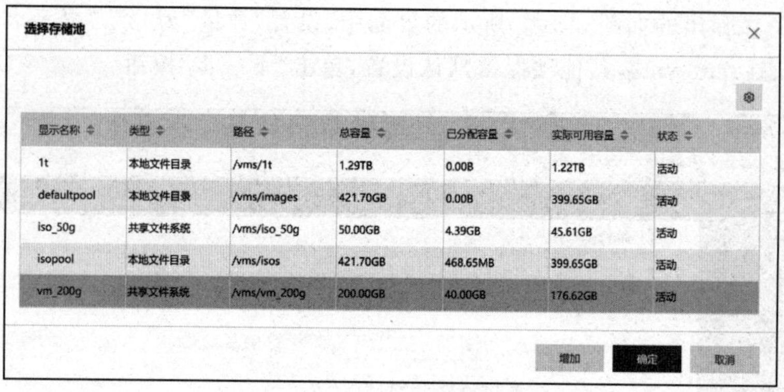

图 3-3-47　选择存储

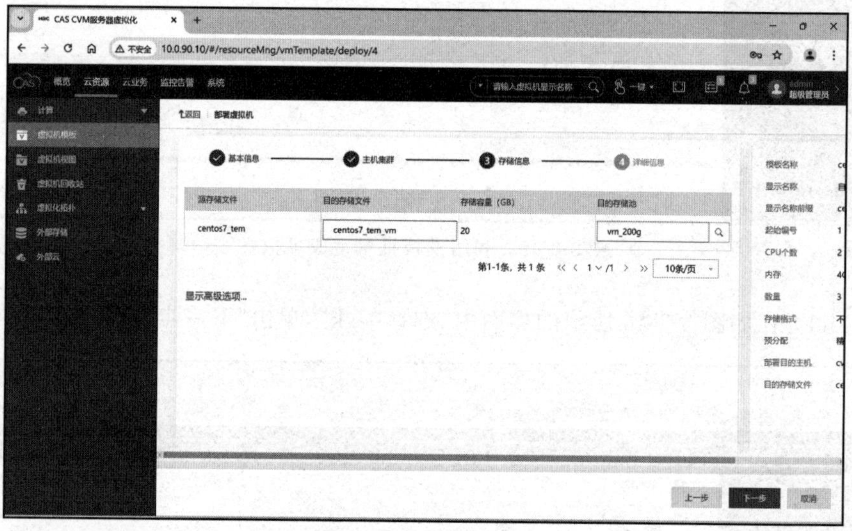

图 3-3-48　确认存储

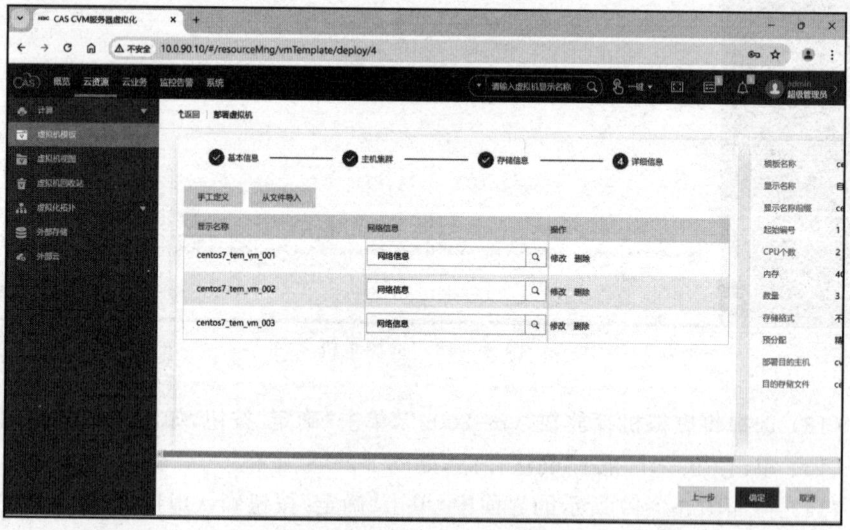

图 3-3-49　确认虚拟机网络

图 3-3-50 基于模板生成虚拟机

（16）此时"云资源"界面显示成功通过模板批量快速生成 3 台虚拟机，如图 3-3-51 所示。

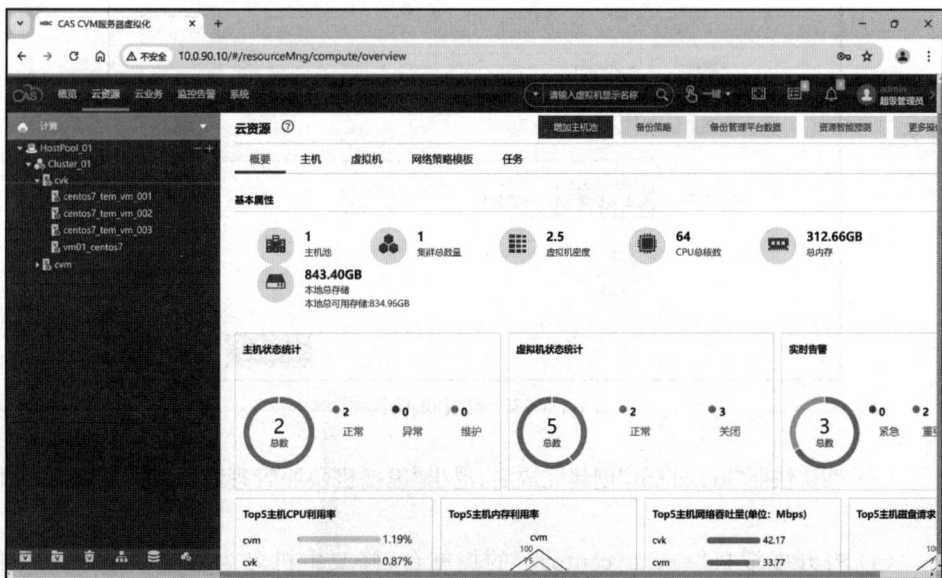

图 3-3-51 查看批量生成的虚拟机

3.3.4.3 利用虚拟机快照恢复虚拟机

（1）单击"云资源"→"cvk"→"vm01_centos7"→"快照管理"，在弹出的"虚拟机快照管理"对话框中，单击"创建"按钮，如图 3-3-52 所示。

（2）在弹出的"创建快照"对话框中输入快照名称"kuaizhao1"（快照名称可自

定义),单击"确定"按钮,如图 3-3-53 所示。

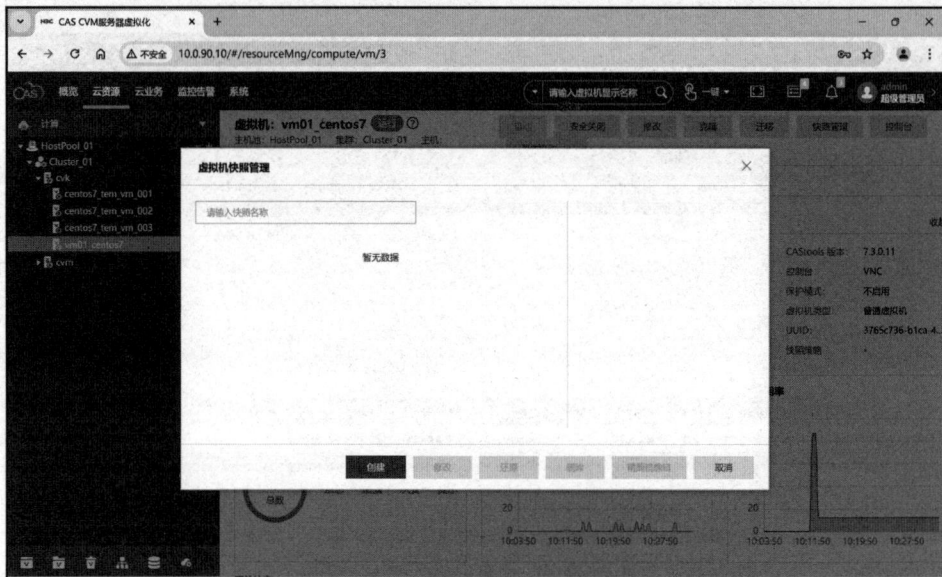

图 3-3-52　创建虚拟机快照

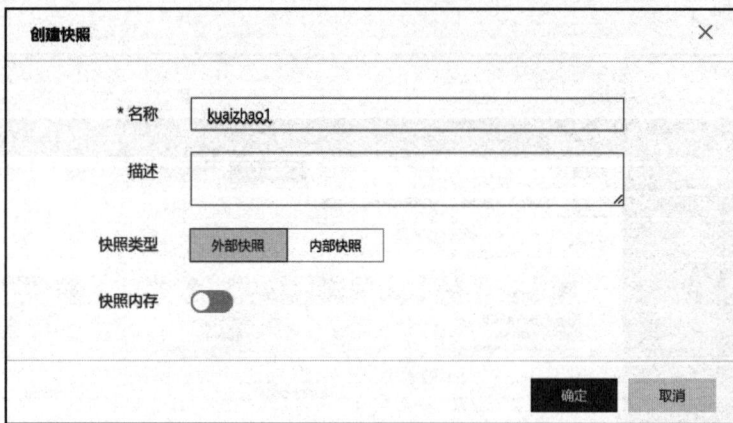

图 3-3-53　设置快照名称

(3) 确认快照"kuaizhao1"创建完成后,退出"虚拟机快照管理"对话框,如图 3-3-54 所示。

(4) 打开虚拟机"vm01_centos7"的控制台,修改主机名为"kuaizhaohou",如图 3-3-55 所示。

(5) 打开"虚拟机快照管理"对话框,选中"kuaizhao1",单击"还原"按钮,如图 3-3-56 所示。

(6) 在弹出的"操作确认"界面中单击"确定"按钮,如图 3-3-57 所示。

(7) 通过快照还原虚拟机后,单击"启动"按钮启动虚拟机,如图 3-3-58 所示。

(8) 登录虚拟机的控制台,发现主机名已经还原成"centos7",如图 3-3-59 所示。

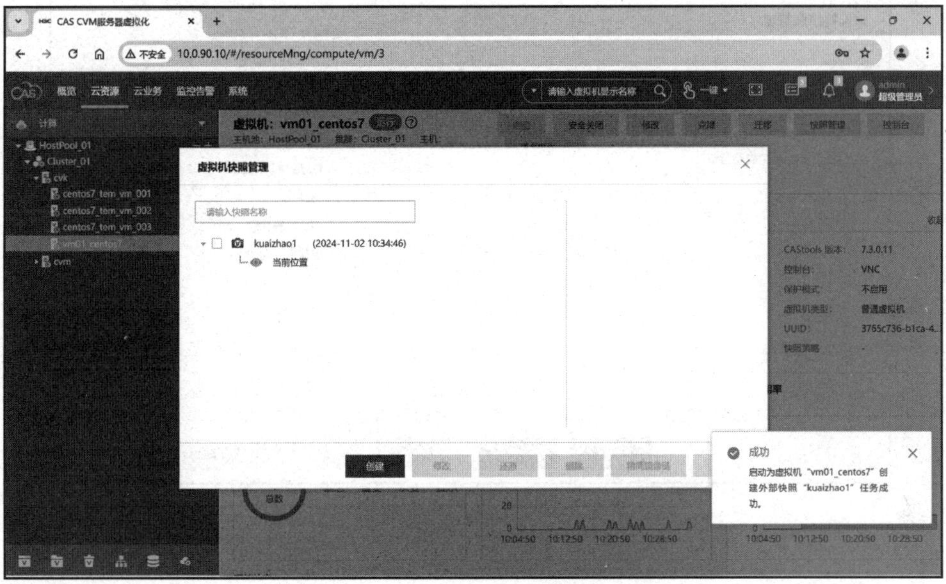

图 3-3-54　快照创建成功

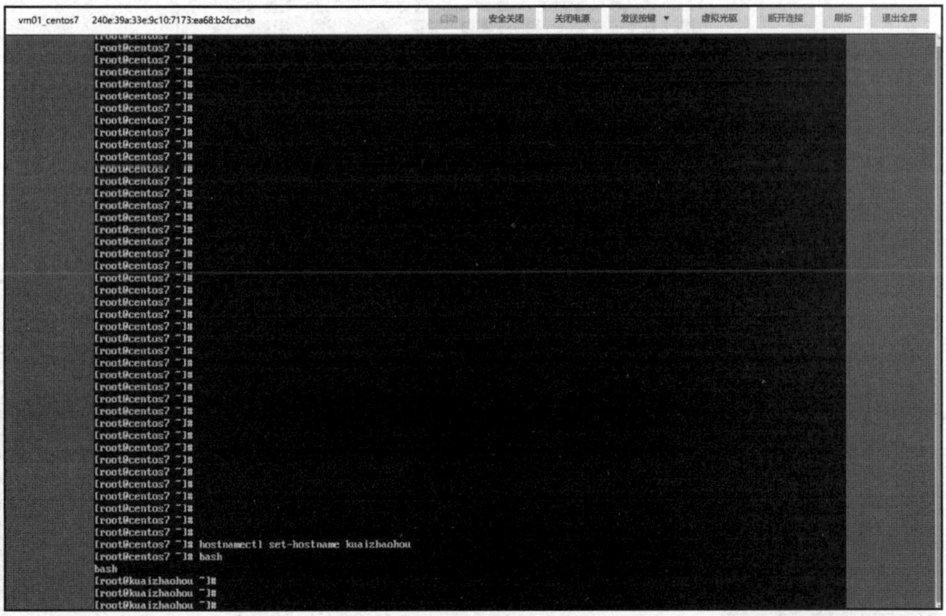

图 3-3-55　通过虚拟机控制台修改主机名

3.3.4.4　虚拟机实现 HA

（1）选择虚拟机"vm01_centos7"，单击"修改"，弹出如图 3-3-60 所示的"修改虚拟机"对话框，打开"自动迁移"开关。

（2）确认此时处于启动状态的虚拟机还运行在 cvk 主机上，然后关闭 cvk 主机模拟 cvk 主机故障，如图 3-3-61 所示。

（3）几分钟后，观察到原来运行在 cvk 主机上的虚拟机自动迁移到 cvm 主机

图 3-3-56　通过快照恢复虚拟机

图 3-3-57　快照恢复虚拟机确认

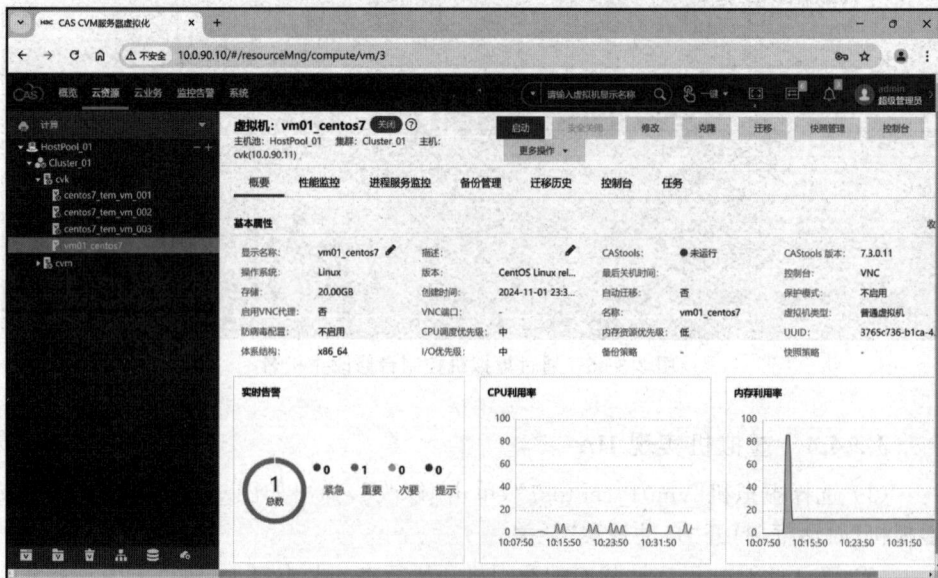

图 3-3-58　恢复完成启动虚拟机

图 3-3-59 确认快照恢复虚拟机到变更前的正常状态

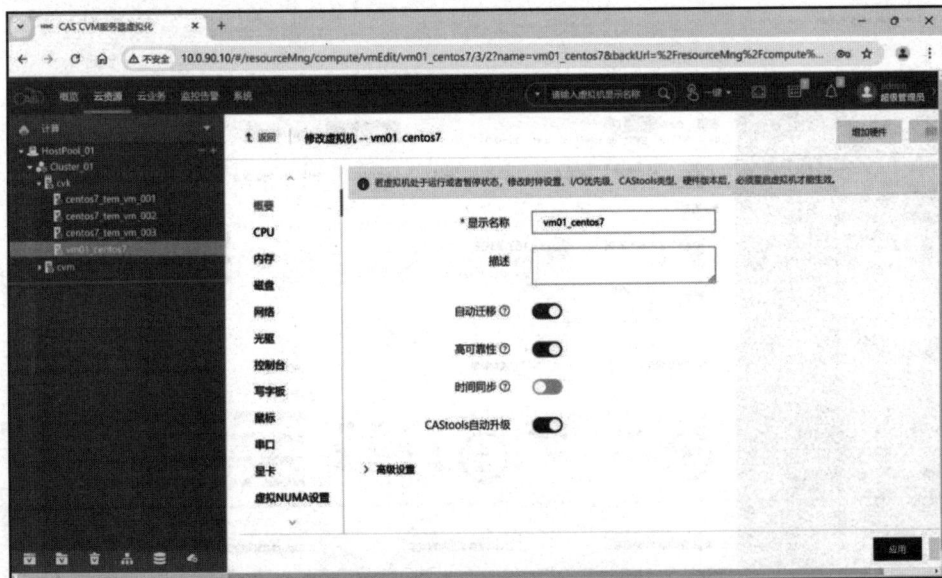

图 3-3-60 开启虚拟机自动迁移

上,并且处于正常运行状态。集群 HA(高可靠)成功实现,如图 3-3-62 所示。

项目总结

　　项目 3"虚拟化平台技术"包含 3 个任务:任务 3.1 是 CAS 虚拟化集群节点安装,任务 3.2 是 CAS 虚拟化平台初始化,任务 3.3 是 CAS 虚拟化平台虚拟机生命周期管理。项目完成过程中了解了 CAS 的功能特性,主机、虚拟机、主机池、集群等的功能,理解了虚拟机模板、快照、HA 等虚拟化特性能够熟练地进行虚拟化软

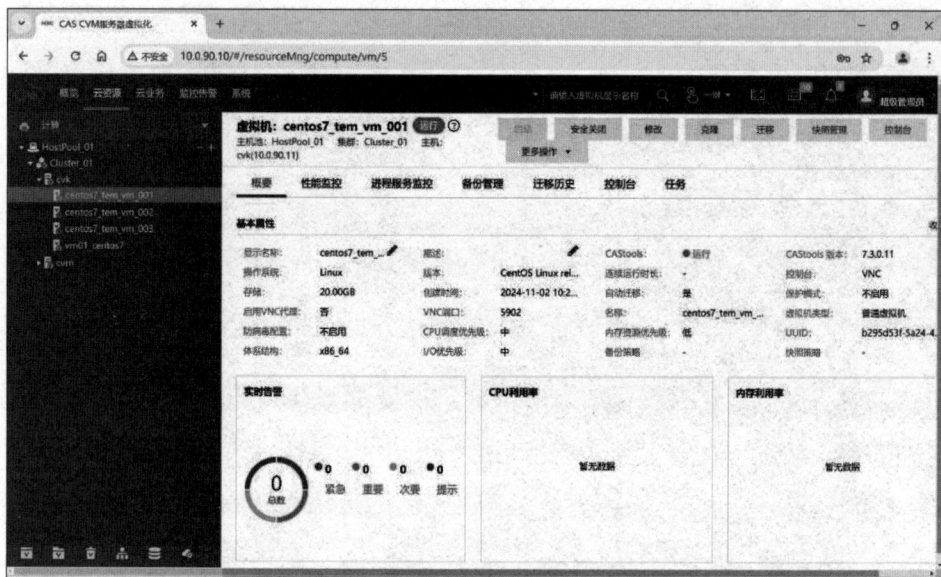

图 3-3-61　确认 cvk 主机上运行的虚拟机

图 3-3-62　确认主机故障后虚拟机发生自动迁移

件的安装、虚拟化平台的初始化和虚拟机生命周期的日常管理。

　　通过本项目的学习,对新华三(H3C)商用级虚拟化平台 CAS 的入门技能有一定的认知和掌握,能理解 CAS 的基本概念和相关基础理论,并能够熟练掌握 CAS 的虚拟机日常操作,建立起对虚拟化平台的理解和认知,为后续企业云平台项目的完成打下坚实的基础。

　　对项目实施过程中产生的相关信息进行总结,并填写项目记录表。

项目记录表

项目实施过程中使用的配置参数(主机名、密码、IP 等):

项目实施过程中需要掌握的关键点:

项目实施过程中遇到的异常问题:

项目 4

OpenStack 云 平 台

项目背景

OpenStack 是一个自由、开源的云计算平台,主要作为基础设施即服务(IaaS)部署在公用云和私有云中,提供虚拟服务器和其他资源给用户使用。该软件平台由相互关联的组件组成,控制着整个数据中心内不同厂商的计算、存储和网络资源硬件池。用户可以通过基于网络的仪表盘、命令行工具或 RESTful 网络服务来管理 OpenStack。

OpenStack 始于 2010 年,是 Rackspace(全球三大云计算机中心之一)和美国国家航空航天局(NASA)的合作项目,由 2012 年 9 月成立的非营利组织 OpenStack 基金会管理,旨在促进 OpenStack 软件及其社区的发展。到 2018 年,已经有 500 多家公司加入该项目。2020 年,OpenStack 基金会更名为开放基础设施基金会(Open Infrastructure Foundation,OIF)。

本项目旨在理解和掌握 OpenStack 云平台技术,要求通过学习,熟悉 OpenStack 云平台技术背景知识和基础原理,能够掌握 OpenStack 的安装部署以及通过 OpenStack 云平台管理和使用云主机、云镜像、云存储、云网络等。

项目目标

- 了解基于 OpenStack 云平台的虚拟化架构。
- 安装和部署 OpenStack 云平台服务。
- 简单配置和使用 OpenStack 云平台服务。

职业能力要求

- 掌握 OpenStack 系统管理技能。
- 对虚拟化技术有一定的认识和了解。
- 理解虚拟网络和物理网络的配置及管理。

项目资源清单

序号	资源目录
1	服务器 1 台(由 VMware Workstation Pro 实现,建议配置:CPU 为 2×4 核,内存为 16GB,磁盘大小为 200GB、网卡为 NAT 模式)

续表

序号	资 源 目 录
2	CentOS-7-x86_64-DVD-2207-02.ISO 镜像文件
3	终端软件(Xshell、Secure CRT、PuTTY 等任选其一)

任务 4.1　OpenStack 云平台部署

4.1.1　任务介绍

某公司计划新建一个服务器虚拟化平台,由于预算有限,不能使用 VMware vSphere 等成本较高的商业软件。经过调研和评估,决定采用开源的服务器虚拟化平台 OpenStack 来提供业务所需的各种服务功能。

4.1.2　任务分析

要顺利完成任务,首先需要进行任务需求分析,厘清其知识要求、技能要求。经过对任务的仔细研究,得出以下分析结果。

需求分析
- 了解 OpenStack 的技术背景和虚拟化的基本概念。
- 掌握在 VMware Workstation 上安装虚拟机的方法。

知识要求
- 掌握虚拟化的概念。
- 了解虚拟化的特点。
- 理解 OpenStack 各组件的作用。

技能要求
- 能够在服务器上安装 Linux。
- 能够在 Linux 上安装 OpenStack 平台。

4.1.3　知识准备

4.1.3.1　OpenStack 云平台基础

OpenStack 是由 OpenStack 基金会的社区发布的一个开源云计算平台,用于构建公有云和私有云环境。它支持各种规模的云环境,并且具有简单的实现方式、巨大的可扩展性和丰富的功能集。OpenStack 提供了基础设施即服务(IaaS)的解决方案,通过多种互补的服务实现,每个服务都提供了一个应用程序编程接口(API),以促进集成环境搭建。OpenStack 的设计原则包括模块化、易于扩展。

OpenStack 提供了多种服务,而其核心服务主要包括:Keystone 提供身份验证和授权服务,包括管理用户、项目和角色,以及服务的端点目录;Nova 提供计算服务,管理和调度虚拟机实例的生命周期,处理计算资源的分配和运行;Glance 提供计算服务,作为虚拟机镜像的集中式仓库,提供发现、注册和下载镜像服务;

Neutron 提供网络服务,为 OpenStack 环境提供网络支持,包括二层交换、三层路由、负载均衡、防火墙和虚拟专用网络(VPN)等;Cinder 提供持久化块存储卷的管理,供虚拟机使用;Swift 提供对象存储服务。除核心服务外,OpenStack 还包括其他辅助服务:Heat 提供模板驱动的云应用编排服务;Ceilometer 提供云资源使用情况计量服务;Trove 提供数据库服务,管理关系型和非关系型数据库;Ironic 提供裸金属(物理服务器)服务,支持裸机管理和控制基础硬件资源。

OpenStack 已经从一个基础的云计算平台发展为支持虚拟机、容器和裸金属工作负载的开源云计算标准。OpenStack 的社区拥有超过 130 家企业及 1350 位开发者。OpenStack 除了有 RackSpace 和 NASA 的大力支持以外,还拥有 Dell(戴尔)公司、Citrix(思杰)公司、Cisco(思科)公司、Canonical 公司这些重量级公司的贡献和支持,全球的云计算专家都为这个项目的顺利实施贡献了力量。目前,OpenStack 已经成为开源云平台的事实标准。

4.1.3.2 OpenStack 云平台架构

学习 OpenStack 部署和运维相关知识之前,应当熟悉它的系统架构和运行机制。作为一个开源、可扩展、富有弹性的操作系统,OpenStack 在设计时应遵从如下设计原则。

(1)按照不同的功能和通用性划分不同项目,拆分子系统。按照不同功能,划分不同服务,将一个整体功能拆分成各个子功能,并且各服务之间相互隔离,只通过 API 作为统一交互入口相互对接,方便管理和排障。

(2)按照逻辑计划、规范子系统之间的通信。API 之间进行交互会有特定或通用的格式,各个子功能模块会通过一个公共的 API 进行交互,比如 nova-api。

(3)通过分层设计整个系统架构。当一个请求进入的时候,首先会去找到 Keystone 进行认证鉴权,然后发送给对应的 API 入口,接着交由对应的子功能模块执行具体的逻辑。

OpenStack 架构如图 4-1-1 所示。

OpenStack 的核心服务组件如图 4-1-2 所示。

4.1.4 任务实施

下面的任务实施过程全部在 VMware Workstation Pro 环境下通过虚拟机代替物理服务器实现,操作系统选择 CentOS 7。

4.1.4.1 CentOS 7 安装 OpenStack 底层环境

(1)新建 CentOS 64 位虚拟机,CPU 核心数为 8 个,内存为 16GB,在"处理器"选项组的"虚拟化引擎"选项中,选中"虚拟化 Intel VT-x/EPT 或 AMD-V/RVI",如图 4-1-3 所示。在成功启动虚拟机后,会出现如图 4-1-4 所示的界面,选择"Install CentOS 7"。

(2)按"Enter"键进入 CentOS 7 安装向导界面,如图 4-1-4 所示。

(3)在如图 4-1-5 所示的界面中选择"中文"→"简体中文(中国)"选项。

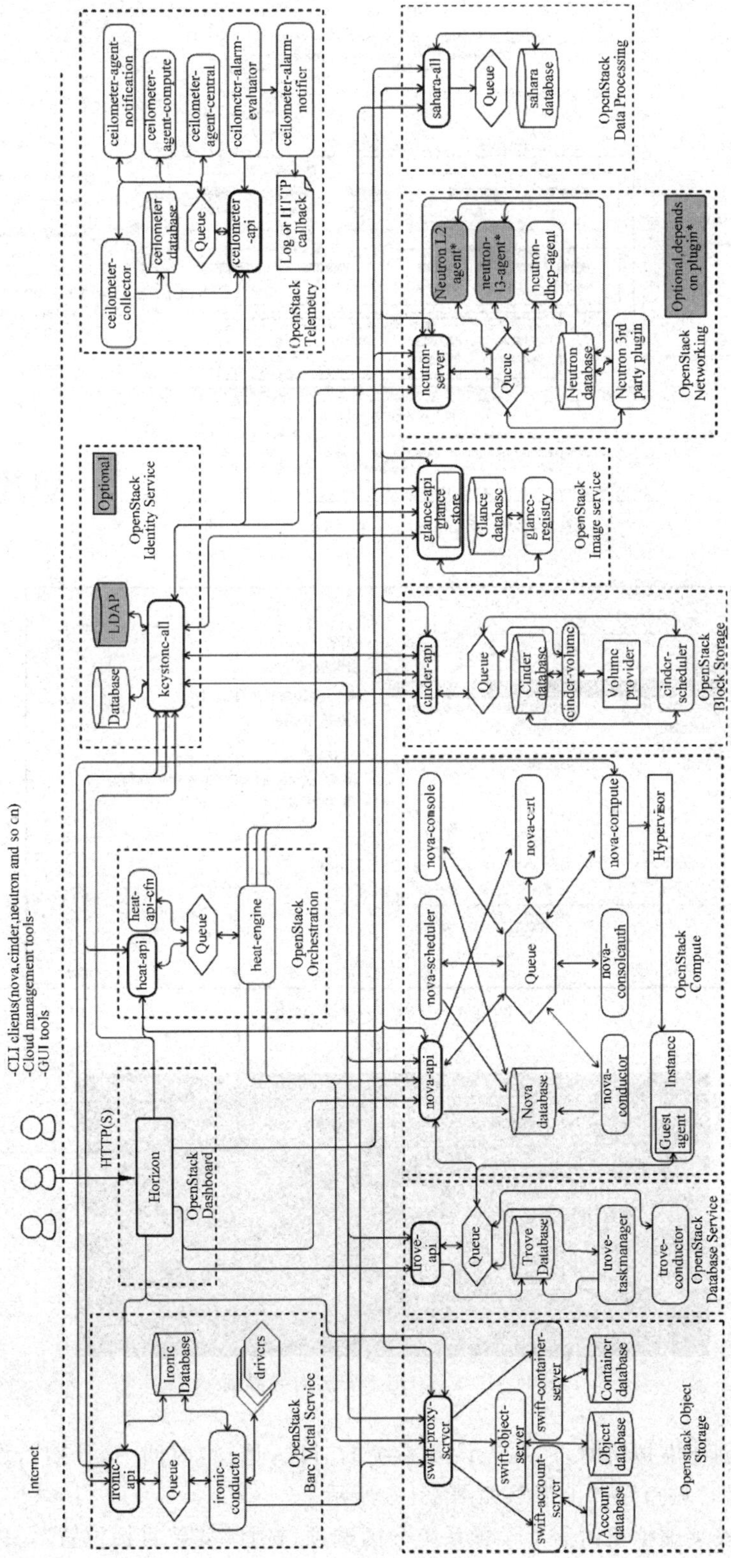

图 4-1-1　OpenStack 架构

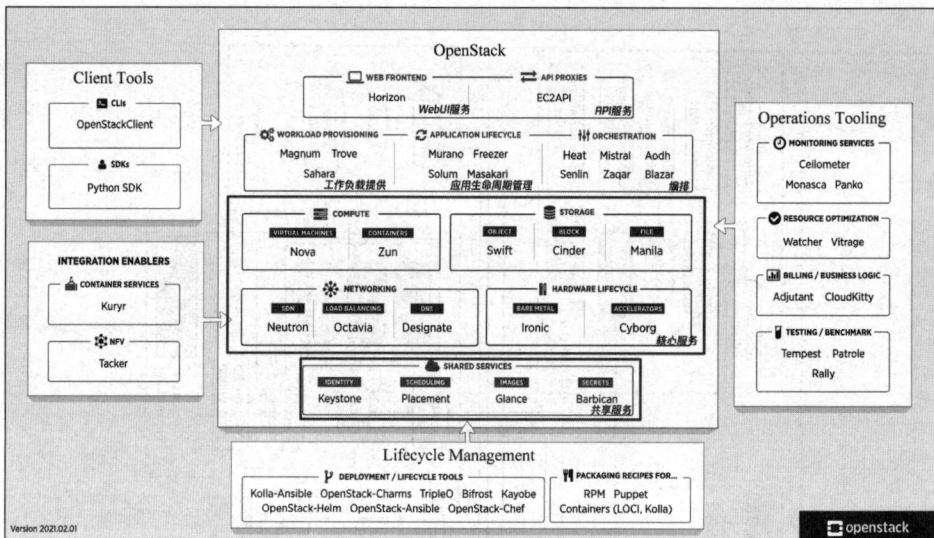

图 4-1-2　OpenStack 的核心服务组件

图 4-1-3　选择硬件需求

图 4-1-4　CentOS 7 安装向导界面

（4）在创建虚拟机时，需要先设置系统的时区，选择"时间 & 日期"，设置"地区"为"亚洲"，"城市"为"上海"，如图 4-1-6 所示。

（5）在安装虚拟机时需要设置系统分区选项，选择"安装目标位置"，具体设置如图 4-1-7 所示，单击左上角的"完成"按钮，使用自动分区。

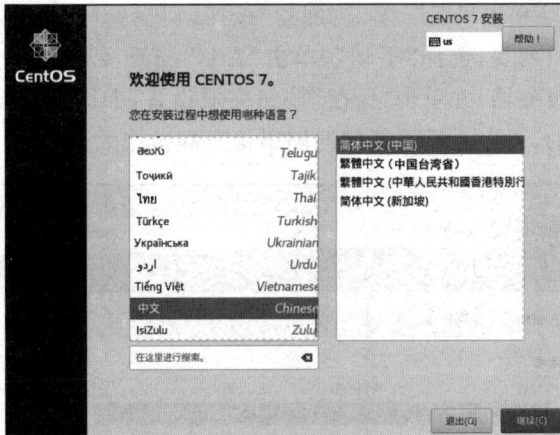

图 4-1-5　选择中文系统语言

图 4-1-6　选择系统时区

教学视频

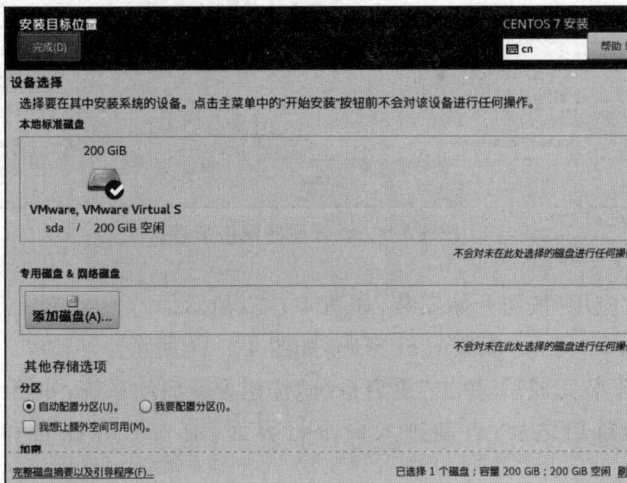

图 4-1-7　自动分区

（6）选择"网络和主机名"，单击"配置"按钮，切换到"IPv4 设置"选项卡，单击"方法"右侧的下拉列表，选择"手动"，单击"Add"按钮，依次输入 IP 地址、子网掩码、网关和 DNS 服务器，并单击"保存"按钮完成设置，如图 4-1-8 所示。此时网络就变成手动设置的，可以看见设置好的网络信息即操作无误，如图 4-1-9 所示。

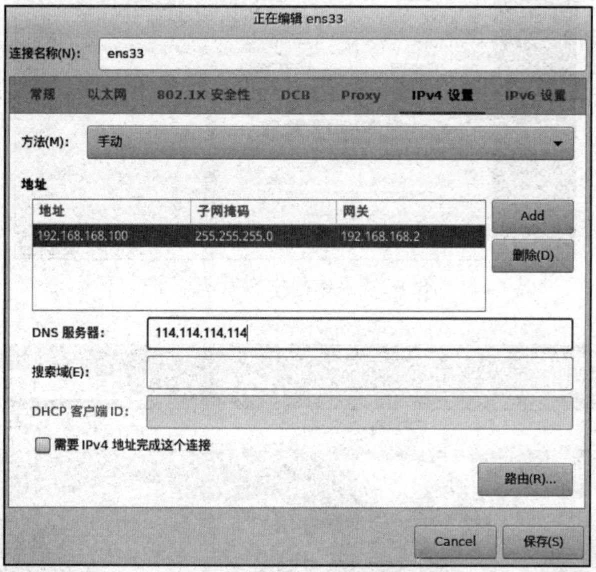

图 4-1-8　设置网络

图 4-1-9　设置后的网络信息

（7）单击"应用"按钮开始安装，如图 4-1-10 所示。

（8）选择 root 账号，配置 root 密码，如图 4-1-11 所示。

（9）系统安装完成后，单击"重启系统"按钮重新启动系统，如图 4-1-12 所示。

（10）系统重启之后，自动进入命令行界面，输入 root 账号和密码登录，如图 4-1-13 所示。

图 4-1-10　开始安装系统

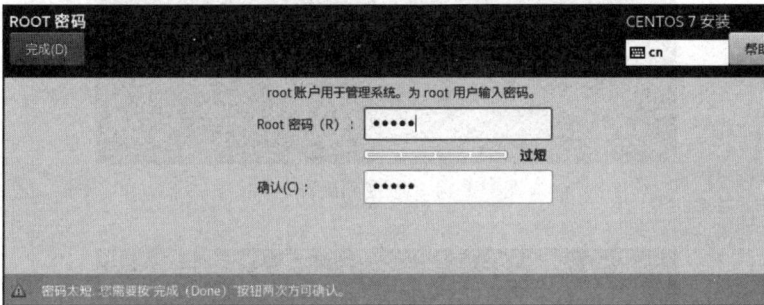

图 4-1-11　配置 root 密码

图 4-1-12　安装完成重启系统

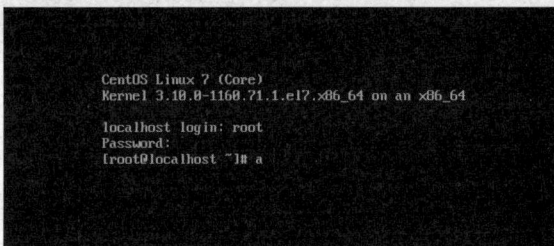

图 4-1-13　通过 root 登录

（11）连接到终端软件（以 WindTerm 为例），如图 4-1-14 所示，并输入 root 账号和密码登录，如图 4-1-15 和图 4-1-16 所示，连接效果如 4-1-17 所示。

图 4-1-14　连接到终端软件

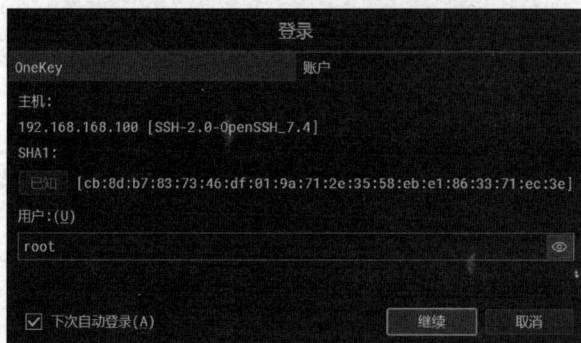

图 4-1-15　连接到终端软件（输入用户名）

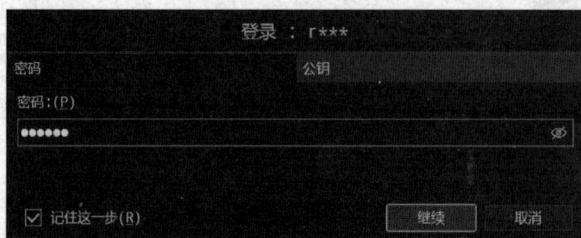

图 4-1-16　连接到终端软件（输入密码）

（12）修改 CentOS 系统主机名，命令如下。

```
root@localhost ~]#hostnamectl set-hostname controller
[root@localhost ~]#bash
```

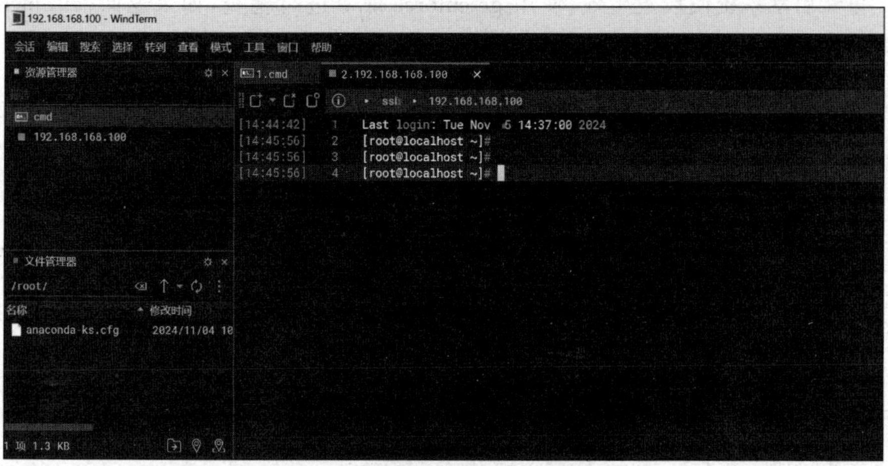

图 4-1-17　连接到终端软件(效果图)

（13）添加本机的 hosts 记录，命令如下。

```
[root@controller ~]#echo "192.168.168.100 controller">>/etc/hosts
```

执行上述命令会增加以下记录：192.168.168.100 controller。

（14）设置本机 SSH 密钥，注意需要手动输入"yes"及密码，如图 4-1-18 所示。

```
[root@controller ~]#ssh-keygen
[root@controller ~]#ssh-copy-id root@192.168.168.100
```

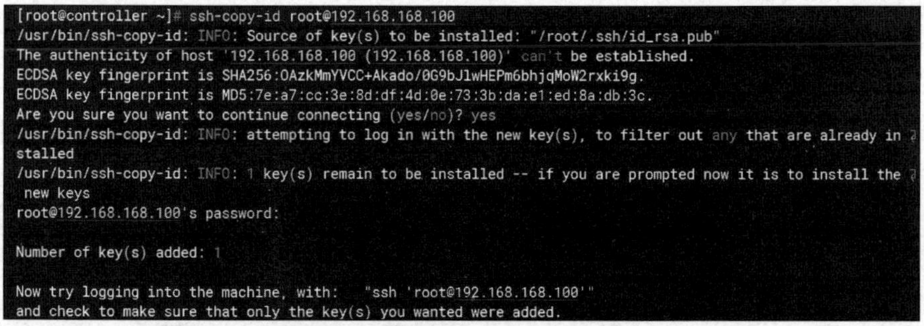

图 4-1-18　手动输入密码

（15）为防止增加后续任务的难度，通常在系统安装完毕后关闭系统的 SELinux 和防火墙两项功能。

① 禁用 SELinux。在超级用户终端使用"vi /etc/selinux/config"命令，将"SELINUX＝enforcing"修改为"SELINUX＝disabled"，然后切换至末行模式，输入"wq"保存并退出。

```
[root@controller ~]#vi /etc/selinux/config
SELINUX=disabled
```

重新启动系统使设置生效,使用 getenforce 命令进行检查,如果返回"disabled",即为设置成功。

```
[root@controller ~]#reboot
[root@controller ~]#getenforce
Disabled
```

② 禁用防火墙。在超级用户终端执行"systemctl stop firewalld"和"systemctl disable firewalld"命令,即可禁用防火墙,最后使用"systemctl status firewalld"命令查看验证防火墙状态,如图 4-1-19 所示。

```
[root@controller ~]#systemctl stop firewalld
[root@controller ~]#systemctl disable firewalld
[root@controller ~]#systemctl status firewalld
```

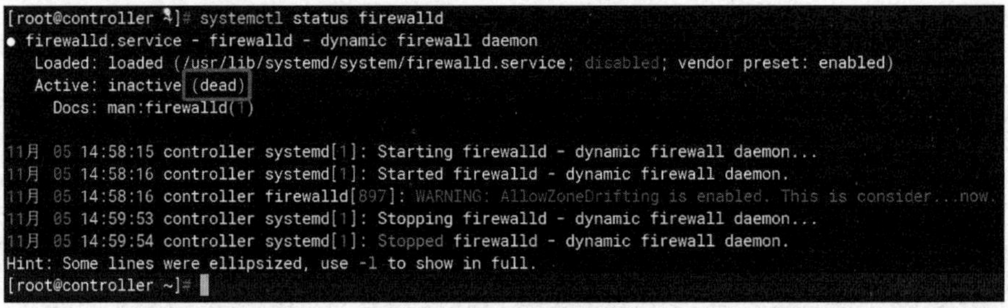

图 4-1-19 关闭防火墙

(16) 通过修改 yum 为本地,加快下载速度。去往阿里云官网"https://developer.aliyun.com/mirror/"下载 CentOS 7 的 yum 源仓库,如图 4-1-20 和图 4-1-21 所示。

图 4-1-20 从阿里云官网下载 yum 源仓库(1)

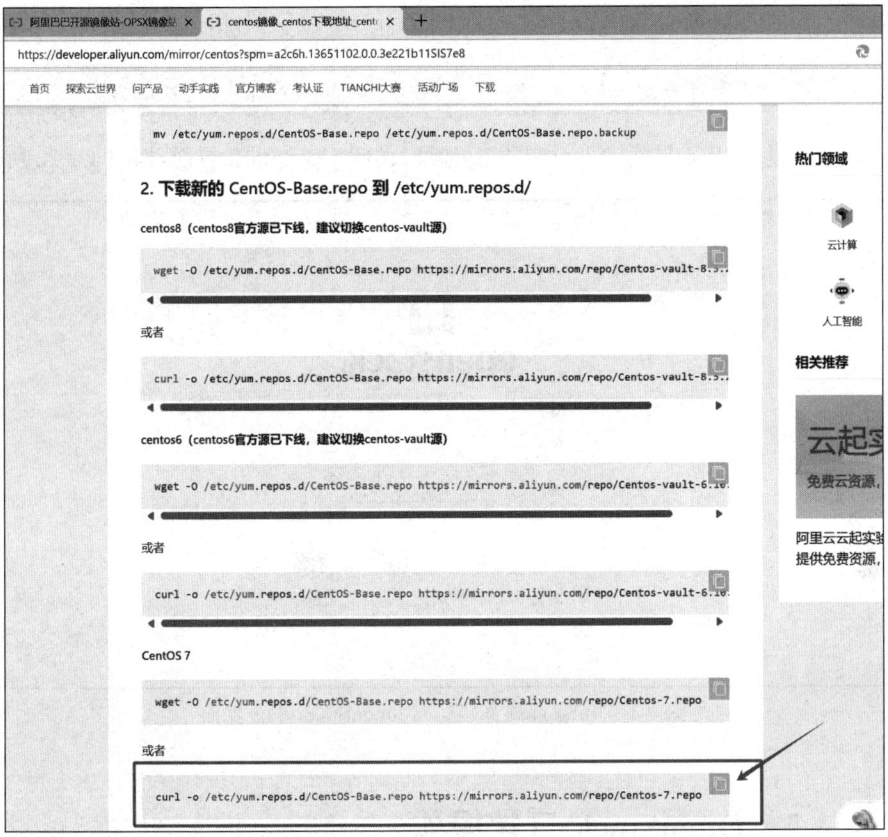

图 4-1-21　从阿里云官网下载 yum 源仓库(2)

```
[root@controller ~]#cd /etc/yum.repos.d/
[root@controller yum.repos.d]#rm -rf *
```

```
[root@controller yum.repos.d]#curl -o /etc/yum.repos.d/CentOS-Base.
repo https://mirrors.aliyun.com/repo/Centos-7.repo
```

(17) 下载常用软件包,命令如下。

```
[root@controller ~]#yum -y install vim bash-completion yum-utils
```

4.1.4.2　一键部署 OpenStack 平台

(1) 安装 OpenStack Stein 版本的 yum 库,通过以下命令安装 yum 源,由于 CentOS 官网已经停止了服务,需要用户自行寻找可用的源。

```
[root@controller ~]#yum install centos-release-openstack-stein
```

(2) 安装 packstack 工具,命令如下。

```
[root@controller ~]#yum -y install openstack-packstack
```

课堂笔记

教学视频

（3）安装 OpenStack allinone 一键部署 OpenStack 平台，这个过程非常漫长。

```
[root@controller ~]#packstack --allinone
```

（4）通过在 Web 界面输入对应的 IP 地址，访问 OpenStack 界面，如图 4-1-22 所示。

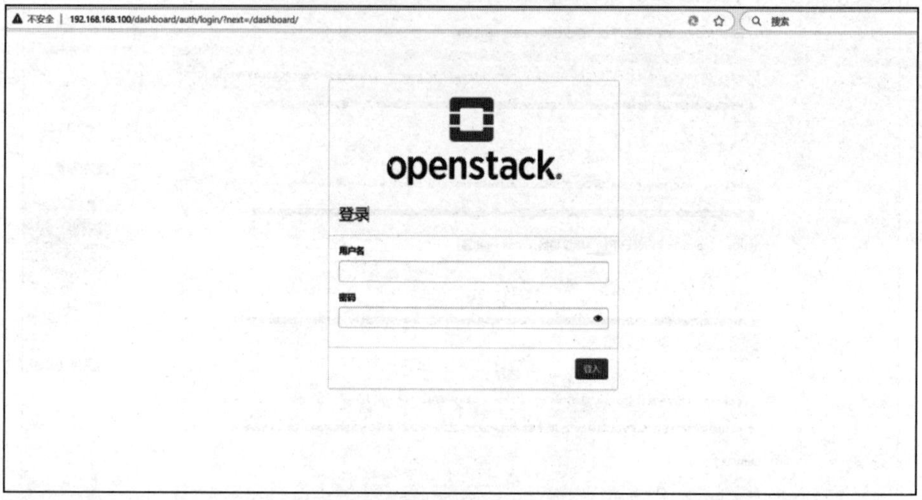

图 4-1-22　通过浏览器访问 OpenStack 平台界面

任务 4.2　OpenStack 日常操作

4.2.1　任务介绍

在部署好的 OpenStack 平台，通过 Web 登录 OpenStack 单节点系统，了解云平台的功能架构，理解云平台的工作流程，掌握云平台用户管理的基本操作。

4.2.2　任务分析

要顺利完成任务，首先需要进行任务需求分析，厘清其知识要求、技能要求。经过对任务的仔细研究，得出以下分析结果。

需求分析

- 了解 OpenStack 平台的工作原理。
- 掌握基于命令行管理 OpenStack 平台的方法。
- 了解基于 Web 界面管理 OpenStack 平台的方法。

知识要求

- 掌握 Liunx 命令的使用方法。
- 掌握 Web 界面各组件的功能。

技能要求

- 能够通过 Web 界面管理虚拟机的用户组。

教学视频

4.2.3　知识准备

4.2.3.1　Horizon 的原理

1. 基本概述

OpenStack Horizon 是一个开源的、基于 Web 的管理控制台,通过 Django 框架开发。它允许管理员和用户通过 Web 浏览器来管理和使用 OpenStack 资源,如虚拟机、存储、网络等。Horizon 提供了一个用户友好的界面,使最终用户能够轻松地操作云基础设施。

2. 工作原理

(1) 身份验证与授权

Horizon 通过 Keystone 服务实现用户的身份认证和授权。用户需要通过 Keystone 提供的认证机制进行登录,并获得相应的权限。在登录过程中,用户会向 Keystone 发送认证请求,Keystone 验证用户的身份后,会生成一个包含用户信息和权限的 Token,并返回给 Horizon。Horizon 使用这个 Token 来访问 OpenStack 的其他服务,并根据用户权限显示相应的操作选项。

(2) 资源管理

Horizon 与 OpenStack 的核心服务(如 Nova、Neutron、Cinder 等)进行交互,实现资源的统一管理。用户可以通过 Horizon 界面来创建、管理虚拟机实例、存储卷、网络接口等资源。Horizon 将这些操作转换为对 OpenStack API 的调用,并将结果展示给用户。

(3) API 交互

Horizon 的代码分为可重复使用的 Python 模块和展示模块。Python 模块负责与不同的 OpenStack API 进行交互,实现资源的创建、查询、修改和删除等操作。展示模块则负责将操作结果以图形化的方式展示给用户,提供直观的管理界面。

(4) 前后端分离

Horizon 采用前后端分离的设计架构。前端使用 HTML5、CSS3、JavaScript 等技术构建用户界面,负责与用户进行交互。后端则与 OpenStack 服务通信,处理用户的请求并返回结果。这种设计使前端界面可以更加灵活且易于维护。

(5) 多租户支持

Horizon 支持多租户环境,允许不同组织或部门在同一个云环境中拥有独立的资源池。每个租户都有自己的用户、角色和权限,可以独立地管理自己的资源。

3. 主要功能

Horizon 具有以下主要功能。

(1) 虚拟机管理。用户可以通过 Horizon 界面来创建、启动、停止、挂起、删除虚拟机实例。

(2) 存储管理。用户可以管理存储卷、快照等资源,并可以将存储卷连接到虚拟机上。

(3) 网络管理。用户可以创建和管理网络、子网、路由器等网络资源,并配置

IP 地址、安全组等网络属性。

（4）监控与报告。Horizon 提供了基本的资源使用情况统计和监控功能，能够帮助用户了解云环境的运行状态。

4. 部署与配置

（1）部署要求

部署 Horizon 需要给控制节点足够的内存（建议大于 2GB），并确保 Apache 服务器和 Django 环境已正确安装和配置。

（2）配置文件

Horizon 的配置文件通常位于/etc/openstack-dashboard/目录下，用户需要根据实际情况修改配置文件中的参数，如 OpenStack 服务的 URL、认证信息等。

综上所述，OpenStack Horizon 主要基于其作为 OpenStack 云平台的 Web 前端组件的角色，通过 Django 框架开发，与 OpenStack 的核心服务进行交互，实现资源的统一管理，它提供了用户友好的界面和强大的资源管理功能，使 OpenStack 的管理和使用变得更加简单、高效。

4.2.3.2　Keystone 的原理

1. Keystone 概述

OpenStack Keystone 是 OpenStack 云平台的身份认证和授权服务组件，为整个 OpenStack 平台提供了统一的身份认证和授权管理服务。它充当了 OpenStack 平台的身份管理者的角色，可以管理 OpenStack 平台的所有用户、租户、角色和服务等，保证了 OpenStack 平台的安全性和可控性。

2. 工作原理

（1）用户管理

Keystone 可以管理 OpenStack 平台的所有用户，包括管理员、普通用户和服务用户等。用户信息包括用户名、密码、角色、租户等，这些信息存储在 Keystone 的身份后端中，可以是 SQL 数据库、LDAP（轻量级目录访问协议）等。

（2）身份认证

当用户尝试访问 OpenStack 平台时，需要向 Keystone 提供自己的身份凭证（如用户名和密码）。Keystone 根据用户提供的身份凭证在身份后端进行身份校验。如果验证成功，Keystone 会生成一个包含用户信息和权限的 Token，并返回给用户。用户使用这个 Token 来访问 OpenStack 的其他服务，并在请求中携带这个 Token 以证明自己的身份。

（3）授权管理

Keystone 根据用户的角色和权限来控制他们对 OpenStack 资源的访问。管理员可以在 Keystone 中定义角色和权限，并将角色分配给用户或租户。当用户尝试访问某个资源时，Keystone 会检查用户的 Token 中是否包含访问该资源所需的权限。如果用户具有相应的权限，Keystone 会允许用户访问该资源，否则会拒绝访问。

（4）服务目录

Keystone 还提供了一个服务目录，其中包含了 OpenStack 平台中所有服务的信息。这些信息包括服务的名称、类型、端点（Endpoint）等。用户可以通过Keystone的服务目录来查找和访问OpenStack平台中的服务。

3. 主要功能

Keystone具有以下主要功能。

（1）用户管理

用户管理包括用户的创建、修改、删除和查询等操作，以及用户组的创建和管理操作。

（2）认证和授权管理

Keystone提供多种身份认证方式（如用户名和密码、令牌、证书等）和授权策略（如基于角色的访问控制、基于策略的访问控制等）。

（3）服务目录和终端管理

管理OpenStack平台的所有服务，包括计算、网络、存储、映像和对象存储等服务，以及多种终端类型（如Web、命令行界面和API等）的管理。

（4）可扩展性

Keystone支持多种插件和扩展，可以扩展用户认证和授权、服务目录和终端管理等方面的功能。

（5）多租户支持

Keystone支持多租户的管理和控制，可以为不同的用户和服务提供不同的租户空间。

（6）高可用性和容错性

Keystone可以在多个节点之间进行身份认证和授权的负载均衡及故障恢复。

4. 技术架构

Keystone的技术架构如下。

（1）身份后端。用于存储用户、角色和权限信息。

（2）API层。提供RESTful API供其他组件调用。

（3）服务目录。存放OpenStack各个服务的相关信息。

OpenStack Keystone主要基于其作为OpenStack云平台的身份认证和授权服务组件的角色，通过管理用户、身份认证、授权管理、服务目录和终端管理等功能，为OpenStack平台提供安全和可控的身份管理服务。

4.2.3.3　Neutron的原理

1. 架构与组件

Neutron采用插件化的架构，利用各种插件来支持不同的网络技术和设备，使Neutron能够灵活地与不同的网络设备和技术集成，以满足不同的网络需求。

2. 核心组件

（1）Neutron Server

Neutron Server负责处理Neutron API的请求，并通过调用其他组件的功能来提供网络服务，提供REST API接口，以便用户和其他组件使用Neutron的功能和服务。

（2）插件

插件（Plugin）用于连接 Neutron Server 和底层的网络设备，负责实现和管理虚拟网络资源。常见的插件包括 Open vSwitch 插件、Linuxbridge 插件等。

（3）代理

代理（Agent）是运行在网络节点上的实体，用于处理具体的网络功能和操作，包括 L3 代理（提供路由功能）、DHCP 中继代理（提供 DHCP 中继服务）、Metadata 代理（处理云平台元数据的访问）等。

3. 虚拟网络的创建与管理

（1）虚拟网络抽象

Neutron 通过虚拟网络抽象，将底层物理网络转化为虚拟网络，为租户提供独立的、可定制的网络环境。虚拟网络包括子网、路由和安全组等组件，通过插件和代理来实现不同技术的网络隔离和功能。

（2）网络拓扑的创建

用户可以通过 API 动态创建、配置和管理虚拟网络拓扑，包括子网、路由、防火墙等。Neutron 允许租户在 OpenStack 平台上创建和管理虚拟网络，包括定义网络拓扑、子网范围、IP 地址分配等。

4. 网络功能与技术支持

（1）虚拟机之间的通信

Neutron 负责虚拟机之间的通信，提供网络连接服务，使虚拟机之间可以互相通信。

（2）网络隔离与安全

Neutron 可以实现虚拟网络的隔离，使虚拟网络相互独立，提高网络安全性。它还提供防火墙服务，用于保护虚拟机实例和网络资源免受非法访问和攻击。

（3）负载均衡与 VPN 支持

Neutron 提供负载均衡服务，用于在多个虚拟机实例之间分配流量负载，以提高应用程序的性能和可靠性。它还支持虚拟专用网络（VPN），用于在 OpenStack 云中安全地传输数据。

（4）SDN 集成

Neutron 提供与软件定义网络（SDN）控制器的集成，以实现更高级的网络功能。通过与 SDN 控制器的交互，Neutron 可以实现网络自动化、动态路由等功能。

5. 工作流程

（1）用户请求处理

当用户通过 API 发送网络操作请求时，Neutron Server 接收并处理这些请求。它通过远程过程调用（RPC）机制与其他服务通信，并调用相应的插件和代理来执行具体的网络操作。

（2）网络资源配置与更新

插件负责实现具体的网络功能和技术支持，它们通过 API 与 Neutron Server

通信,接收和处理网络请求。代理则负责在网络节点上处理具体的网络功能和操作,如数据包转发、IP地址分配等。

由此看来,OpenStack Neutron 通过插件化的架构将底层物理网络转化为虚拟网络,并借助核心服务、插件和代理等组件提供各种网络功能和技术支持。它为云平台提供了强大的网络管理和操作能力,满足了云计算应用对网络的高要求。

4.2.4　任务实施

4.2.4.1　修改 OpenStack 管理员默认密码

(1) 在命令行查看 Keystone 登录密码,先使用 admin 账户及默认密码登录,如图 4-2-1 所示。

```
root@controller ~]#cat keystonerc_admin
```

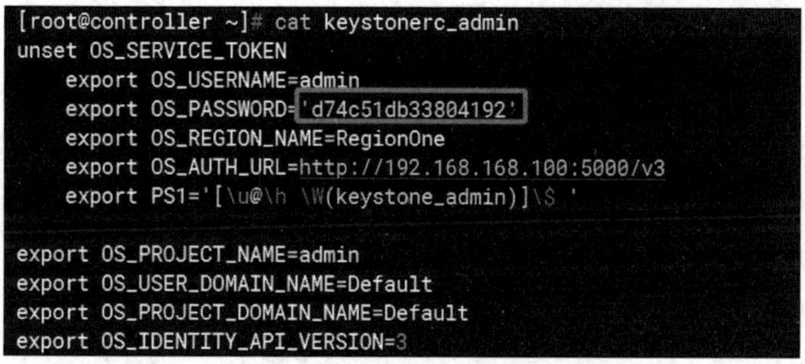

图 4-2-1　查看平台登录密码

(2) 在浏览器界面输入 admin 账户和密码登录 OpenStack 平台,如图 4-2-2 所示,登录成功如图 4-2-3 所示。

图 4-2-2　使用 admin 账户登录 OpenStack 平台

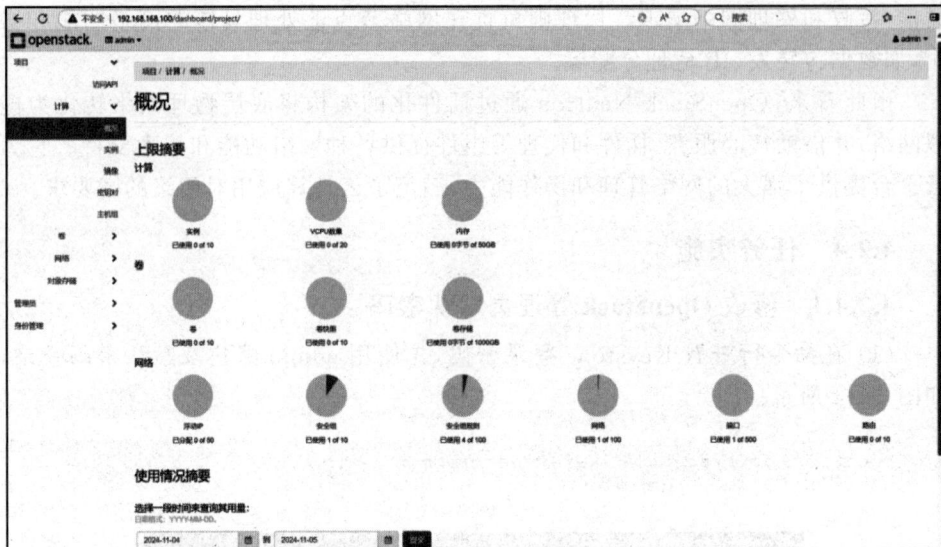

图 4-2-3　登录成功

（3）通过在 Web 界面操作，修改 admin 账号的密码，首先选中界面右上角的 admin 账号，单击"设置"选项，如图 4-2-4 所示。

图 4-2-4　选中"设置"选项

（4）在如图 4-2-5 所示的界面中再次选中左侧"设置"里的"修改密码"选项。

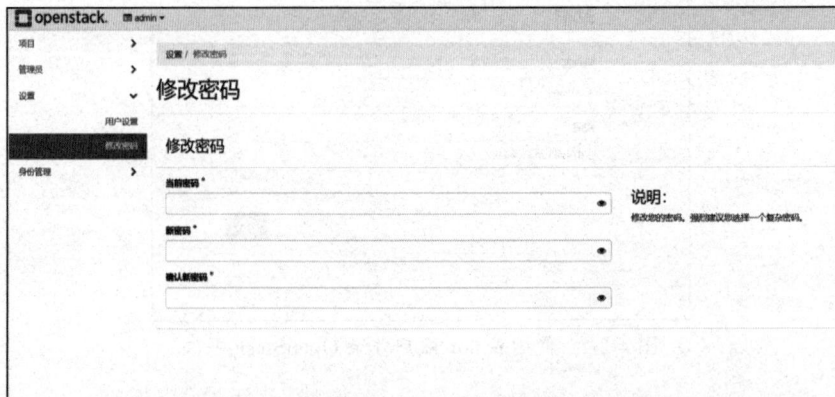

图 4-2-5　选中"修改密码"选项

（5）将密码修改为 admin，如图 4-2-6 所示。注意：真实环境下不允许修改为简单密码！

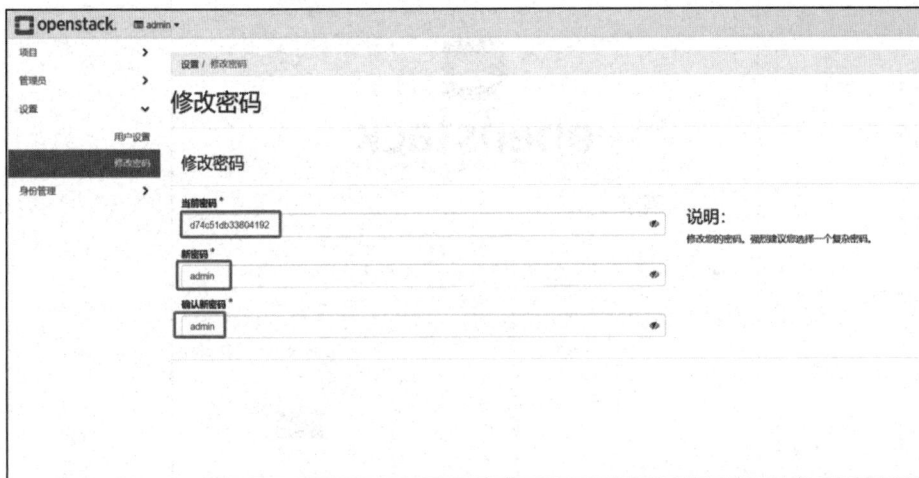

图 4-2-6　修改密码

（6）在命令行界面输入"cat keystonerc_admin"命令查询发现，真实的服务器端并没有保存 Web 界面的密码，所以需要通过在命令行界面修改密码，使下次登录时将密码保存在服务器端。

```
root@controller ~]#vi keystonerc_admin
```

输入如下命令修改密码。

```
export OS_PASSWORD='admin'
```

4.2.4.2　普通用户登录

（1）使用 demo 用户登录，使用命令查看 demo 用户的密码，如图 4-2-7 所示。OpenStack 安装过程中会默认创建两个云用户账号，一个是云管理员账号 admin，另一个是用于测试的普通用户账号 demo。

```
root@controller ~]#cat keystonerc_demo
```

图 4-2-7　查看密码

（2）在 Web 界面使用 demo 用户账号登录，如图 4-2-8 所示。

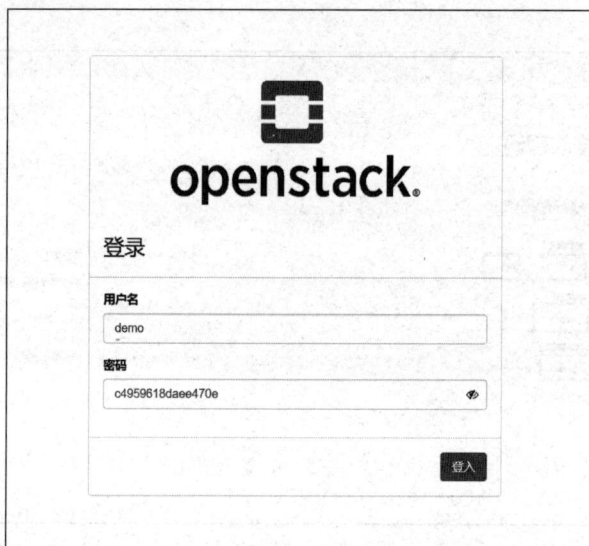

图 4-2-8　使用 demo 用户账号登录

（3）登录后进入如图 4-2-9 所示的界面，可以看到当前账号为普通用户 demo，如图 4-2-9 所示。

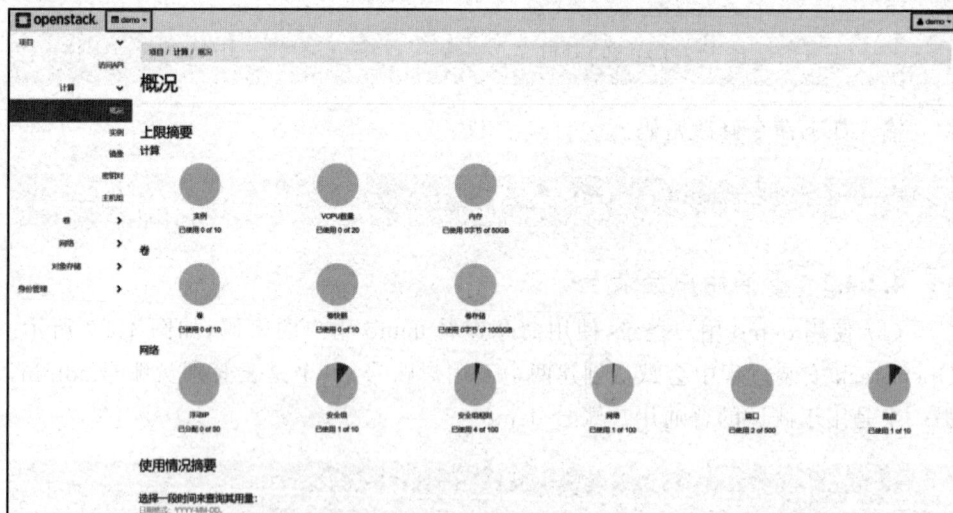

图 4-2-9　demo 用户界面

4.2.4.3　管理员用户的登录管理

（1）使用 admin 用户登录，并且在"身份管理"→"项目"中创建一个新项目，项目名称为"scyd"，如图 4-2-10 所示。

（2）新创建一个用户，用户名称为 scyd-xiaoming，密码为 admin，并且加入刚刚创建的 scyd 项目中，管理角色为 admin，如图 4-2-11 所示。

图 4-2-10 创建新项目

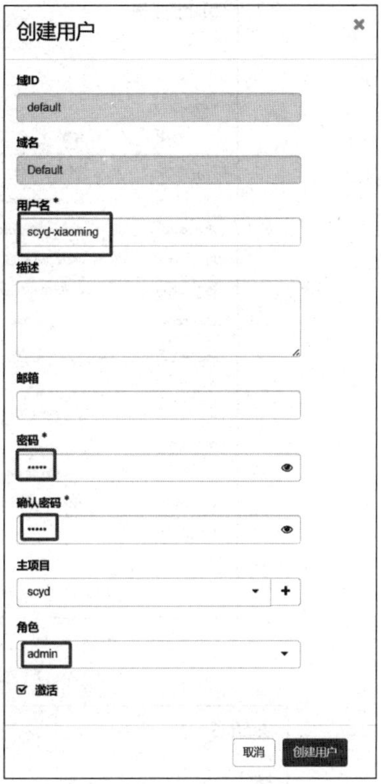

图 4-2-11 创建新角色

（3）新创建一个组，组名为 scyd-group，如图 4-2-12 所示。

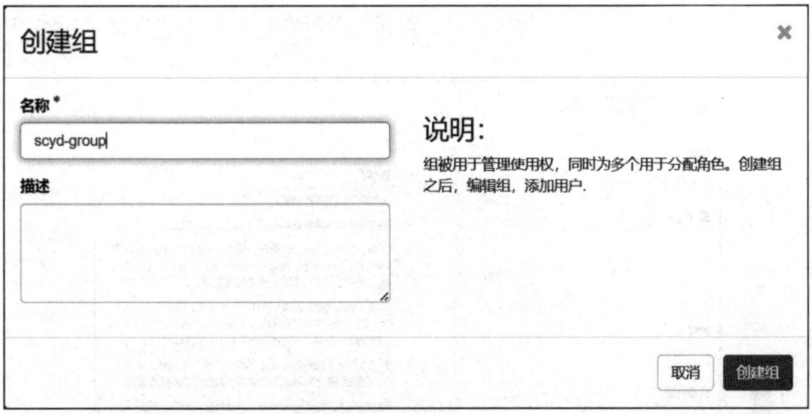

图 4-2-12 创建新组

（4）进入创建的 scyd-group 中，选择"添加用户"，将 demo 用户以及创建的用户 scyd-xiaoming 添加至 scyd-group 组中，如图 4-2-13 所示。

（5）创建一个新角色，名称为 scyd-role，如图 4-2-14 所示。

（6）新建一个应用程序凭证，新建一个 Token，过期日期延续一天，时间选择为 00:00，如图 4-2-15 所示。

图 4-2-13　scyd-group 组中添加成员

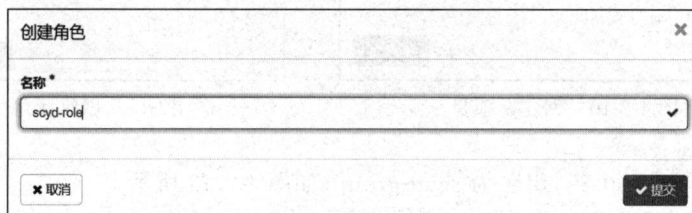

图 4-2-14　创建一个角色

图 4-2-15　创建应用程序凭证

（7）查看新建的应用程序凭证 ID,如图 4-2-16 所示。

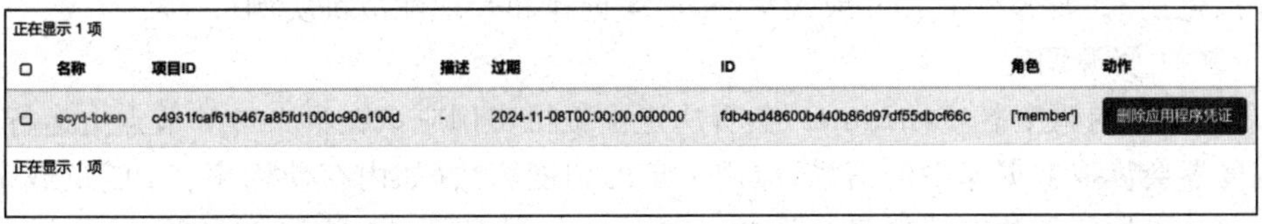

	名称	项目ID	描述	过期	ID	角色	动作
	scyd-token	c4931fcaf61b467a85fd100dc90e100d	-	2024-11-08T00:00:00.000000	fdb4bd48600b440b86d97df55dbcf66c	['member']	删除应用程序凭证

正在显示 1 项

正在显示 1 项

图 4-2-16   查看应用程序凭证

任务 4.3   OpenStack 新建云主机操作

4.3.1   任务介绍

在已经安装好的 OpenStack 平台上创建虚拟机实例,达到平台虚拟化下发实例的目的。

4.3.2   任务分析

要顺利完成任务,首先需要进行任务需求分析,厘清其知识要求、技能要求。经过对任务的仔细研究,得出以下分析结果。

需求分析
- 了解 Nova 的工作原理。
- 了解 cinder 的工作原理。

知识要求
- 掌握 Web 界面路由的创建方法。
- 掌握 Web 界面实例的创建方法。
- 掌握 Web 界面控制虚拟机的方法。

技能要求
- 能够通过命令管理虚拟机生命周期。

4.3.3   知识准备

4.3.3.1   Nova 的原理

1. Nova 概述

OpenStack Nova 是 OpenStack 云计算平台的核心组件,主要负责管理和部署虚拟机实例。它提供了虚拟机实例的创建、启动、暂停、恢复、删除等功能,并支持对实例进行资源调度、监控和管理。Nova 通过与其他 OpenStack 组件(如 Neutron 网络服务和 Cinder 块存储服务)的集成,实现了完整的云计算平台功能。

2. 工作原理

（1）虚拟机生命周期管理

Nova 负责虚拟机实例的全生命周期管理,包括创建、启动、暂停、恢复和删除等操作。当用户请求创建一个虚拟机实例时,Nova 会接收这个请求,并根据用户

课堂笔记

的资源需求和调度策略选择合适的计算节点来部署虚拟机。Nova 会调用底层的虚拟化技术(如 KVM、Xen 或 VMware)来创建和管理虚拟机实例。

(2) 资源调度

Nova 的调度器(Scheduler)负责决定虚拟机实例应该在哪个计算节点上运行。调度器会读取数据库中的信息,应用一定的调度算法(如内存使用率、CPU 负载率等),从可用资源池中选择最合适的计算节点。调度器支持多种调度策略,如随机调度、过滤器调度和缓存调度等,以满足不同场景下的资源需求。

(3) 与其他组件的交互

Nova 与 Glance 镜像服务交互,以获取虚拟机实例所需的镜像文件。

Nova 与 Neutron 网络服务组件交互,以实现虚拟网络的创建、配置和管理。

Nova 与 Cinder 块存储服务交互,以提供虚拟机实例的块存储支持。

Nova 还与 Keystone 身份认证服务交互,以进行用户身份验证和授权。

(4) API 接口

Nova 提供了一个 REST 风格的 API 接口,用于接收和响应来自最终用户的计算 API 调用。用户可以通过该 API 接口管理虚拟机实例,包括启动、停止、暂停和删除等操作。Nova 的 API 接口与 Amazon Web Services (AWS) EC2 API 兼容,便于用户和开发者进行集成和扩展。

3. 主要组件

(1) Nova API

Nova API 是外部访问 Nova 服务的唯一途径。提供了 REST 风格的 API 接口,用于接收和响应计算 API 调用。

(2) Nova Scheduler

Nova Scheduler 负责决定虚拟机实例应该在哪个计算节点上运行,应用调度算法从可用资源池中选择最合适的计算节点。

(3) Nova Compute

在选定的计算节点上创建、运行和管理虚拟机实例,与虚拟化技术交互以管理虚拟机实例。

(4) Nova Conductor

Nova Conductor 是 Nova Compute 服务与数据库之间的中间件,处理需要协调的请求(如构建虚拟机或调整虚拟机大小),并提供数据库访问控制。

(5) Nova Placement API

Nova Placement API 负责追踪记录资源提供者的目录及资源使用情况,以便 Nova Scheduler 在调度虚拟机实例时能够获取最新的资源信息。

综上所述,OpenStack Nova 主要基于其作为 OpenStack 云计算平台的计算服务组件的角色,通过管理虚拟机实例的全生命周期、资源调度、与其他组件的交互以及提供 API 接口等功能,为 OpenStack 平台提供强大的计算服务。

4.3.3.2 Cinder 的原理

1. Cinder 概述

Cinder 是 OpenStack 的核心组件,专注于提供块存储服务。它允许用户创建和管理持久化的块设备,这些设备可以附加到虚拟机实例上,实现数据的持久性和可靠性。Cinder 的前身是 Nova 中的 nova-volume 组件,随着 OpenStack 的发展,该组件被剥离出来成为一个独立的 OpenStack 组件。

2. 工作原理

(1) 卷管理

Cinder 支持卷的创建、删除、扩容、缩小等操作,用户可以通过 API 或命令行接口来管理卷,指定卷的大小、类型、名称、描述等信息。

卷的创建过程涉及多个组件的交互。首先,用户通过 Cinder API 发送创建卷的请求。然后,Cinder API 将请求发送给 Cinder Scheduler,Cinder Scheduler 根据配置的调度算法选择合适的存储节点来创建卷。最后,Cinder Volume 在选定的存储节点上执行实际的卷创建操作。

(2) 卷快照与备份

Cinder 支持对卷进行快照操作,即对卷在某个时刻的状态进行备份,快照可以用于数据的保护和还原,确保数据的安全性,用户可以通过 Cinder API 创建卷的快照,并随时恢复快照以还原数据,Cinder 还支持卷的备份功能,可以将卷的数据备份到其他地方进行保护,并在需要时恢复数据。

(3) 存储后端支持

Cinder 支持多种存储后端,包括本地存储、iSCSI、NFS、Ceph(分布式文件系统)、GlusterFS 等。管理员可以根据需求选择和配置不同的存储后端,以满足不同的存储需求,Cinder 通过 Driver 架构支持多种后端存储方式,使 Cinder 能够灵活地与不同的存储系统进行集成。

(4) 多租户支持

Cinder 支持多租户模式,可以为不同的租户提供独立的块存储服务,并限制不同租户的配额和权限,有助于实现资源的隔离和安全性,确保不同租户之间的数据不会相互干扰。

(5) 高可用性和容错性

Cinder 具有高可用性和容错性设计,可以自动处理故障切换和负载均衡,保证存储服务的可用性和数据的安全性,它支持多副本和数据冗余机制,进一步提高了数据的可靠性。

3. 主要组件

(1) Cinder API

Cinder API 提供 REST API 接口,用于接收用户请求并与其他组件进行交互。它是 Cinder 组件的门户,所有关于卷的操作请求都首先由 Cinder API 处理。

(2) Cinder Scheduler

Cinder Scheduler 负责卷的调度和分配工作,通过调度算法选择最合适的存储节点来创建卷,需要考虑存储后端的可用性、性能和容量等因素。

(3) Cinder Volume

Cinder Volume 提供卷的管理功能,包括卷的创建、删除、扩容、缩小等操作。

它运行在存储节点上,与存储后端进行交互,以实现卷的生命周期管理。

(4) Cinder Backup

Cinder Backup 处理卷的备份与恢复操作,用户可以通过 Cinder Backup 创建卷的备份,并在需要时恢复数据。

综上所述,OpenStack Cinder 主要基于其作为 OpenStack 云计算平台的块存储服务组件的角色,通过提供卷管理、卷快照与备份、存储后端支持、多租户支持以及高可用性和容错性等功能,为 OpenStack 平台提供强大的块存储服务。

4.3.4 任务实施

4.3.4.1 创建内部网络和外部网络

(1)使用 admin 账号,登录到 OpenStack 平台,选择"网络",新建一个外部网络,命名为 pub,"项目"设置为"admin","供应商网络类型"选择"VXLAN","段 ID"为"12","管理状态"为"UP",同时勾选"共享的""外部网路"复选框,单击"提交"按钮,如图 4-3-1 所示。

(2)选择网络名称,如图 4-3-2 所示。

(3)选择"子网",单击"创建子网"按钮创建一个新子网,如图 4-3-3 所示。

(4)设置"子网名称"为"pub-subnet",网络地址为和服务器同一网段的 IP,如图 4-3-4 所示。

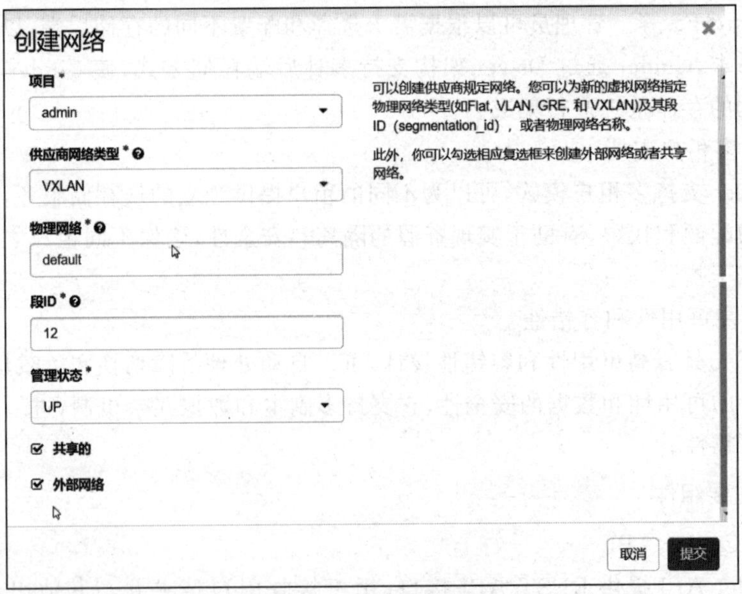

图 4-3-1　新建外部网络

(5)切换至"子网详情"选项卡,分配 DHCP 地址池范围为 192.168.106.10～192.168.106.20,然后完成创建,如图 4-3-5 所示。

(6)创建内部网络,选择"网络",新建一个内部网络,设置"网络名称"为"pri",勾选"创建子网"复选框,如图 4-3-6 所示。

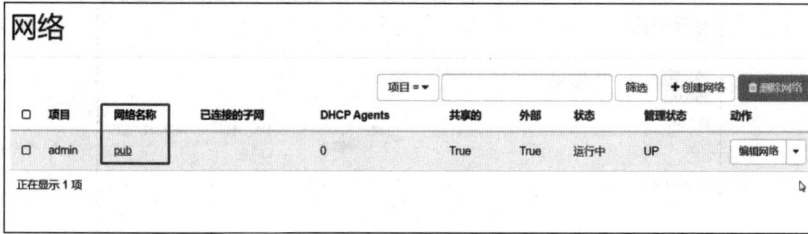

图 4-3-2　选择网络名称

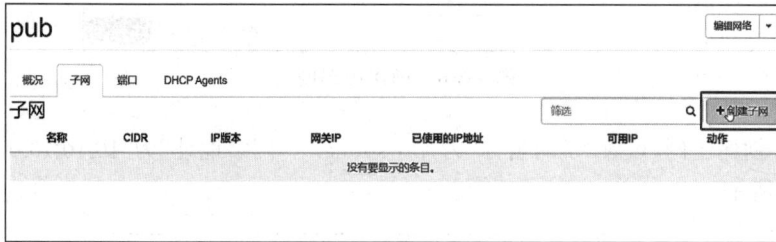

图 4-3-3　创建子网

图 4-3-4　设置子网属性

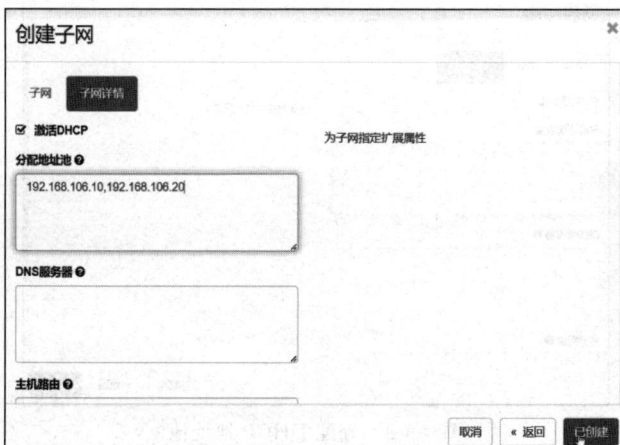

图 4-3-5　分配 DHCP 地址池范围

课堂笔记

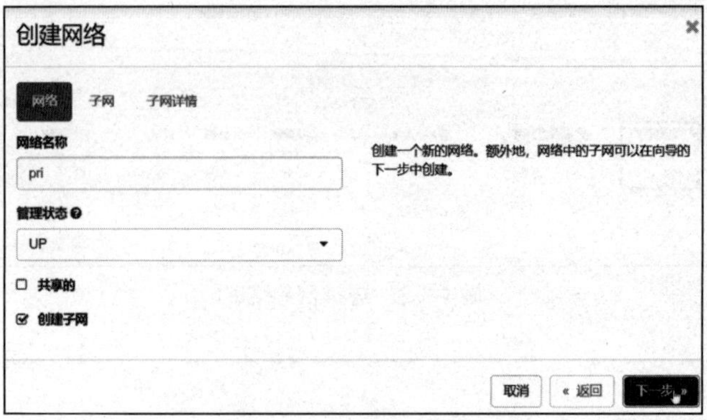

图 4-3-6　创建内部网络

（7）创建子网，设置“子网名称”为“pri-subnet”，“网络地址”为“10.10.10.0/24”，如图 4-3-7 所示。

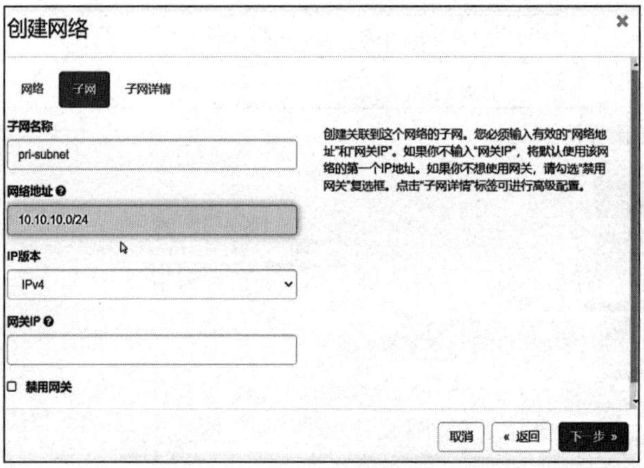

图 4-3-7　创建内部子网

（8）分配 DHCP 地址池。分配范围为 10.10.10.10 至 10.10.10.20，然后创建网络，如图 4-3-8 所示。

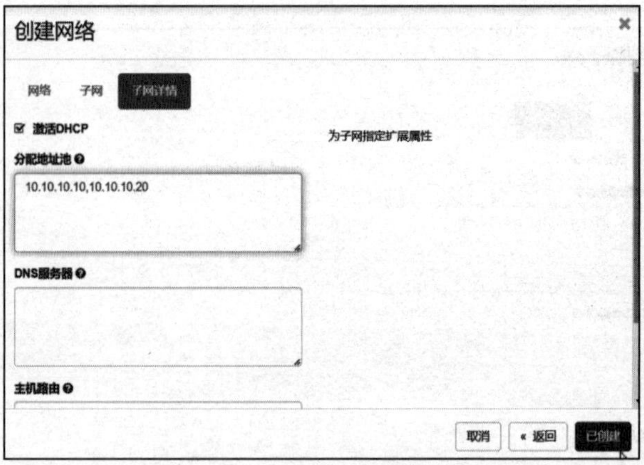

图 4-3-8　分配 DHCP 地址池

4.3.4.2　创建路由

（1）创建路由，连接内部网络和外部网络。选择"路由"，单击"新建路由"按钮，如图 4-3-9 所示。

（2）新建路由，设置"路由名称"为"router1"，外部网络选择之前创建的 pub，然后单击"新建路由"，如图 4-3-10 所示。

（3）创建好路由后，查看网络拓扑，并单击"增加接口"按钮，如图 4-3-11 所示。

课堂笔记

教学视频

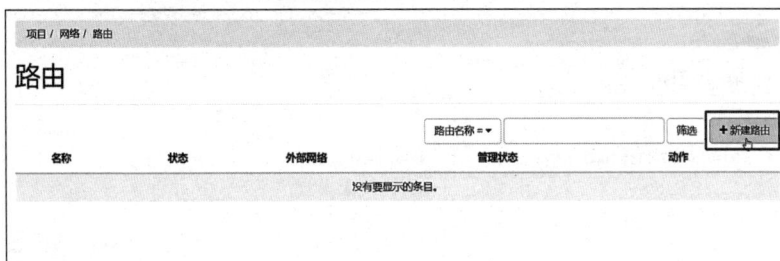

图 4-3-9　选择新建路由

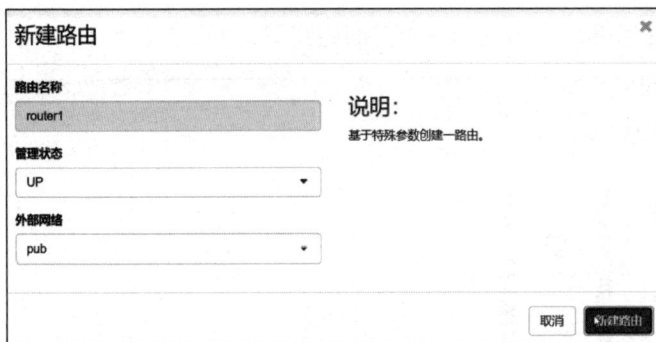

图 4-3-10　新建路由

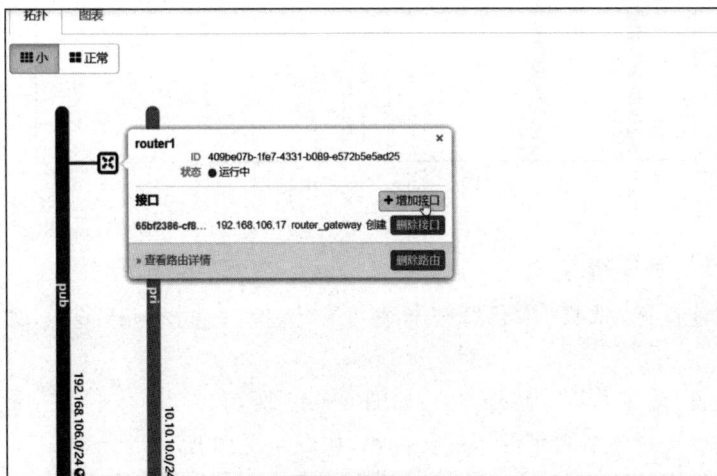

图 4-3-11　增加接口

（4）选择"子网"为新建的 pri-subnet 子网，如图 4-3-12 所示。

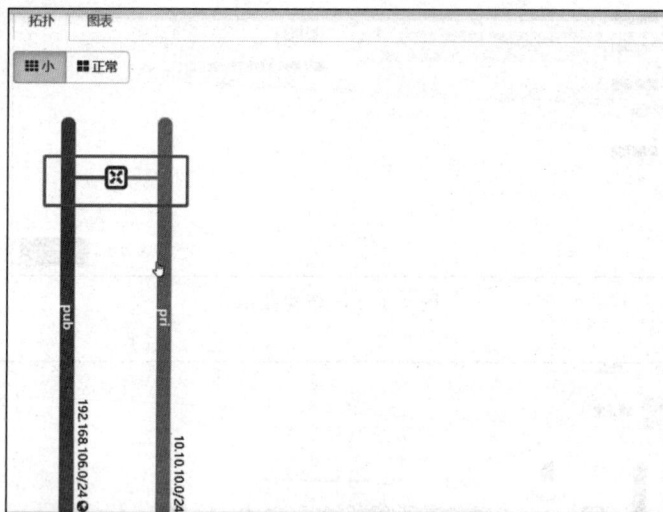

图 4-3-12　选择子网

（5）查看拓扑图，看内外网是否已经连接，如图 4-3-13 所示。

图 4-3-13　查看拓扑图

4.3.4.3　制作镜像

（1）创建镜像，选择"项目"→"计算"→"镜像"，选择创建镜像，如图 4-3-14 所示。

（2）设置"镜像名称"为"cirros"，如图 4-3-15 所示。

（3）文件选择本机自带的压缩文件包，如图 4-3-16 所示。

（4）选择格式为"QCOW2-QEMU 模拟器"，单击"创建镜像"按钮，如图 4-3-17 所示。

（5）刷新界面，查看镜像是否创建成功，如图 4-3-18 所示。

图 4-3-14　创建镜像

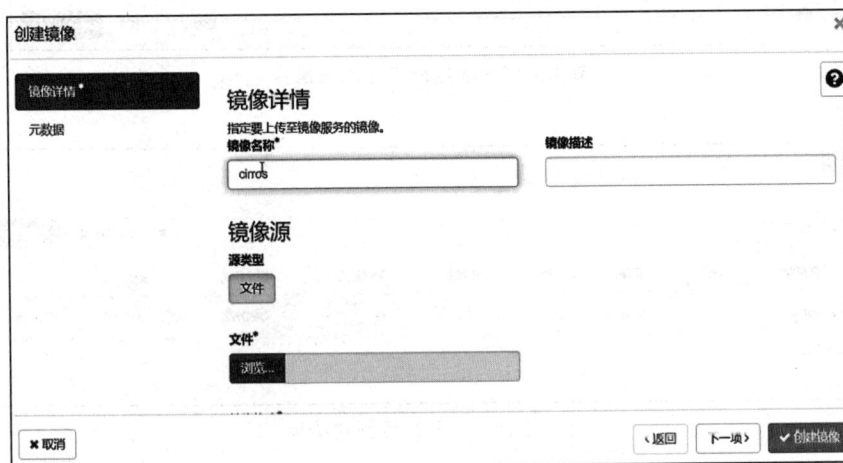

图 4-3-15　设置镜像名称

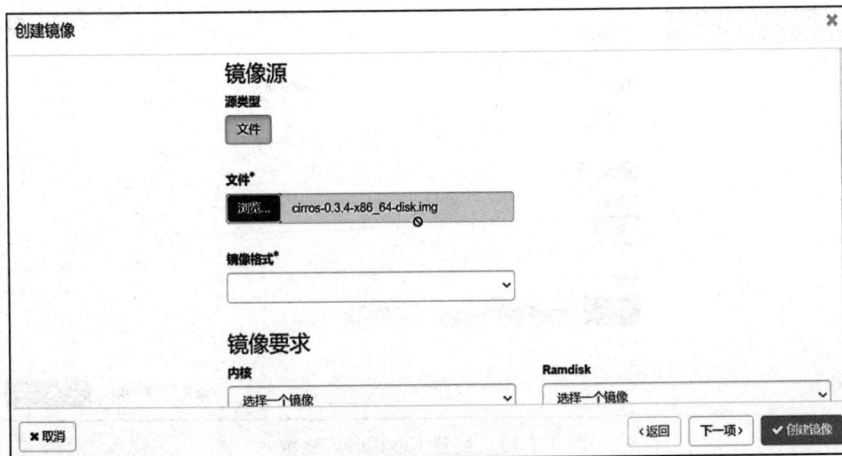

图 4-3-16　选择本机自带的压缩文件包

（6）创建 CentOS 7 镜像，首先选择"创建镜像"，设置"镜像名称"为"centos7"，文件选择创建好的 centos7.qcow2，如图 4-3-19 所示。

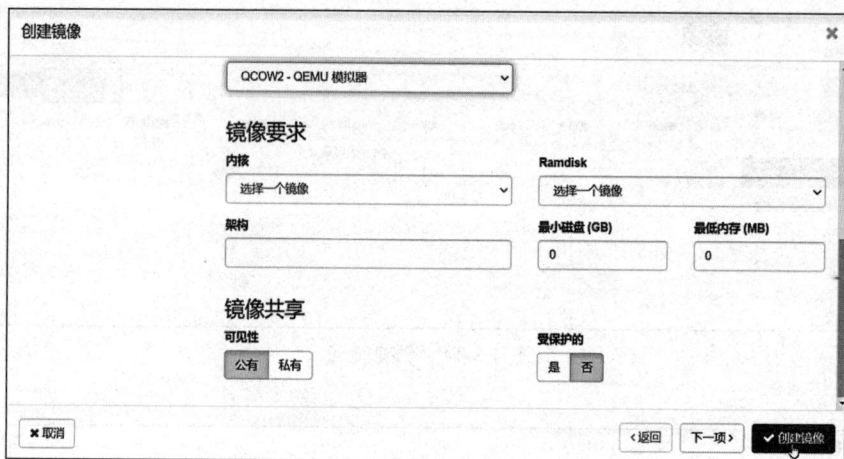

图 4-3-17　选择格式并创建镜像

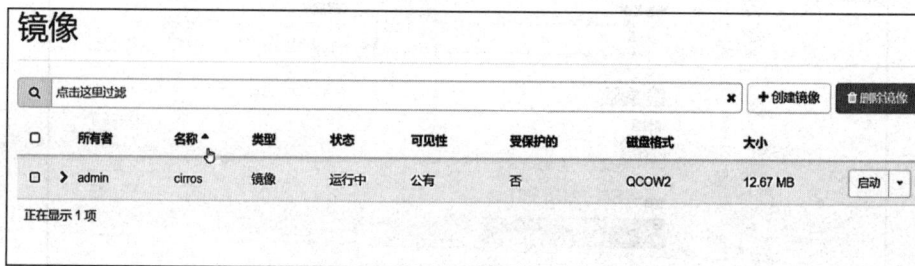

图 4-3-18　查看镜像创建结果

图 4-3-19　创建 CentOS 7 镜像

（7）设置"镜像格式"为"QCOW2-QEMU 模拟器"，单击"创建镜像"按钮，如图 4-3-20 所示。

（8）刷新系统，查看镜像是否创建成功，如图 4-3-21 所示。

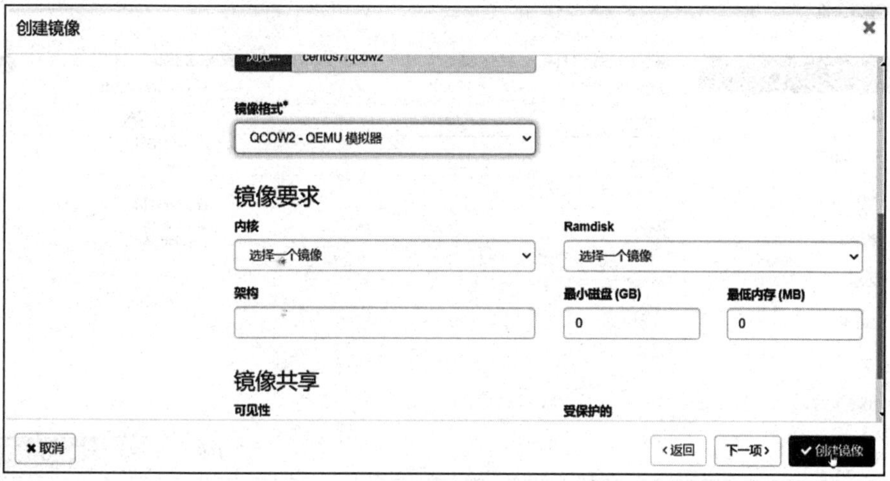

图 4-3-20　选择格式并创建镜像

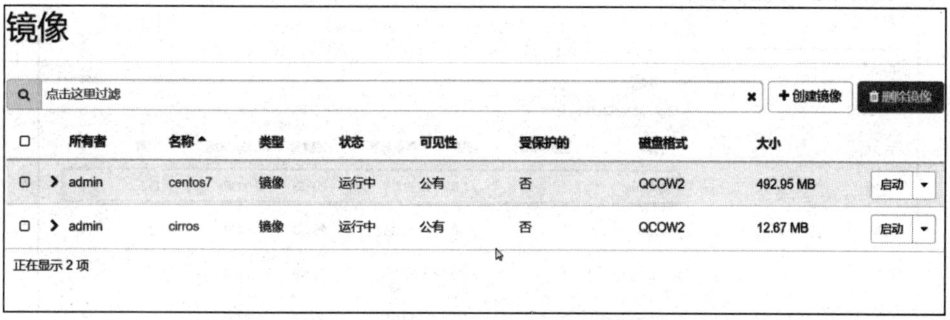

图 4-3-21　刷新并查看镜像创建结果

4.3.4.4　新建实例主机

（1）创建实例，选择创建的 cirros 镜像，单击"启动"按钮，如图 4-3-22 所示。

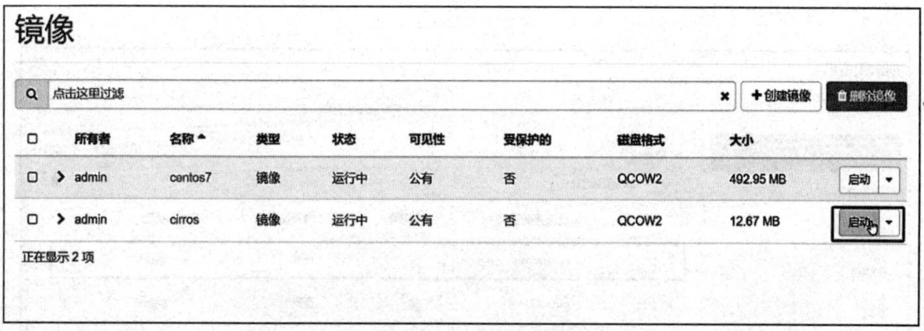

图 4-3-22　创建实例

（2）设置所创建的云主机的名称为"cirros"，如图 4-3-23 所示。

（3）源已经自动选好，需选择云主机类型，选择最小规格，如图 4-3-24 所示。

（4）网络选择创建的内部网络 pri，然后创建云主机，如图 4-3-25 所示。

教学视频

图 4-3-23 设置云主机名称

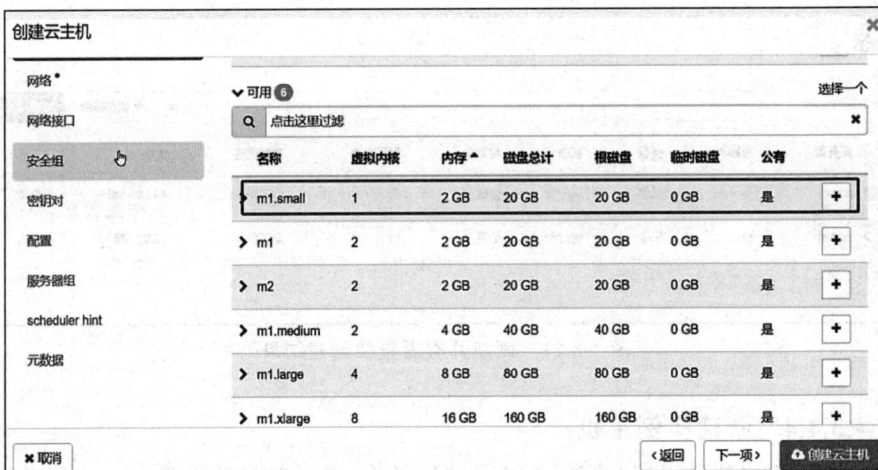

图 4-3-24 选择云主机类型

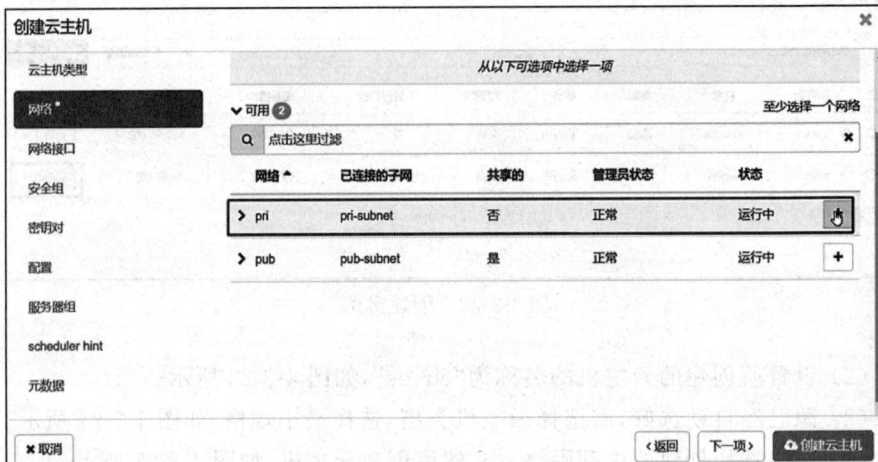

图 4-3-25 选择网络

（5）选择"项目"→"计算"→"云主机数量"查看新创建的云主机，如图 4-3-26 所示。

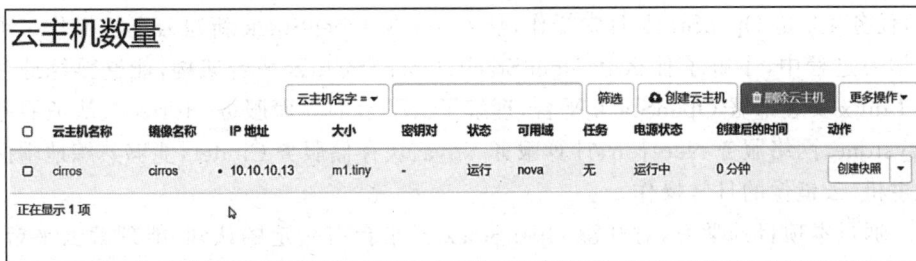

图 4-3-26　查看新创建的云主机

（6）选中云主机 cirros，打开云主机控制台，如图 4-3-27 所示。

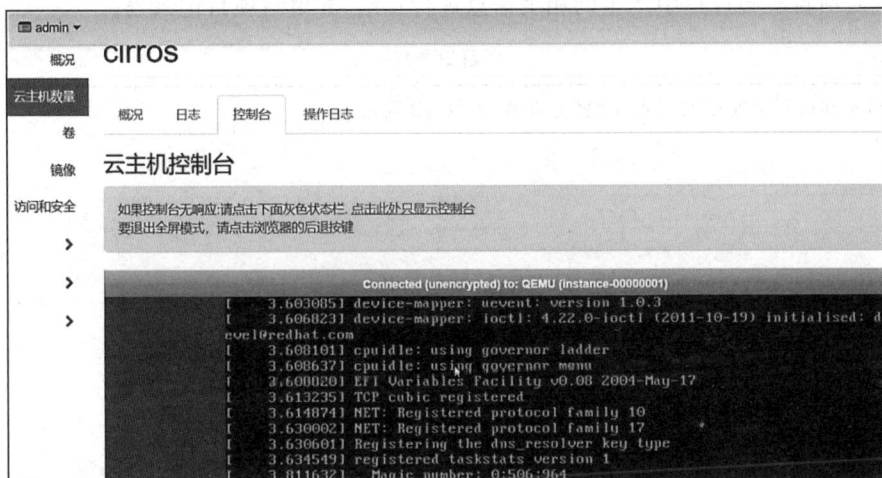

图 4-3-27　打开云主机控制台

（7）通过云端显示的用户名和密码，登录到云主机，如图 4-3-28 所示。

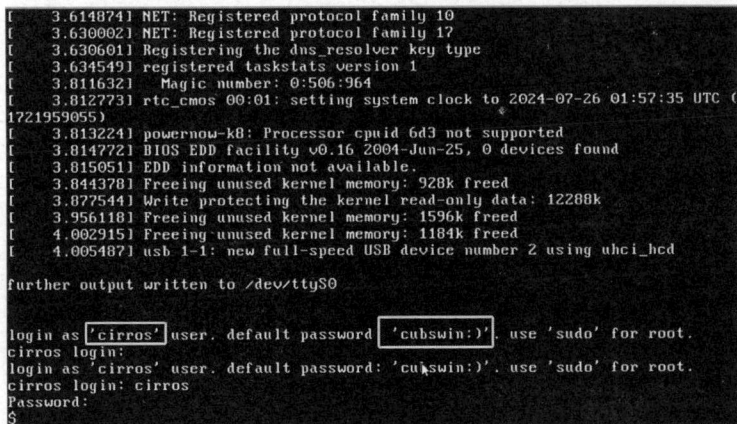

图 4-3-28　登录到云主机

项目总结

项目 4"OpenStack 云平台"包含 3 个任务：任务 4.1 是 OpenStack 云平台部署，任务 4.2 是 OpenStack 日常操作，任务 4.3 是 OpenStack 新建云主机操作。项目学习过程中，了解了什么是 OpenStack、OpenStack 云平台架构，能够熟练地基于 Linux 安装部署 OpenStack 平台，理解了云平台的界面服务 Horizon、认证服务 Keystone、网络服务 Neutron、计算服务 Nova、块存储服务 Cinder，能够熟练地掌握云主机、云镜像的日常操作。

通过本项目的学习，对开源 OpenStack 云平台有一定的认知，能理解云平台、云服务、云存储、云网络等基本概念和相关基础理论，并能够熟练掌握 OpenStack 平台的日常操作，建立对云平台的理解和认知。为下一个项目的学习打下坚实的基础。

对项目实施过程中产生的相关信息进行总结，并填写项目记录表。

项目记录表

项目实施过程中使用的配置参数(主机名、密码、IP 等)：

项目实施过程中需要掌握的关键点：

项目实施过程中遇到的异常问题：

项目 5

企业云平台应用

项目背景

　　传统数据中心管理存在资源"瓶颈"、信息"孤岛"、标准不一、系统复杂、服务水平低下等诸多问题,随着信息化技术的飞跃发展,这些问题越发严峻,IT 的整体管控模式亟须向云化模式转型。为此,越来越多的企业和组织正着力于传统 IT 向云化 IT 的转变,并通过云计算技术和服务来实现 IT 的统一运营,提升运营效益。在业务发展和数字化转型的过程中,越来越多的企业期望 IT 部门能够敏捷应对持续演变的业务需求,并通过智能应用分析海量的数据,以提高企业的数字化和智能化水平。

　　新华三 CloudOS 作为云与智能平台,聚合了 AI(人工智能)、大数据、IoT 等多种技术能力及百态行业云场景化能力,借助强大算力与海量存储,依托数据智能分析手段,帮助用户在复杂多样的 IT 环境中及时交付出色的应用程序和功能,并为容器化、微服务等重要 IT 举措提供支持,助力百行百业用户实现数字化转型。

　　本项目旨在理解和掌握新华三商用云平台 CloudOS,要求通过学习,能够熟悉 CloudOS 云平台的背景知识和基本原理,能够掌握 CloudOS 的安装部署以及 IaaS 云服务如云主机、云存储的操作技能。

项目目标

- 了解新华三 CloudOS 云平台的架构。
- 安装和部署 CloudOS 云平台。
- 配置和使用 IaaS 云服务。

职业能力要求

- 了解 IaaS 云平台技术。
- 理解云主机和云存储的配置及管理。
- 了解基于 CloudOS 的私有云建设基础知识。

项目资源清单

序号	资 源 目 录
1	x86 商用服务器 3 台 建议配置：CPU 为 16 核 32 线程，内存为 256GB，系统盘容量为 900GB，Etcd 盘 200GB×2，千兆网卡
2	商用存储 1 台，提供如下磁盘空间 提供 iSCSI 卷 1：2TB 提供 iSCSI 卷 2：500GB 提供 iSCSI 卷 3：1TB 提供 iSCSI 卷 4：500GB
3	镜像文件：CloudOS-PLAT-E5132P03-V500R001B03D008-RC13.iso 系统组件安装包： cloudos-harbor-E5132P03-V500R001B03D008-RC1.ZIP IaaS 云服务组件安装包： cloudos-iaas-E5132P03-V500R001B03D008-RC14.ZIP CAS 7 对接 CloudOS 5 插件包：plugin-E0730P11
4	项目 3 部署就绪的 CAS 虚拟化平台
5	终端软件 Xshell 或其他同类软件平替
6	文件传输工具 XFTP 或其他同类软件平替
7	谷歌或火狐浏览器

任务 5.1　CloudOS 云平台节点安装和集群部署

5.1.1　任务介绍

　　某公司计划新建云计算管理平台即通常所说的云平台，考虑到开发运维能力有限，不能使用开源的云平台产品，需要选择成熟商用的云平台产品。经过调研和评估，决定采用新华三的 CloudOS 商用云平台产品。CloudOS 产品功能完善，其稳定性、安全性等方面都表现良好，可以实现提供云业务所需的各种服务功能。

5.1.2　任务分析

　　要顺利完成任务，首先需要进行任务需求分析，厘清其知识要求、技能要求。经过对任务的仔细研究，得出以下分析结果。

需求分析

- 了解 CloudOS 云平台的技术背景和云组件的基本概念。
- 掌握在通用 x86 服务器上安装 CloudOS 的方法。

知识要求

- 掌握云平台的概念。
- 了解 CloudOS 云平台的特点。

- 理解云平台和虚拟化平台的关系。

技能要求

- 能够在服务器上安装 CloudOS 云平台。
- 能够在 CloudOS 云平台上部署 IaaS 云服务。

5.1.3　知识准备

5.1.3.1　云平台介绍

云平台是一种基于云计算技术的分布式计算平台,由硬件、软件和服务组成,它通过互联网提供按需使用的计算、存储、网络和其他服务,具有广泛的应用场景和显著的优势。云平台的服务可以远程访问,用户无须购买和维护硬件,只需为使用的资源付费即可。随着云计算技术的不断发展和普及,云平台将成为未来信息化建设的重要趋势。

云平台按照服务类别通常分为公有云、私有云、混合云三类。公有云是面向公众的云计算服务,资源由服务提供商共享和管理,用户可以通过互联网按需使用资源;私有云是专用的云计算环境,只对内部用户开放,资源由组织或企业独立管理和控制;混合云结合了公有云和私有云的特点,允许在不同云环境之间迁移数据和应用程序。

云平台按服务内容划分通常有 IaaS、PaaS、SaaS 等。IaaS 是基础设施即服务,提供虚拟机、存储和网络等基本计算资源;PaaS 是平台即服务,在 IaaS 之上构建,提供构建和部署应用程序所需的环境与工具;SaaS 是软件即服务,提供完全托管的应用程序,用户无须管理任何基础设施或平台。

云平台允许用户根据实际需求购买和使用资源,能够有效避免资源的浪费,同时具有如下优点:①云平台可以快速扩展或缩小,以满足用户需求的变化;②云平台可以使用户通过自助服务门户或 API 管理自己的云资源,提高管理效率;③云平台可以通过互联网从任何地方访问,实现远程协作和办公;④云平台具有内置的安全功能,以保护用户数据和应用程序的安全;⑤云平台通常提供用户友好的界面和自助服务功能,降低了使用门槛;⑥云平台通常具有冗余和故障转移机制,确保高可用性。

目前,主流可商用的私有云建设的云平台产品包括云轴科技公司的 ZStack Cloud、华为公司的云 Stack、深信服公司的 SCP、新华三集团的 CloudOS 等。接下来简要介绍这几款私有云产品的特点。

ZStack Cloud 是一款产品化的 IaaS 软件,通过提供统一的平台进行管理,管理内容包括计算、网络、存储等数据中心资源,并且遵循私有云 4S 标准,具有功能强大、轻量部署、核心开源的特点,其丰富的版本规划能够满足多种客户的业务需求,能提供强大的私有云功能及弹性裸金属管理、企业管理、高性能负载均衡实例等增值服务。

华为云 Stack 产品是位于政企客户本地数据中心的云基础设施,为政企客户提供在云上和本地部署体验一致的云服务。Stack 系列化版本能多方位满足传统业务云化、大数据分析与 AI 训练、建设大规模城市云与行业云等不同业务场景的客户诉求。华为云 Stack 包含 10 类超 70 种云服务能力,主要解决政企建设大规模中心云平台以及对业务进行分布式改造、微服务化需求。

深信服云平台产品 SCP 基于 X86 架构（含国产 X86）、ARM 架构的服务器、交换机等 IT 基础设施,利用深信服自主研发的国产云平台软件构建安全、稳定、高效、易扩展、易管理的数据中心云平台,提供丰富的 IaaS、PaaS 类资源和服务,支撑业务的数字化转型。

新华三 CloudOS 云平台产品作为全栈式云平台,聚合 AI、大数据、IoT 等多种技术能力及百态行业云场景化能力,借助强大算力与海量存储,依托数据智能分析手段,帮助用户在复杂多样的 IT 环境中及时交付出色的应用程序和功能,并为容器化、微服务等重要 IT 举措提供支持,助力百行百业用户实现数字化转型。

本项目选择新华三 CloudOS 云平台产品,主要是因为新华三 CloudOS 云平台功能完善,融合了云计算、大数据、AI 等新兴技术和功能,是当前数字化转型场景里市场占有率较高的一款商用产品。

5.1.3.2 CloudOS 云平台介绍

云平台将 IT 资源抽象为各种云服务,用户按需申请并加以使用。目前新华三 CloudOS 云与智能平台所能提供的云服务包括:X86 云主机、PowerVM 云主机、云硬盘、云网盘、云防火墙、云负载均衡、防病毒、云网络、云数据库、公网 IP、裸金属服务器等 IaaS 服务,应用仓库、应用管理、镜像仓库、应用模板、流水线等 PaaS 服务,项目管理、代码管理、制品管理等开发测试服务,分布式文件系统、NoSQL 数据库、MPP 数据库、文件服务、内存数据库、离线计算、内存计算、流式计算、数据集成、元数据管理、工作流调度、数据仓库等大数据服务,模型存储、模型实例化、训练、超参搜索、评估、推理、指标监控等 AI 服务能力。

新华三 CloudOS 云与智能平台具有如下特点:①拥有自主的专利、算法和代码,同时可以对信息和系统实施安全监控,有效地保障信息安全和系统安全,兼容国产自主可控软硬件;②提供丰富的 REST API 接口,涵盖 IaaS、PaaS、SaaS 各个层面,同时提供兼容 OpenStack 的 API,供第三方在 CloudOS 云与智能平台上进行业务应用开发部署;③内置单点登录（SSO）系统,支持与各业务应用系统、网络设备(如交换机、路由器)、安全设备[防火墙、虚拟专用网络(VPN)、堡垒机、应用防火墙(WAF)]等进行对接,实现用户只需要登录一次就可以实现按权限访问所有相互信任的应用系统和设备;④新华三公司与爱数公司、Commvault(美国康孚)公司、凌云动力公司、云和恩墨公司、数腾公司、热璞公司、精容数安公司等厂商深度合作,携手合作伙伴打造一体化备份、IBM 小型机管理、数据库、容灾等解决方案。CloudOS 云平台架构如图 5-1-1 所示。

5.1.3.3 CloudOS 部署模式

CloudOS 是新华三集团采用微服务架构设计和开发的云平台产品,采用服务器集群方式部署。根据所管理的云资源的规模不同,至少需要 3 台服务器组成集群,更大规模环境下根据情况采用 5 台、7 台或更多台服务器组建云平台集群。另外,CloudOS 服务器集群节点务必使用物理机服务器部署。组成 CloudOS 云平台的服务器集群允许的最大故障节点数量为(服务器节点数量—1)÷2。控制节点是

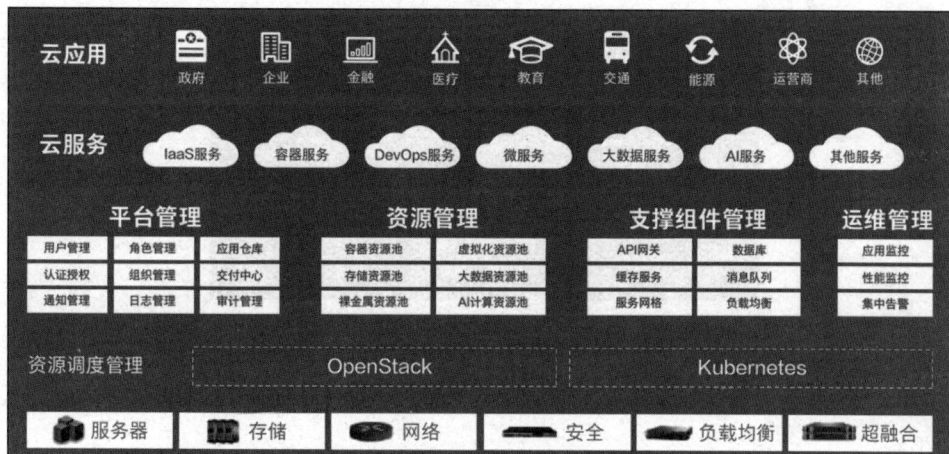

图 5-1-1　CloudOS 云平台架构

CloudOS 集群服务器的角色之一,运行 CloudOS 系统平台功能。CloudOS 平台在部署平台组件时登录的 CloudOS 节点,称为"Master 节点"。工作节点是 CloudOS 集群的角色之一,承载 PaaS 的用户业务容器运行。CloudOS 服务器集群是由 CloudOS 服务器构成的集群,集群中的服务器角色包括控制节点和工作节点。CloudOS 云平台部署完成后,可再添加任意数量的节点(控制节点或工作节点)。CloudOS 服务器集群的管理网络是用户访问和管理 CloudOS 时使用的网络,也是 CloudOS 与其他云业务组件通信的网络。集群网络是 CloudOS 服务器集群中各节点互相通信时使用的网络。存储网络是 CloudOS 连接存储设备时使用的网络。CloudOS 服务器集群如图 5-1-2 所示。

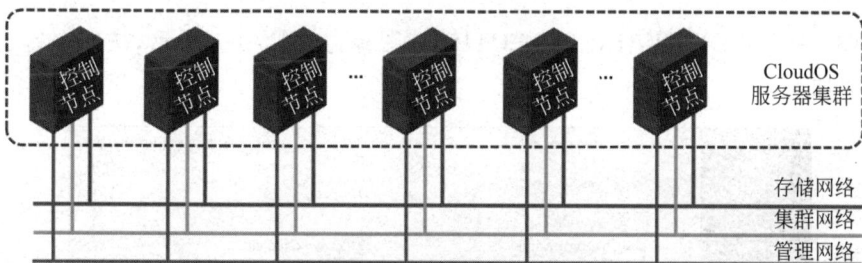

图 5-1-2　CloudOS 服务器集群

　　CloudOS 集群中各控制节点之间的管理网络和集群网络的 IP 地址不允许跨网段,网络地址规划需要避开以下三个网段:10.240.0.0/12(默认容器网段)、10.100.0.0/16(默认 K8S 服务网段)、172.17.0.0/16(默认 docker 网桥网段)。

5.1.4　任务实施

5.1.4.1　CloudOS 集群节点安装

(1)服务器带外管理界面加载 CloudOS-PLAT-E5132P03-V500R001B03D008-RC13.iso 镜像文件,开机后进入如图 5-1-3 所示的界面,选择"Install CloudOS"并按回车键。

教学视频

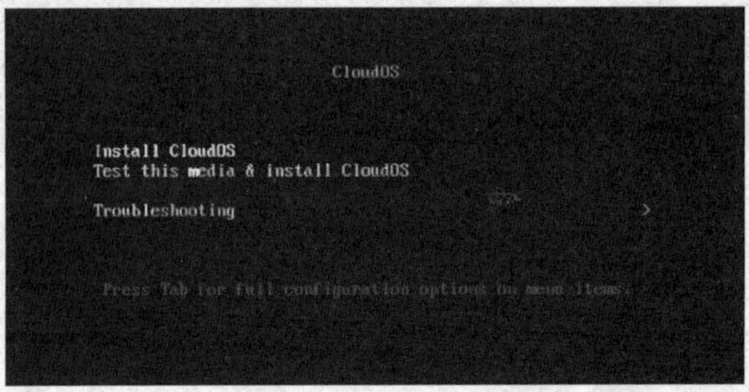

图 5-1-3　CloudOS 安装选择

（2）选择将系统安装在容量为 900GB 的磁盘上，输入"sda"并按回车键，如图 5-1-4 所示。

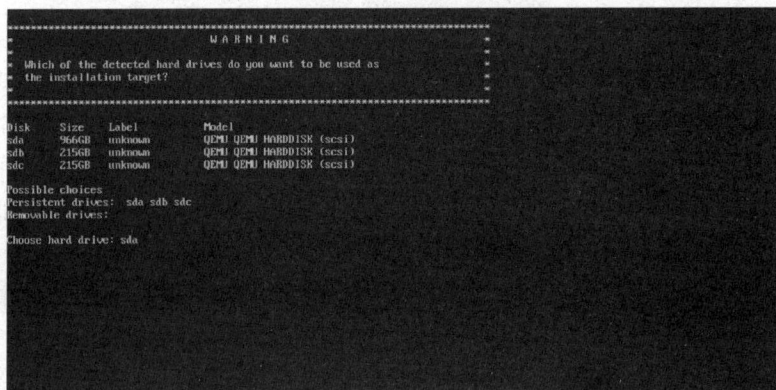

图 5-1-4　选择安装磁盘

（3）单击"SOFTWARE SELECTION"图标，如图 5-1-5 所示，按回车键进入下一界面。

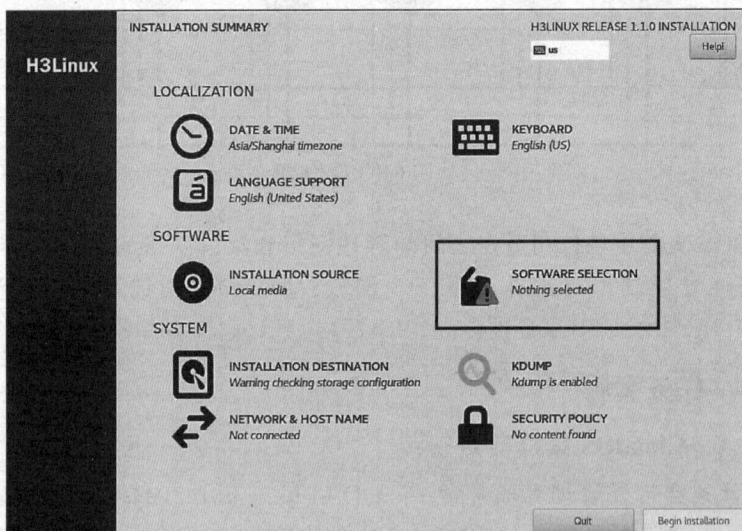

图 5-1-5　安装选项设置

（4）选中"H3C CloudOS Node"单选按钮，如图 5-1-6 所示，然后单击"Done"按钮进入下一界面。

图 5-1-6　设置安装组件

（5）设置主机名为"cloudos01"，如图 5-1-7 所示，然后单击"configure"按钮进入下一界面。

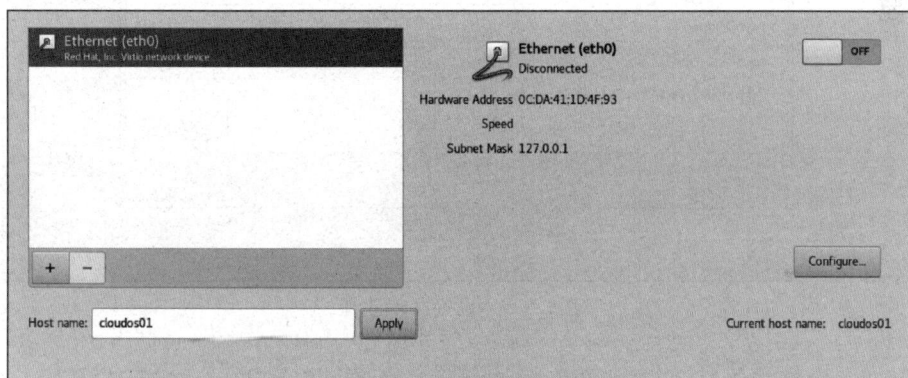

图 5-1-7　设置主机名及网络

（6）勾选"Automatically connect to this network when it is available"复选框，如图 5-1-8 所示。

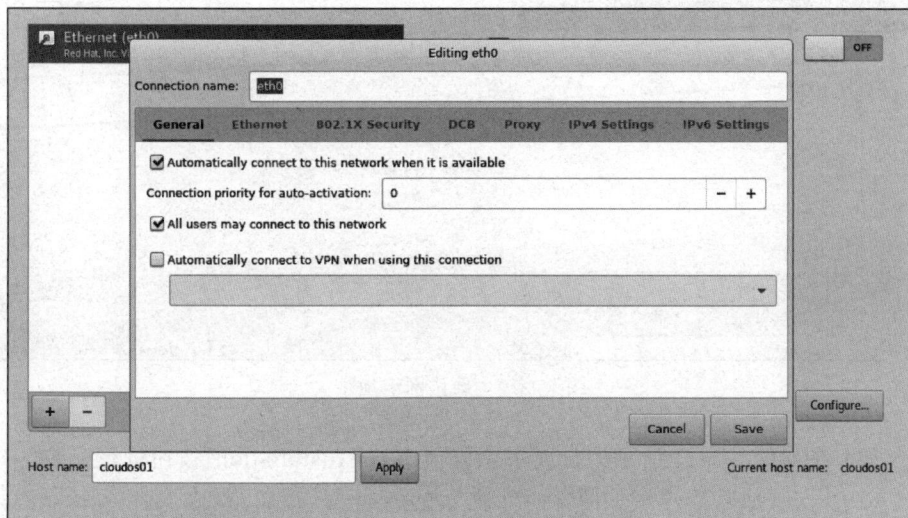

图 5-1-8　设置网络属性

课堂笔记

　　(7) 在弹出的对话框中单击选择"IPv4 Settings"选项卡,如图 5-1-9 所示,在"Method"中选择"Manual",单击"Add"按钮输入规划好的 IP 地址、子网掩码、网关,然后勾选"Require IPv4 addressing for this connection to complete"复选框,单击"Save"按钮。

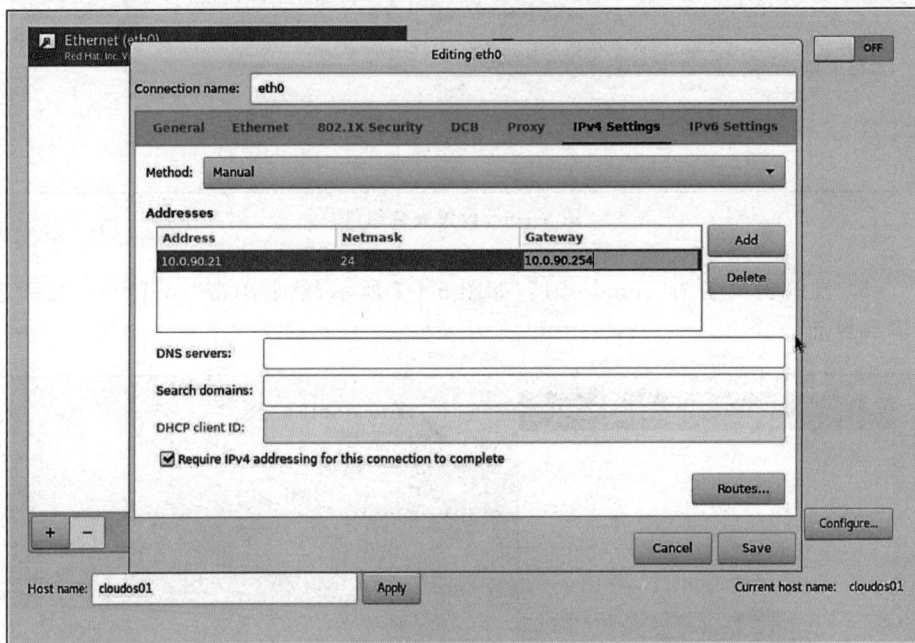

图 5-1-9　设置网卡地址

　　(8) 设置完成后,回到如图 5-1-10 所示的界面,单击"Done"按钮进入下一个界面。

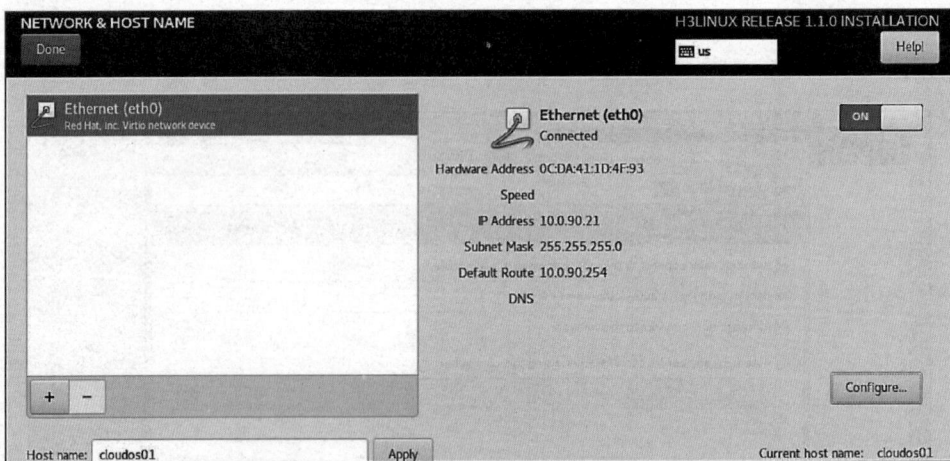

图 5-1-10　确认网卡地址

　　(9) 在如图 5-1-11 所示的界面中,单击"Begin Installation"按钮进行安装。
　　(10) 安装成功后出现如图 5-1-12 所示的界面。

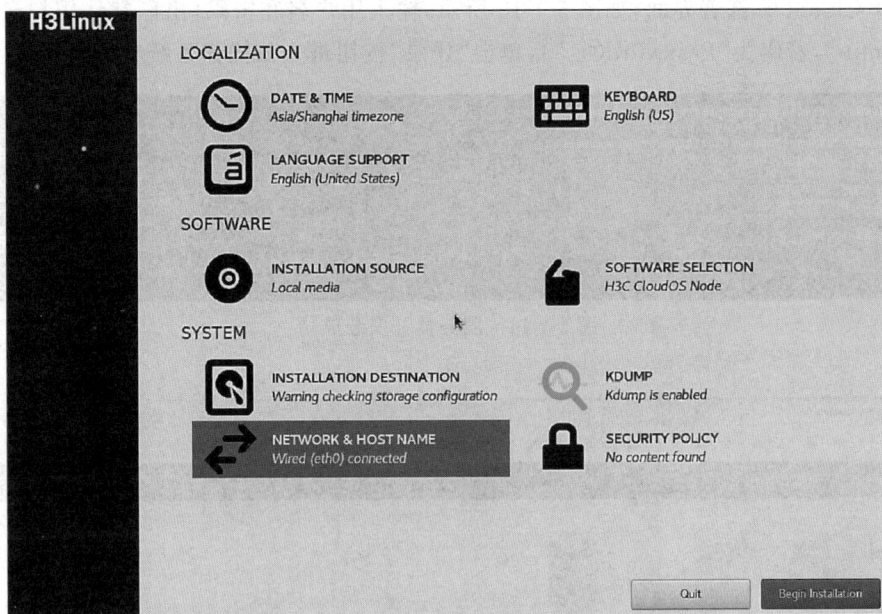

图 5-1-11　设置完成后进行服务器安装

图 5-1-12　服务器 1 安装成功

（11）重复上面的操作步骤完成第 2 台服务器的安装,安装完成后效果如图 5-1-13 所示。

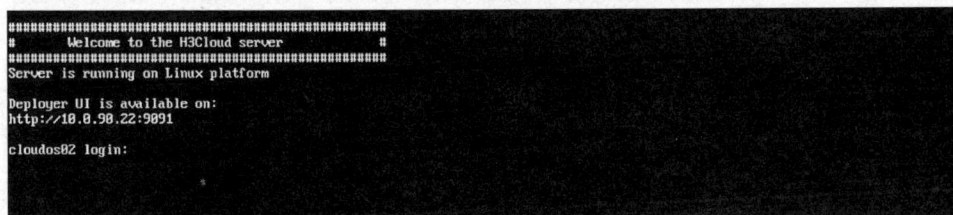

图 5-1-13　服务器 2 安装成功

（12）重复上面的操作步骤完成第 3 台服务器的安装,如图 5-1-14 所示。

5.1.4.2　CloudOS 集群部署

（1）启动谷歌浏览器(或火狐浏览器),在地址栏中输入 IP 地址"9091"(IP 地址可以为上述 3 台服务器中的任意一台服务器的地址,一般选择第 1 台服务器),

打开 CloudOS 部署界面,如图 5-1-15 所示,输入用户名和密码(出厂默认用户名为"admin",密码为"Passw0rd@_"),单击"登录"按钮进入云操作系统界面。

图 5-1-14　服务器 3 安装成功

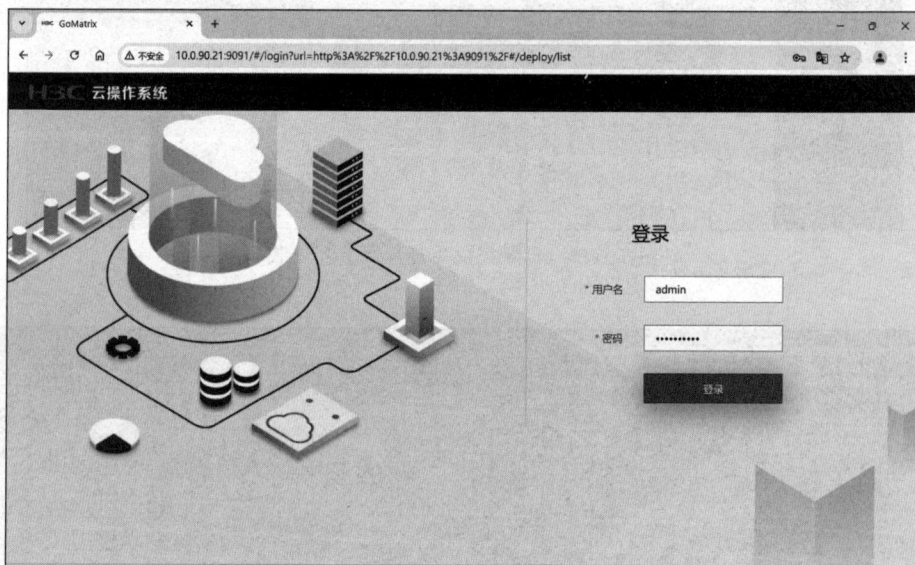

图 5-1-15　登录 CloudOS 部署界面

（2）在如图 5-1-16 所示的界面中,单击"部署"命令。

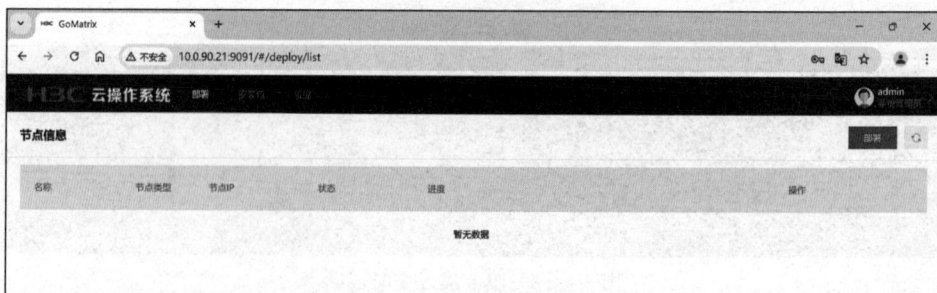

图 5-1-16　开始部署 CloudOS

（3）在如图 5-1-17 所示的界面中,分别设置"集群网虚 IP"为"10.0.90.20/24","管理网虚 IP"为"10.0.90.20/24","NTP 服务地址"为"10.0.90.21",单击"下一步"按钮。

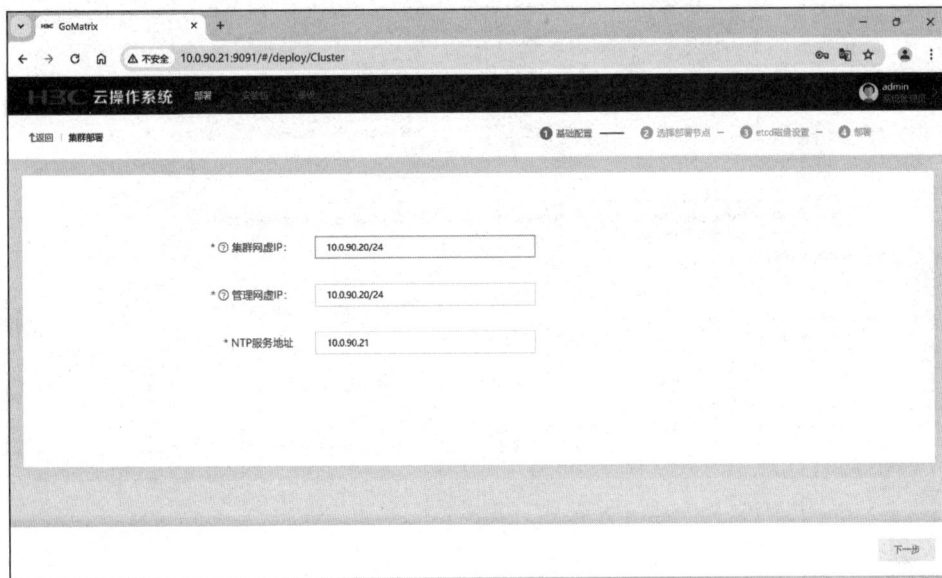

图 5-1-17　进行集群部署

（4）在如图 5-1-18 所示的界面，依次输入第 2 台、第 3 台服务器的 IP 地址、用户名"root"、密码"Passw0rd@_"，然后分别单击"添加"按钮。

图 5-1-18　添加平台节点

（5）在如图 5-1-19 所示的界面，勾选"cloudos01（10.0.90.21）、cloudos02（10.0.90.22）、cloudos03（10.0.90.23）复选框，并分别选择服务 etcd 磁盘为/dev/sdb，选择系统 etcd 磁盘为/dev/sdc，单击"下一步"按钮。

（6）在如图 5-1-20 所示的界面，确认配置信息无误后，单击"部署"按钮。

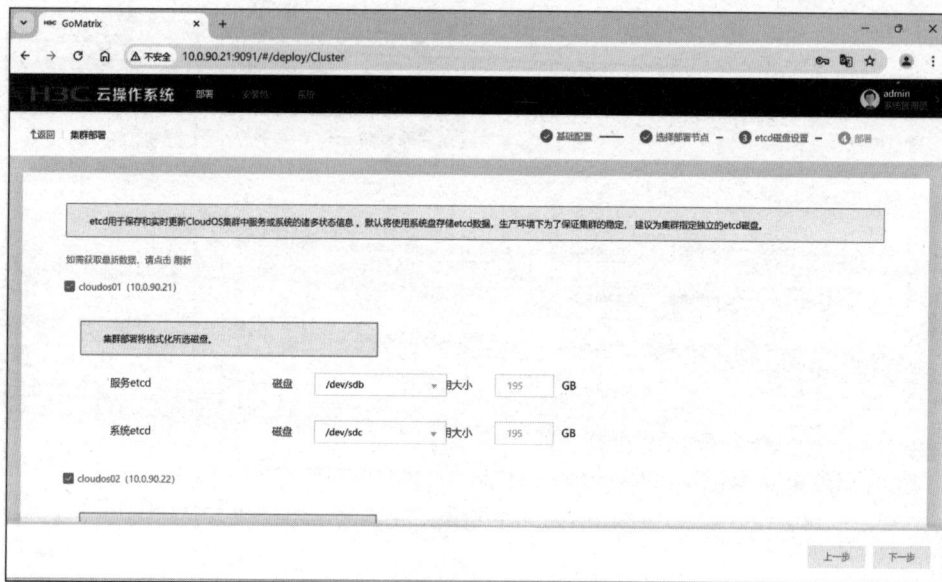

图 5-1-19　etcd 磁盘设置界面(局部)

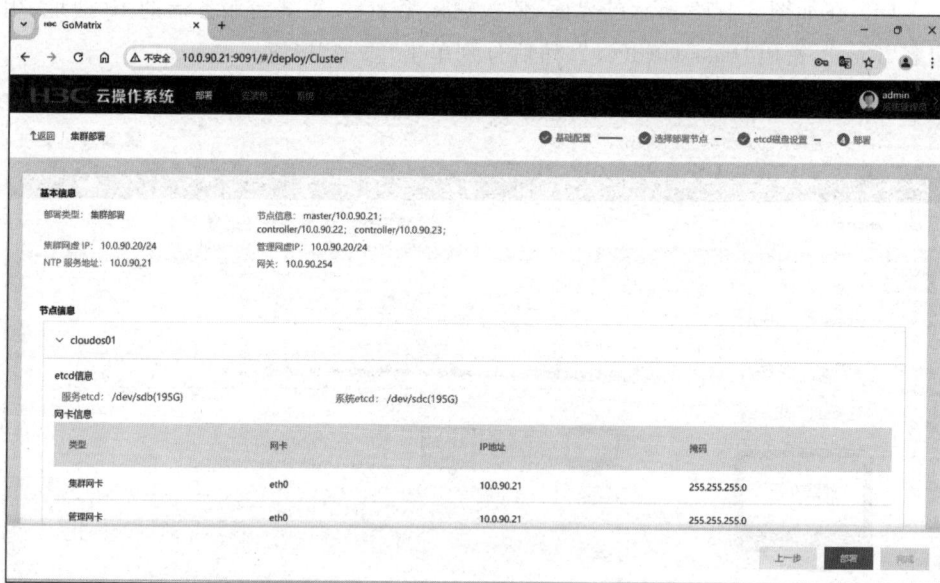

图 5-1-20　确认部署信息

（7）设置完成后进入安装部署过程,如图 5-1-21 所示,等待部署完成大约需要 30 分钟。

（8）显示如图 5-1-22 所示的界面即表示已部署成功。

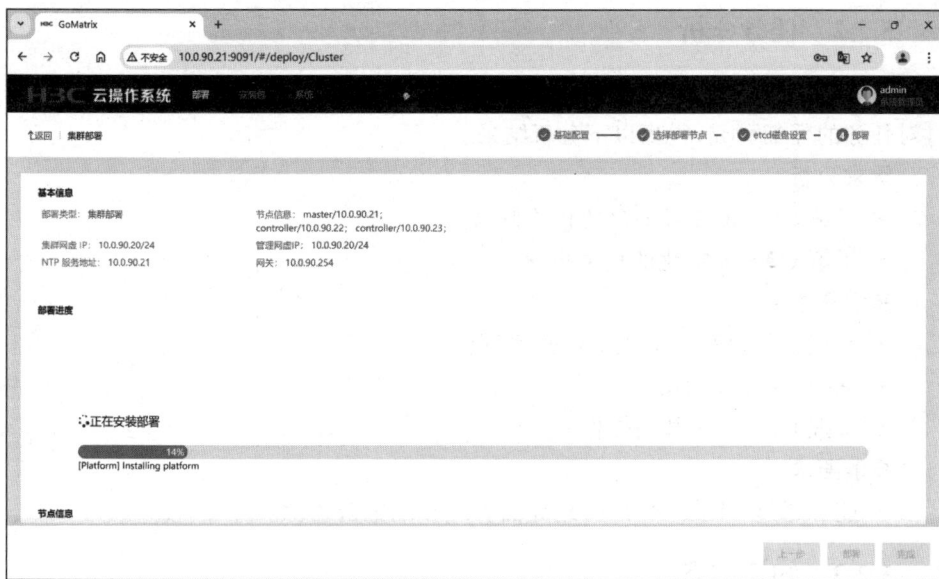

图 5-1-21 开始部署

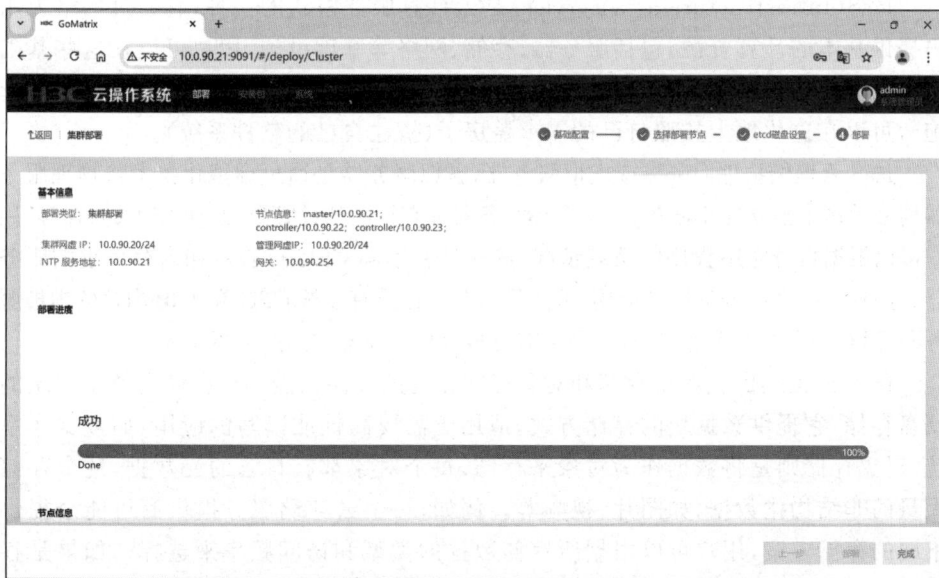

图 5-1-22 集群部署成功

任务 5.2 CloudOS 云平台对接 CAS 虚拟化资源

5.2.1 任务介绍

在已经安装部署好的 CloudOS 云平台中,对接项目 3 完成的 CAS 虚拟化平台,为任务 5.3 申请 IaaS 云资源做好环境准备工作。

5.2.2 任务分析

要顺利完成任务,首先需要进行任务需求分析,厘清知识要求、技能要求。经过对任务的仔细研究,得出以下分析结果。

需求分析

- 了解 CloudOS 云平台的相关概念。
- 了解 CAS 虚拟化的相关概念。

知识要求

- 掌握云平台和虚拟化平台的关系。
- 掌握 CAS 基础操作。
- 掌握 CloudOS 基础操作。

技能要求

- 能够通过 CloudOS 的管理界面管理和配置云资源。

5.2.3 知识准备

5.2.3.1 IaaS 云功能介绍

IaaS(Infrastructure as a Service)是云计算服务模式的一种,它通过网络为用户提供基本的计算资源,包括服务器、存储、网络等基础设施,用户可以在这些基础设施上安装操作系统、中间件和应用程序等软件。就好比用户租了一块地(基础设施),可以在这块地上按照自己的需求盖房子(搭建自己的软件系统)。

IaaS 云提供物理服务器或虚拟服务器,虚拟服务器是通过虚拟化技术将物理服务器划分为多个独立的小服务器,每个小服务器都有自己的计算资源,如 CPU、内存等,用户可以根据自身应用程序的负载情况,选择具有不同 CPU 核心数和内存大小的服务器。如果是一个小型的网站应用,可能只需要一台具有 2 核 CPU 和 4GB 内存的虚拟服务器;而对于大型的企业级应用,可能需要多台具有高配置的服务器来支持。

IaaS 云也提供包括块存储和对象存储在内的存储功能。块存储类似于传统的硬盘存储,它提供数据块的存储方式,适用于需要高性能读写的应用,如数据库系统;对象存储则是将数据作为对象来存储,每个对象都有自己的元数据,适合存储大量的非结构化数据,如图片、视频等。例如,一个云存储服务提供商可能会提供不同的存储方案,用户可以根据所存储数据的类型和访问频率来选择。如果是存储企业的财务数据,可能会选择块存储;如果是存储企业宣传用的视频和图片资料,对象存储会是更好的选择。

IaaS 云也提供虚拟网络(VLAN、VPN 等)功能,允许用户构建自己的网络拓扑,用户可以设置网络的带宽、IP 地址分配等。例如,企业可以通过 IaaS 提供商的网络资源,构建一个企业内部的虚拟专用网络(VPN),使分布在不同地理位置的员工能够安全地访问企业内部的资源,并且可以根据业务需求灵活调整网络带宽,如在业务高峰期增加带宽,以确保数据传输的流畅性。

对于企业来说,如果使用公有云 IaaS 不需要自己购买和维护昂贵的服务器、存储设备和网络设备,企业只需根据实际使用情况付费,这大大降低了前期的资本投入。例如，一家创业公司如果自己构建数据中心，需要购买服务器，租赁机房，雇用专业的运维人员，等等，成本非常高。通过 IaaS 服务，公司可以在初期以较低的成本租用所需的计算资源，随着业务的增长再逐步增加资源的租用。现在很多企业内部也建设了 IaaS 云基础设施给内部各个部门按需使用。

5.2.3.2 镜像介绍

云主机镜像是云主机(一种云计算服务中的虚拟服务器)的一个模板，它包含操作系统、预装软件、配置信息等诸多内容。通常可以把云主机镜像想象成一个克隆源，通过这个镜像能够快速创建出多个具有相同配置和软件环境的云主机。操作系统是云主机镜像的核心部分，可以是 Windows Server、Linux(如 Ubuntu、CentOS 等)等不同的操作系统，操作系统版本各有不同，比如 Ubuntu 有 Linux Ubuntu 18.04、Linux Ubuntu 20.04 等版本，这些操作系统为云主机提供了基本的运行环境，包括文件系统管理、进程管理、用户管理等功能。例如，对于一个用于搭建网站的云主机，可能会选择 CentOS 操作系统镜像，因为 CentOS 在服务器领域稳定性高，并且有丰富的软件包支持，可以方便地安装 Apache、Nginx 等网页服务器软件。除操作系统外，云主机镜像还可以包含一些预装的软件。这些预装的软件可以是常用的服务器软件，如数据库管理系统(MySQL、PostgreSQL 等)、网页服务器软件(如上面提到的 Apache、Nginx)，也可以是一些安全防护软件(如防火墙软件、防病毒软件)等。例如，一个提供企业级应用开发环境的云主机镜像可能预装了 Java Development Kit(JDK)、Python 解释器等开发工具，以及相关的应用服务器软件(如 Tomcat)，方便开发人员直接使用，无须花费时间进行软件安装和配置。镜像中还包括网络配置(如 IP 地址分配方式、子网掩码等)、用户账号和权限设置等内容，这些配置信息确保云主机在启动后能够按照用户预期的方式运行，并且用户能够以合适的权限访问和管理云主机。例如，在一个多用户共享的云主机环境中，镜像中的配置信息会规定不同用户账号的权限，如管理员账号具有完全控制权限，可以进行系统更新、软件安装等操作，而普通用户账号可能只具有读取某些文件或者执行特定程序的权限。

云服务提供商通常会提供一系列公共镜像。这些公共镜像由云服务提供商或者第三方软件供应商制作，涵盖了常见的操作系统和软件组合，用户可以直接选择这些公共镜像来创建云主机。例如，阿里云、腾讯云等云服务提供商在其控制台中提供了多种公共镜像选项，用户可以根据需求选择如"Ubuntu 20.04 + LAMP"("Linux + Apache + MySQL + PHP")这样的公共镜像来快速搭建一个用于运行 PHP 网站的云主机。用户还可以根据自己的特殊需求创建自定义镜像，通常是在一个已有的云主机的基础上进行操作，用户先在云主机上安装并配置好所需的操作系统、软件，然后将这个云主机制作成镜像。例如，一个游戏开发公司可能会在一个云主机上安装特定版本的游戏服务器软件、数据库软件，并进行性能优化和安全配置，然后将这个云主机制作成镜像，这样公司就可以使用这个自定义镜像快速创建多个相同配置的云主机来支持游戏的多服务器部署。

利用云主机镜像可以快速部署多个相同配置的云主机，这在需要大规模部署服务器的场景中非常有用，比如大型网站的服务器集群建设、分布式计算环境搭建等。例如,一个大型电子商务网站在"双11"等促销活动前,需要快速增加服务器数量来应对高流量,通过使用云主机镜像,可以在短时间内创建大量配置相同的服务器,并且这些服务器可以立即投入使用,大大提高了服务器部署效率。利用云主机镜像要确保不同云主机之间的软件环境和配置一致,这对于软件开发和测试来说至关重要,因为开发人员可以在相同的环境下进行软件开发、测试和部署,减少了因环境差异导致的问题。例如,在一个软件开发团队中,开发人员可以使用同一个云主机镜像来创建软件开发环境和测试环境,这样在软件开发过程中发现的问题在测试环境中也能够复现,便于定位和解决问题。此外,还可以利用云主机镜像进行云主机备份,当云主机出现故障或者丢失数据时,可以通过镜像快速恢复云主机。例如,如果一个云主机因为软件错误或者硬件故障而无法正常运行,就可以使用之前创建的镜像重新创建一个云主机,并且可以将之前备份的数据恢复到新的云主机上,从而最大限度地减少损失。

5.2.4 任务实施

5.2.4.1 在 CloudOS 平台安装 IaaS 云组件

(1)在谷歌浏览器地址栏中输入集群虚 IP 地址,输入用户名和密码登录 CloudOS 云平台管理界面,如图 5-2-1 所示。

图 5-2-1 登录云平台管理界面

(2)CloudOS 云平台管理界面登录成功后,显示如图 5-2-2 所示的界面。

(3)登录存储设备管理界面,重复项目 3 中的操作过程,创建 4 个 iSCSI 卷,空间大小分别为 500GB、500GB、1TB、2TB,如图 5-2-3 所示。

(4)创建对应的 Target,并完成 4 个 iSCSI 卷的共享,如图 5-2-4 所示。

(5)打开 Xshell 终端软件,在如图 5-2-5 所示的界面中,输入"ssh root@10.0.90.21",然后回车。

图 5-2-2　云平台管理界面登录成功

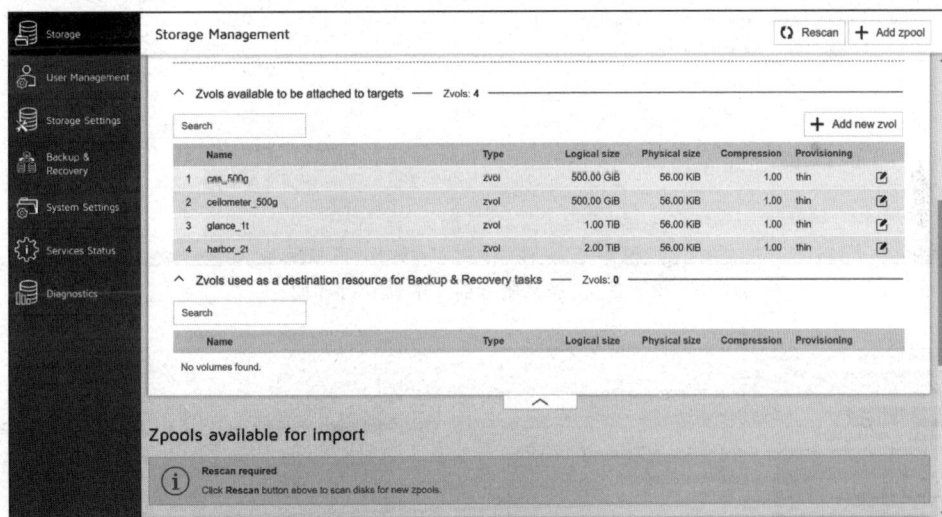

图 5-2-3　创建 iSCSI 卷

教学视频

（6）登录第 1 台服务器的命令行界面后，执行"ll /dev/sd＊"命令查看当前磁盘情况，只有系统盘/dev/sda、2 块 Etcd 盘/dev/sdb 和/dev/sdc，如图 5-2-6 所示。

（7）执行"iscsiadm -m discovery -t st -p"命令扫描 iSCSI 卷，然后执行"iscsiadm -m node -l"命令登录 iSCSI 卷，如图 5-2-7 所示。

（8）执行"lsblk"命令，查看新增的 4 个 iSCSI 卷，同时重复上面的操作步骤，在第 2 台服务器和第 3 台服务器上新增这 4 个 iSCSI 卷，如图 5-2-8 所示。

（9）在任意一台服务器上执行"mkfs.ext4"命令，完成 4 个 iSCSI 卷的格式化（此操作只需要在一台服务器上完成即可），如图 5-2-9 所示。

图 5-2-4　共享 iSCSI 卷

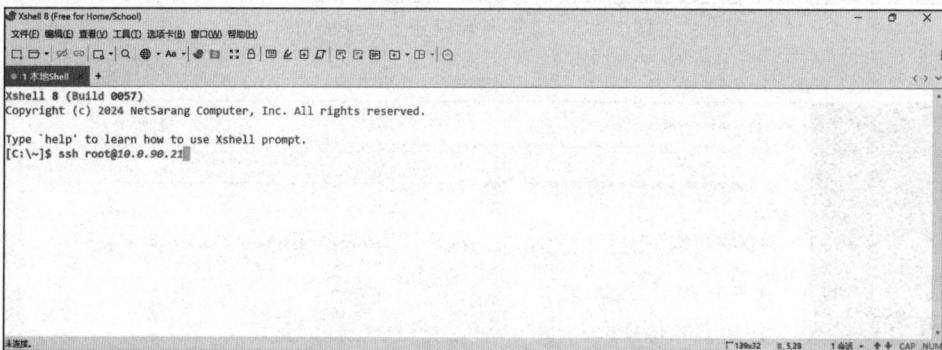

图 5-2-5　登录服务器 1 的命令行界面

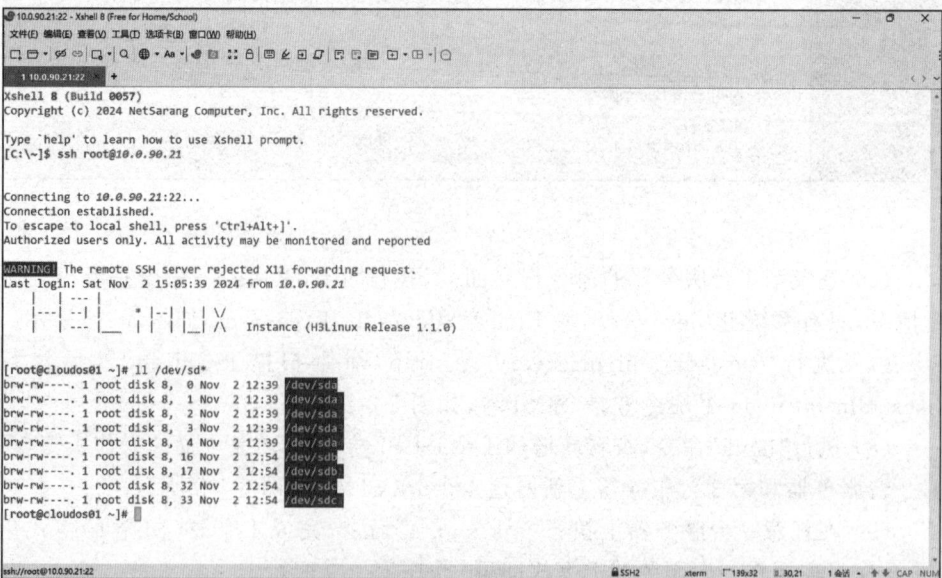

图 5-2-6　查看磁盘情况

课堂笔记

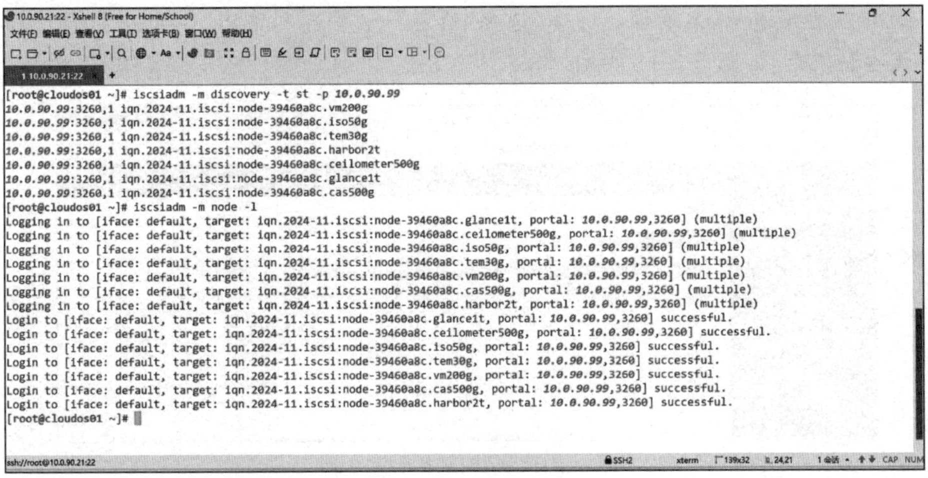

图 5-2-7　登录 iSCSI 卷

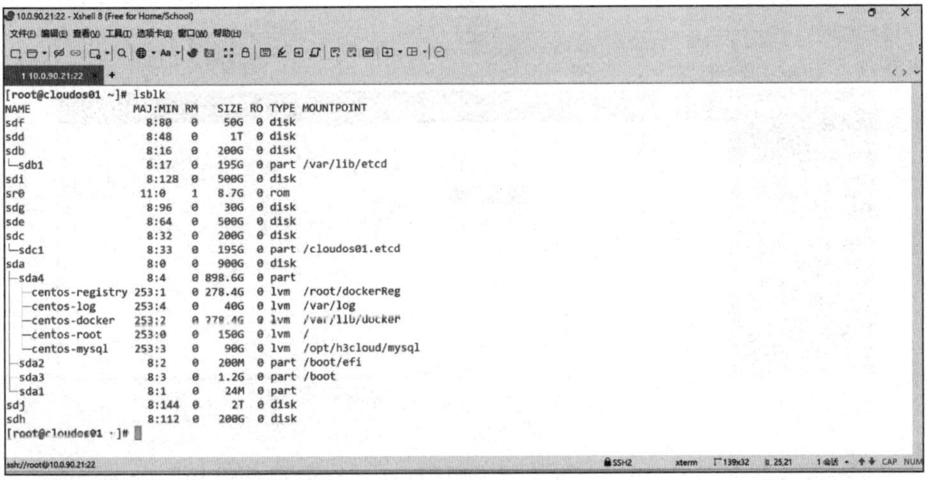

图 5-2-8　确认登录的存储卷

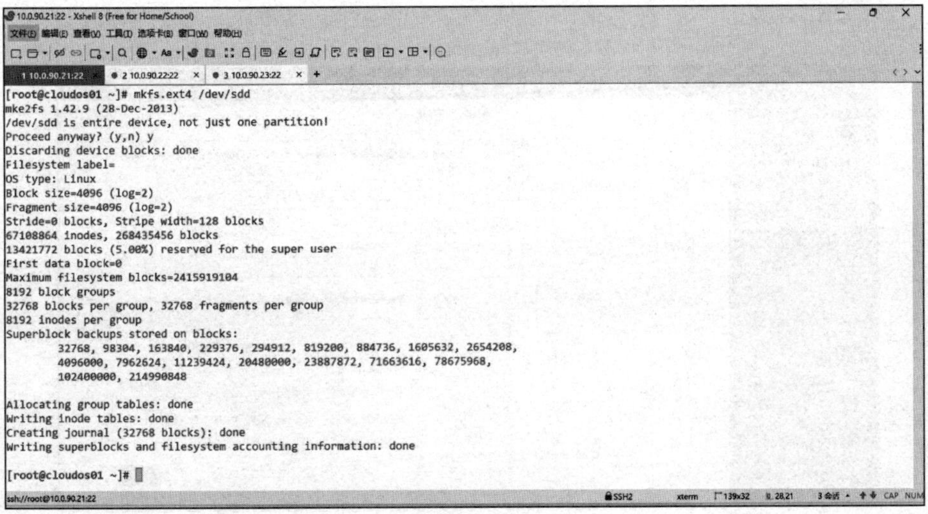

图 5-2-9　格式化 iSCSI 卷

（10）在 CloudOS 管理界面中，选择"资源"→"容器"，单击"Default"选项访问默认容器集群，如图 5-2-10 所示。

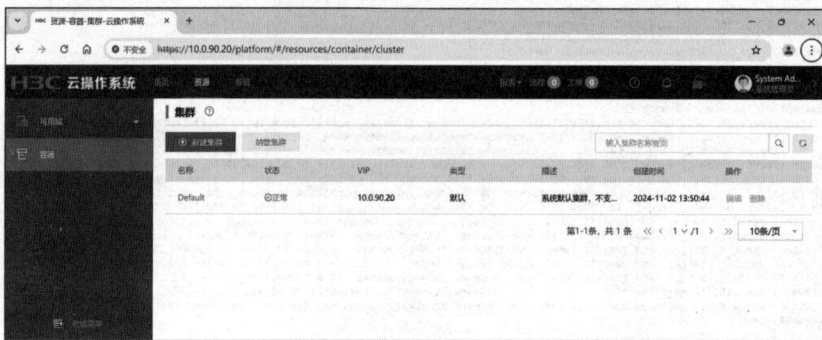

图 5-2-10　访问默认容器集群

（11）在如图 5-2-11 所示的界面中，选择"存储"→"iSCSI"，单击"增加存储卷"按钮。

图 5-2-11　添加 PV 资源

（12）输入卷的名称（可自定义）、IP 地址，单击"获取存储信息"，分别选择空间大小为 2TB、1TB、500GB、500GB 的 iSCSI 卷，单击"确定"按钮，如图 5-2-12 所示。

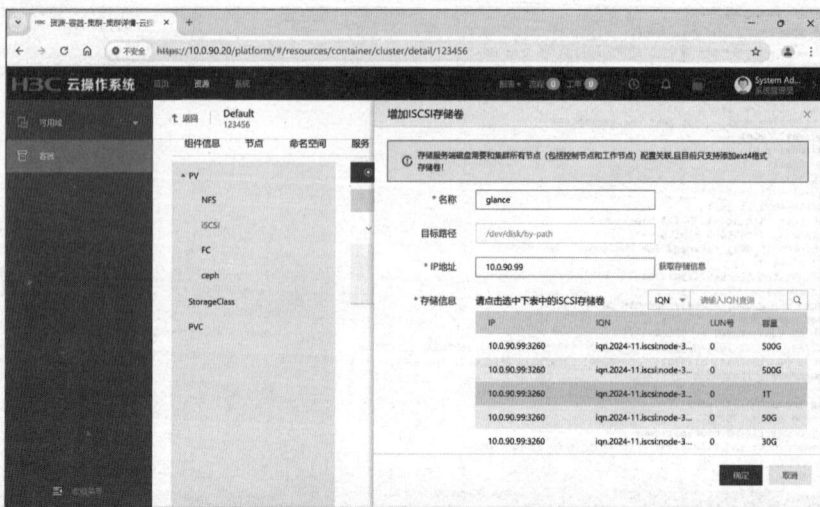

图 5-2-12　选择要添加的 iSCSI 卷

（13）在如图 5-2-13 所示的界面，确认添加的 4 个 iSCSI 卷的信息。

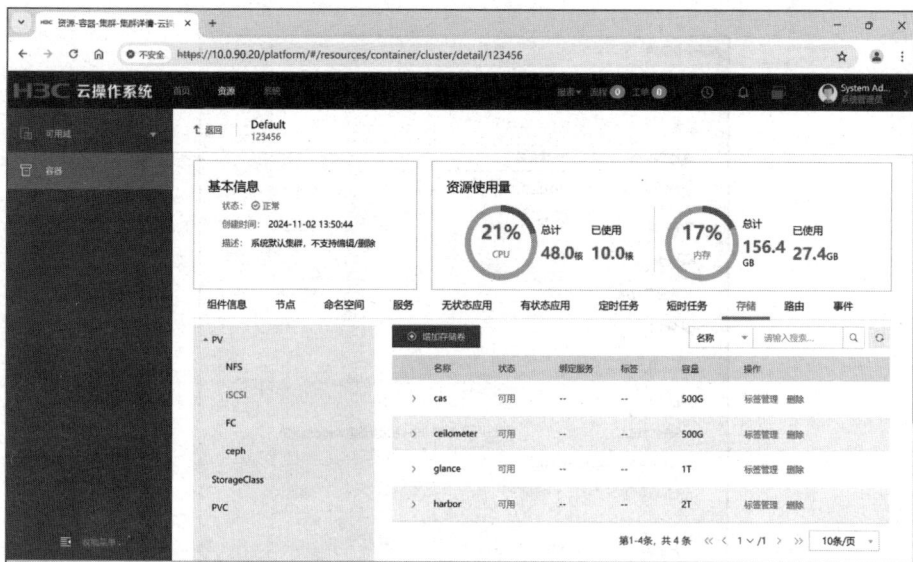

图 5-2-13　确认添加的 PV 资源

（14）CloudOS 管理界面如图 5-2-14 所示，选择"系统"→"部署向导"，查看组件包上传位置（每个云平台根据资源情况不同，组件包上传位置不一定相同）。

图 5-2-14　查看组件包上传位置

（15）启动 XFTP 工具，新建会话，"主机"输入上一步查看的 IP 地址，"用户名"输入"root"，密码输入"Passw0rd@_"，单击"连接"按钮，如图 5-2-15 所示。

（16）将系统组件包"cloudos-harbor-E5132P03-V500R001B03D008-RC1.ZIP"上传至"/opt/sys-app/package-files"目录，如图 5-2-16 所示。

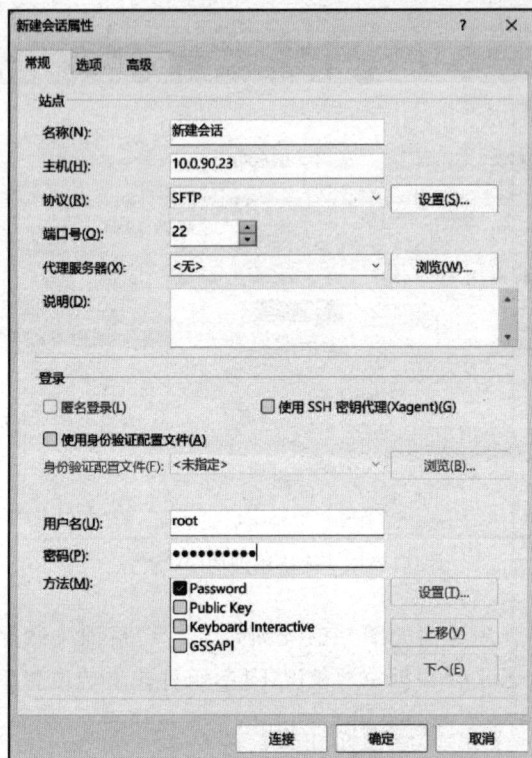

图 5-2-15　登录 XFTP 服务

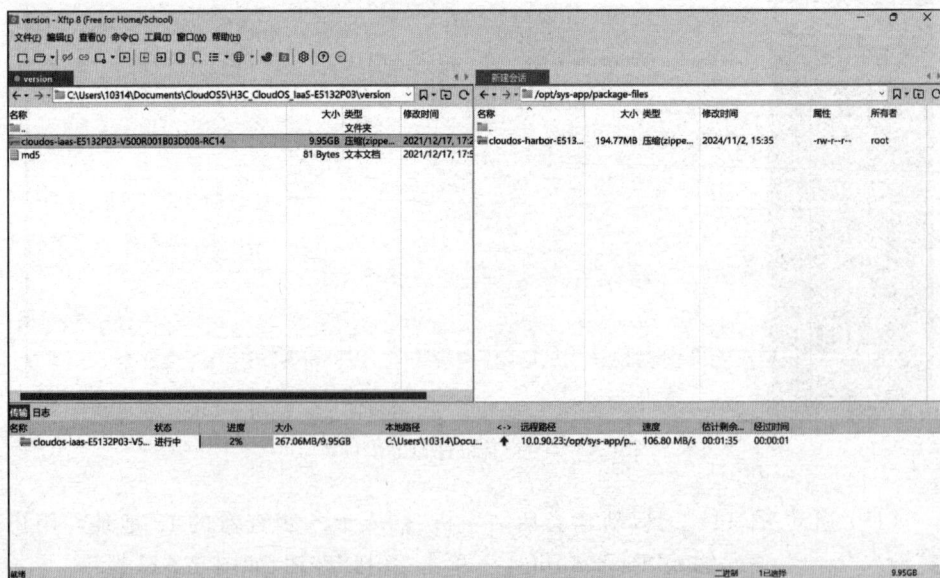

图 5-2-16　上传系统组件包

（17）将云服务组件包"cloudos-iaas-E5132P03-V500R001B03D008-RC14.ZIP"上传至"/opt/sys-app/package-files"目录,如图5-2-17所示。

课堂笔记

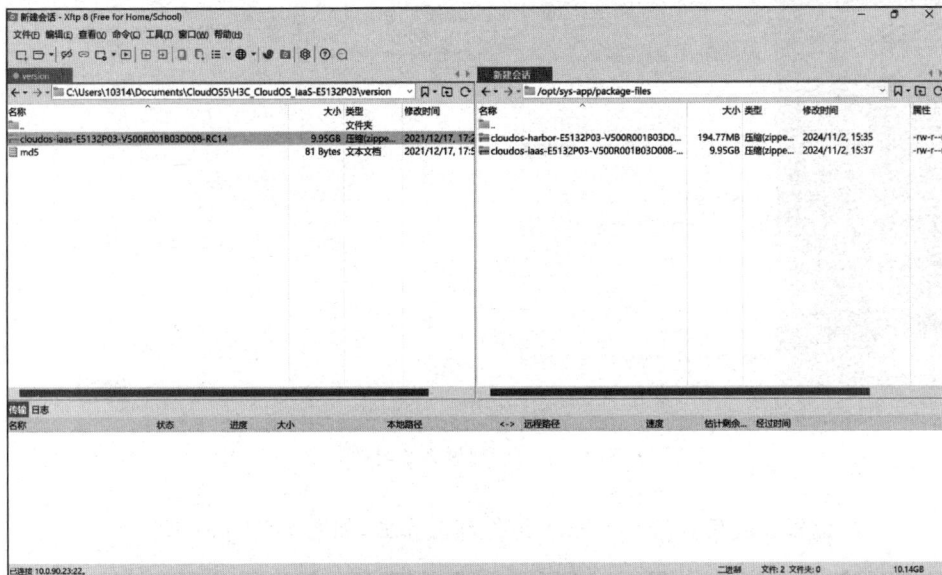

图 5-2-17 上传云组件包

（18）在如图5-2-18所示的界面中,选择"系统"→"部署向导",确认组件包上传成功。

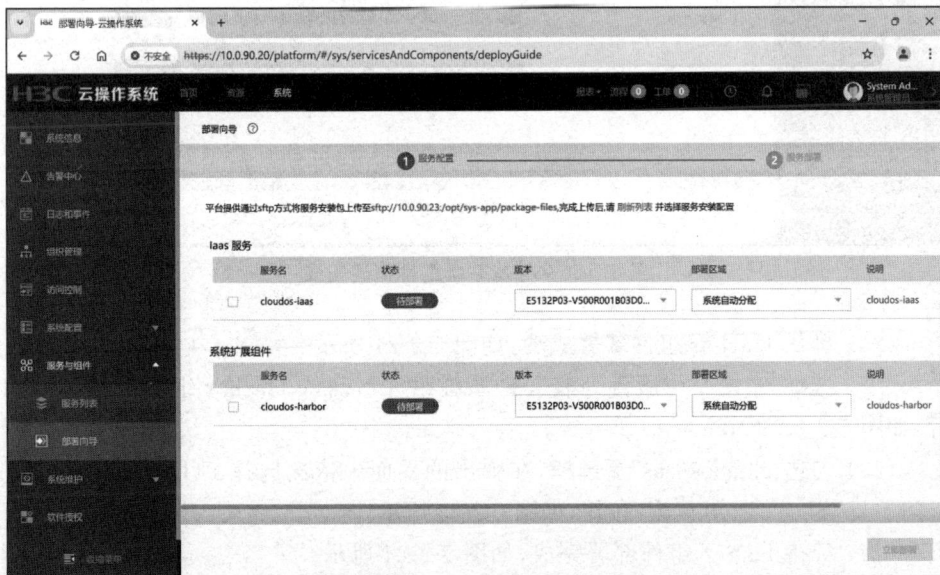

图 5-2-18 确认组件包上传成功

教学视频

（19）勾选"cloudos-harbor",在弹出的界面中选择2TB空间的iSCSI卷,单击"确定"按钮,如图5-2-19所示。

图 5-2-19　部署系统组件

（20）设置完成后，等待 Harbor 组件部署完成，如图 5-2-20 所示。

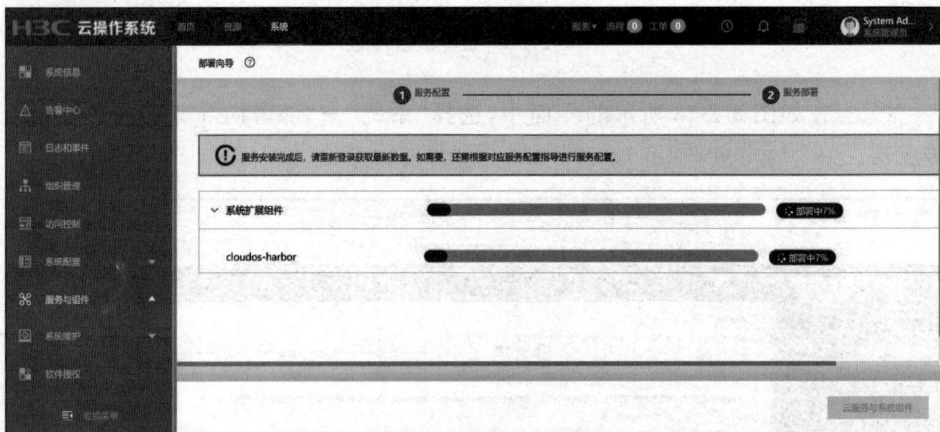

图 5-2-20　等待系统组件部署完成

（21）确认 Harbor 组件部署成功，如图 5-2-21 所示。

（22）选择"系统"→"服务列表"→"系统组件"，确认 Harbor 组件能够正常运行，如图 5-2-22 所示。

（23）勾选"cloudos-iaas"复选框，在弹出的界面中依次选择 1TB、500GB、500GB 空间的 iSCSI 卷，单击"确定"按钮，如图 5-2-23 所示。

（24）等待 IaaS 云组件部署完成，如图 5-2-24 所示。

（25）确认 IaaS 云组件部署成功，如图 5-2-25 所示。

（26）选择"系统"→"服务列表"→"云服务"，确认 IaaS 云组件正常运行，如图 5-2-26 所示。

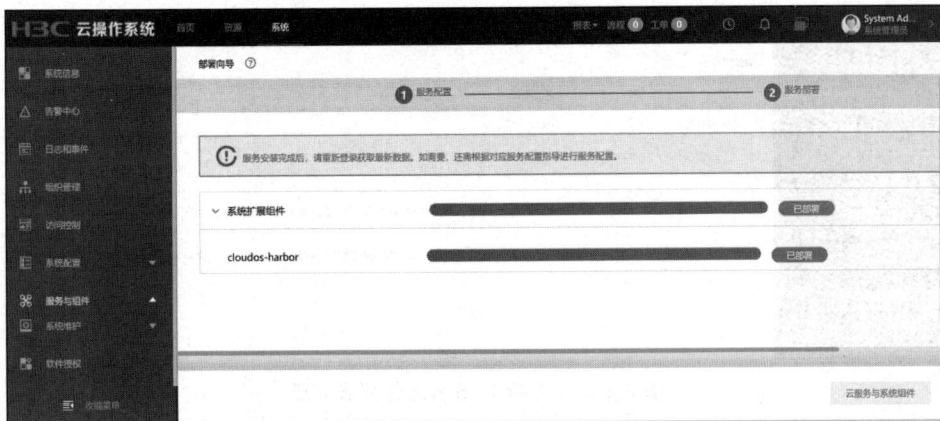

图 5-2-21　确认系统组件部署成功

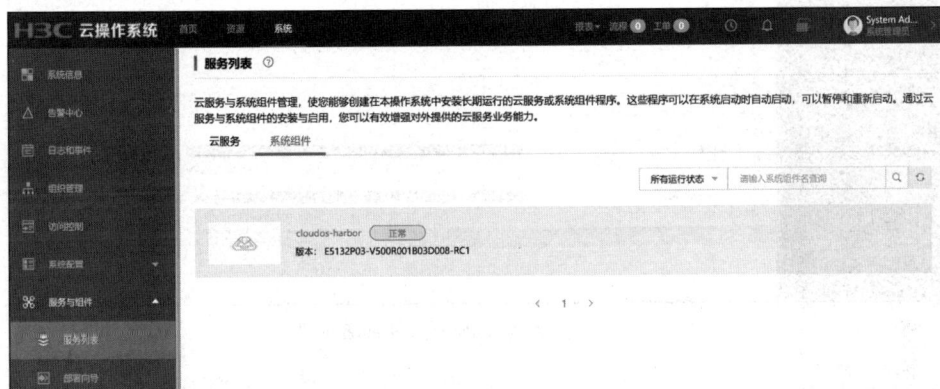

图 5-2-22　确认系统组件正常运行

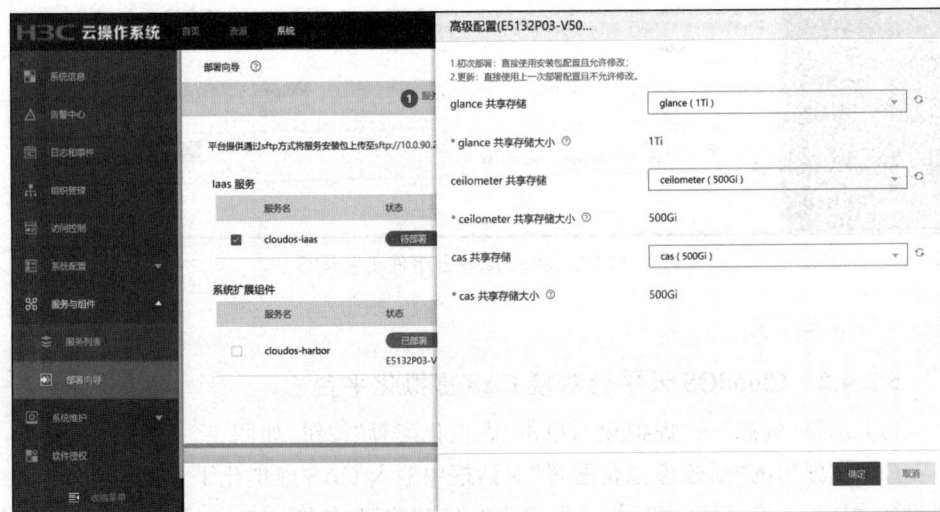

图 5-2-23　部署 IaaS 云组件

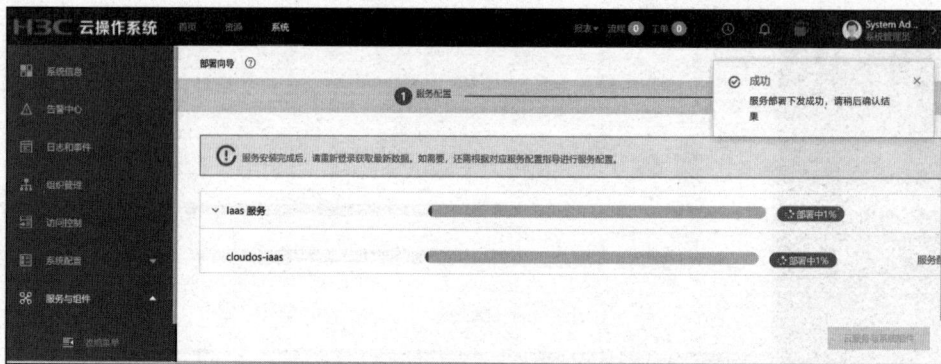

图 5-2-24　等待 IaaS 云组件部署完成

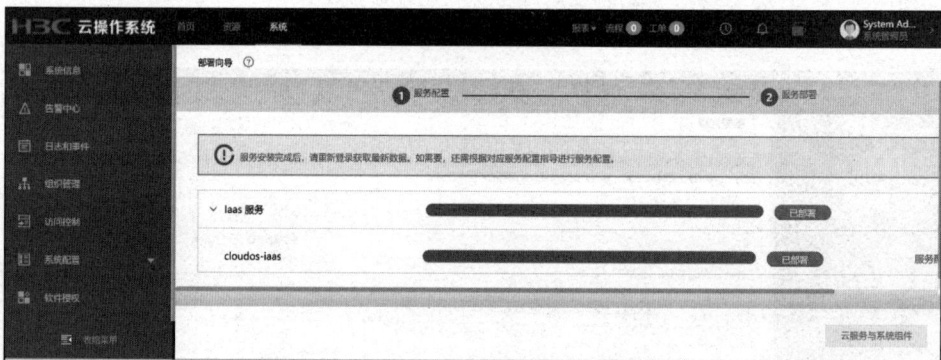

图 5-2-25　确认 IaaS 云组件部署成功

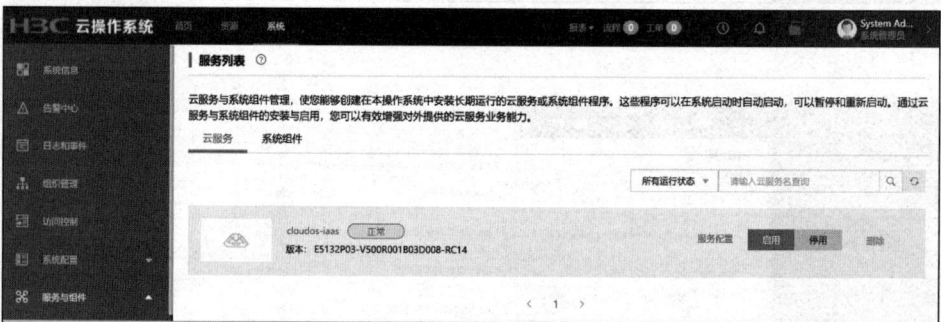

图 5-2-26　确认 IaaS 云组件正常运行

5.2.4.2　CloudOS 云平台对接 CAS 虚拟化平台

（1）选择"资源"→"虚拟化"，单击"虚拟化配置"按钮，如图 5-2-27 所示。

（2）在弹出的"新建虚拟化配置"对话框中输入 CAS 虚拟化平台管理 IP，设置用户名为"admin"，密码为"admin"，单击"确定"按钮，如图 5-2-28 所示。

（3）选择"云服务"→"虚拟化"，单击"虚拟化配置"按钮打开相应界面，如图 5-2-29 所示。

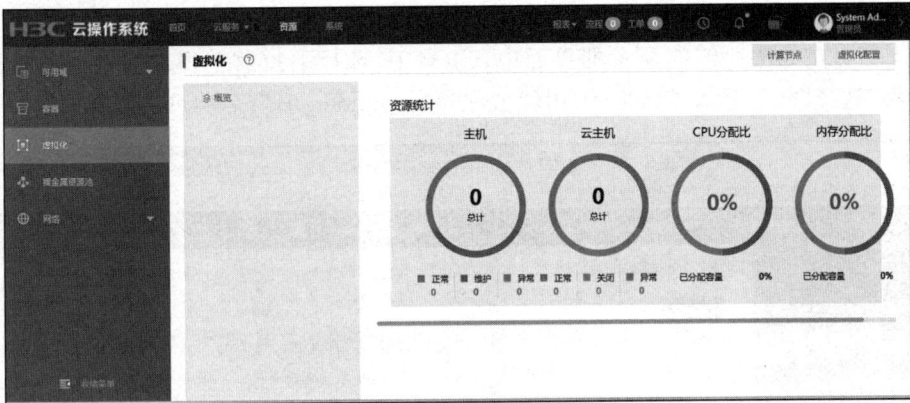

图 5-2-27　添加虚拟化资源

图 5-2-28　配置虚拟化资源信息

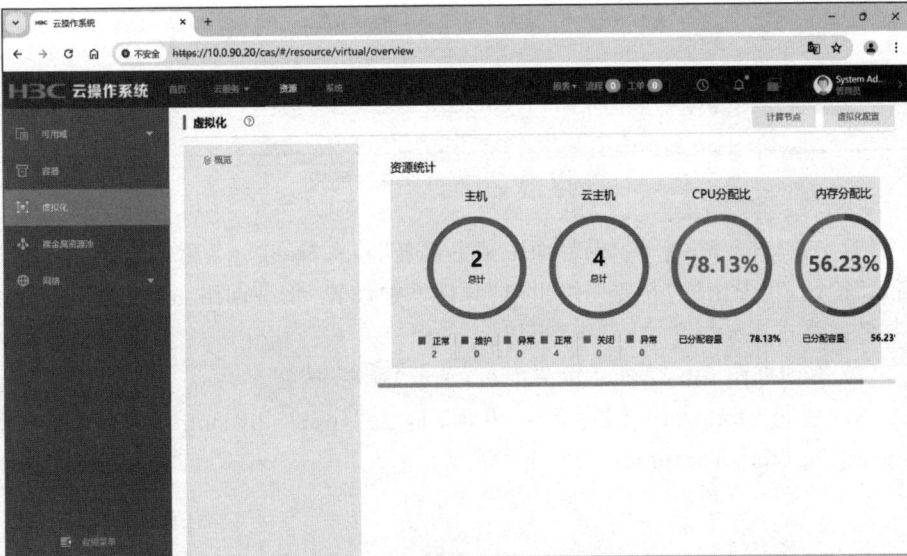

图 5-2-29　准备新建计算节点

（4）在如图 5-2-30 所示的界面中，单击"新建"按钮新建计算节点。

（5）在如图 5-2-31 所示的界面中，CVM IP 选择下拉菜单提供的选项，"集群名称"选择"all"，设置 Cinder 可用域名称为"az_cinder_01"（名称可自定义）。

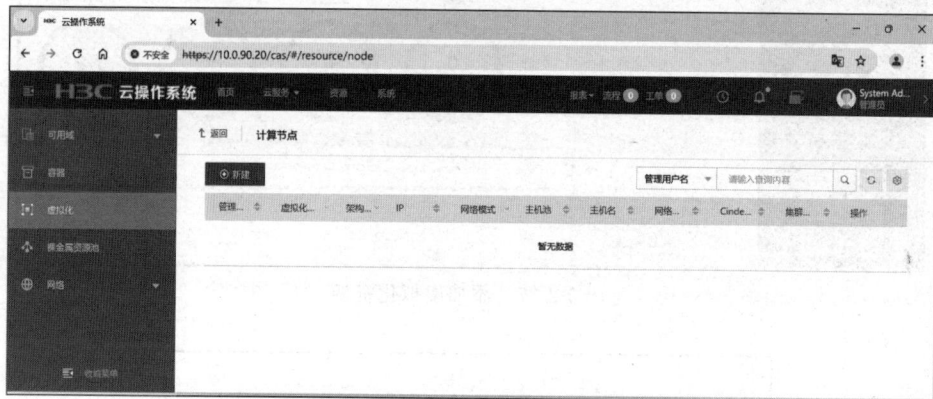

图 5-2-30　新建计算节点

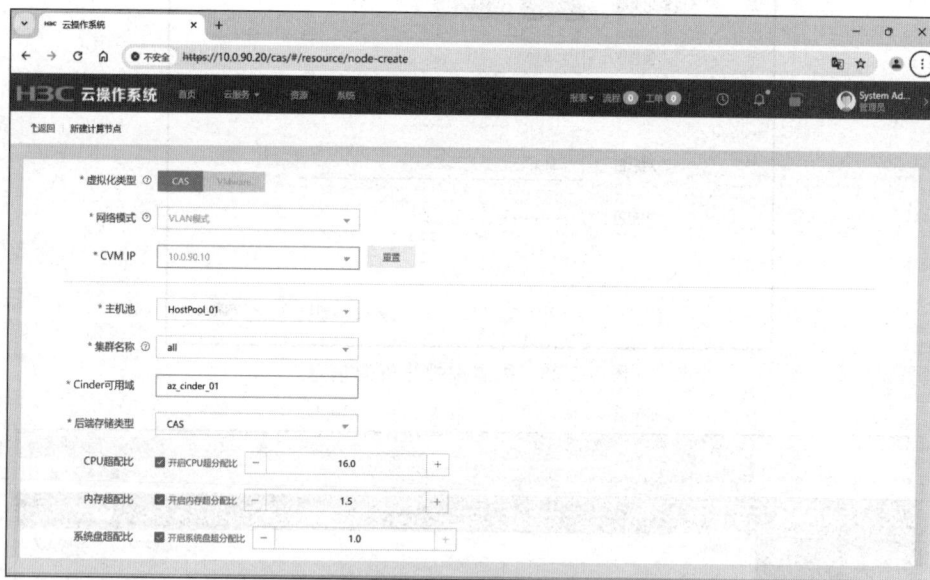

图 5-2-31　计算节点属性配置

（6）在如图 5-2-32 所示的界面中，"主机名"输入"cas7"（名称可自定义），单击"新建"按钮，在弹出的"新建网络出口"对话框中设置"物理网络名称"为"pnetout_01"（名称可自定义），单击"确定"按钮。

（7）返回如图 5-2-33 所示的界面后，单击"确定"按钮。

（8）登录 cloudos01 的命令行界面，进入"/opt/bin/common"目录，执行"source /opt/bin/common/tool.sh"命令，进入"/opt/repo"目录，如图 5-2-34 所示。

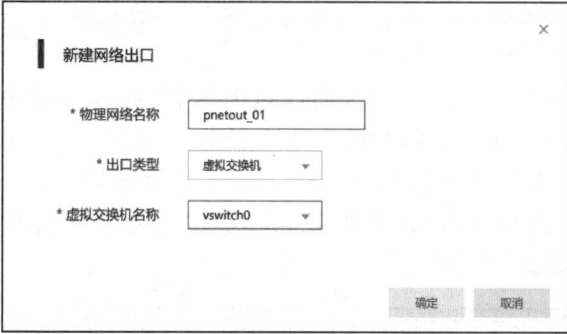

图 5-2-32　新建网络出口属性配置

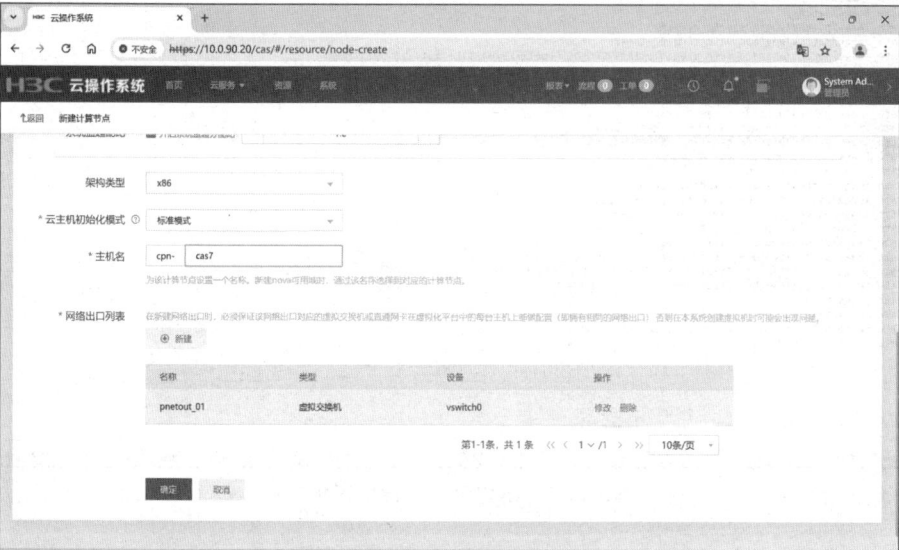

图 5-2-33　网络出口创建成功

图 5-2-34　cloudos01 的命令行界面

（9）执行"tar -xzvf update_imageV5.0-20211228.tar.gz -C /root"命令解包解压缩镜像固化工具,如图 5-2-35 所示。

（10）使用 XFTP 工具将 CAS 插件包上传至"/root/update_image/patchs/upgrade_cas_driver/files"目录,如图 5-2-36 所示。

（11）cloudos01 节点的命令行界面如图 5-2-37 所示,执行"pod｜grep cpn"命令,查看计算节点的容器名称（此处为 cpn-cas7rc）,然后执行"kubectl edit rc -n cloudos-iaas cpn-cas7rc"命令。

图 5-2-35　解包解压缩镜像固化工具

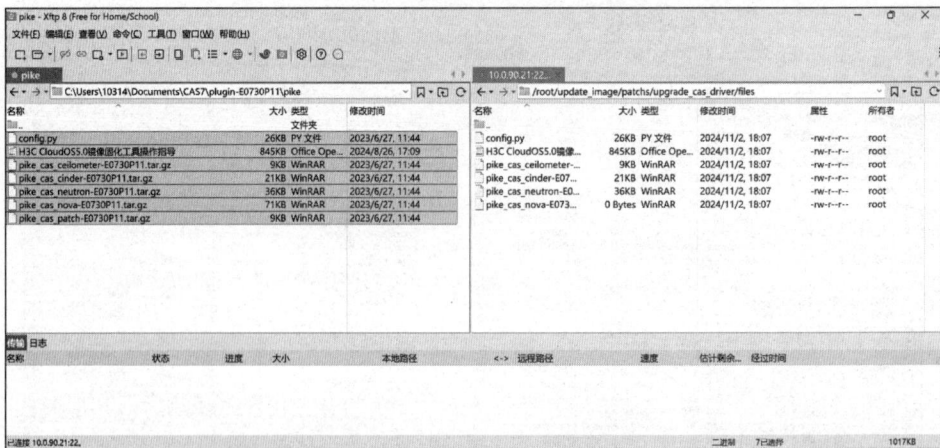

图 5-2-36　上传 CAS 插件包

（12）找到"image:",对后面的文本进行复制,如图 5-2-38 所示。

（13）执行"cd /root/update_image"命令,然后执行"sh main.sh"命令固化插件,如图 5-2-39 所示。

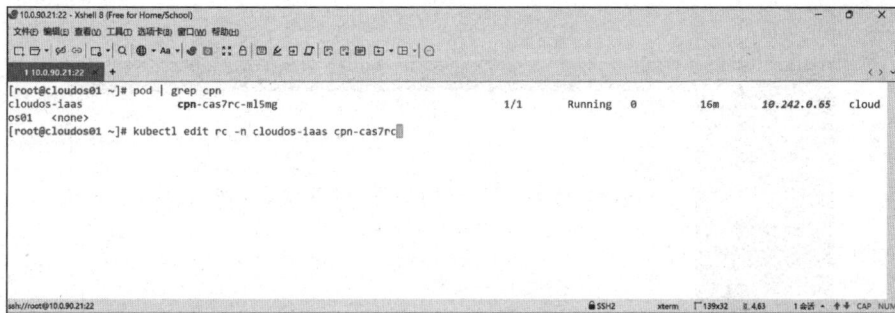

图 5-2-37　查看计算节点容器名称

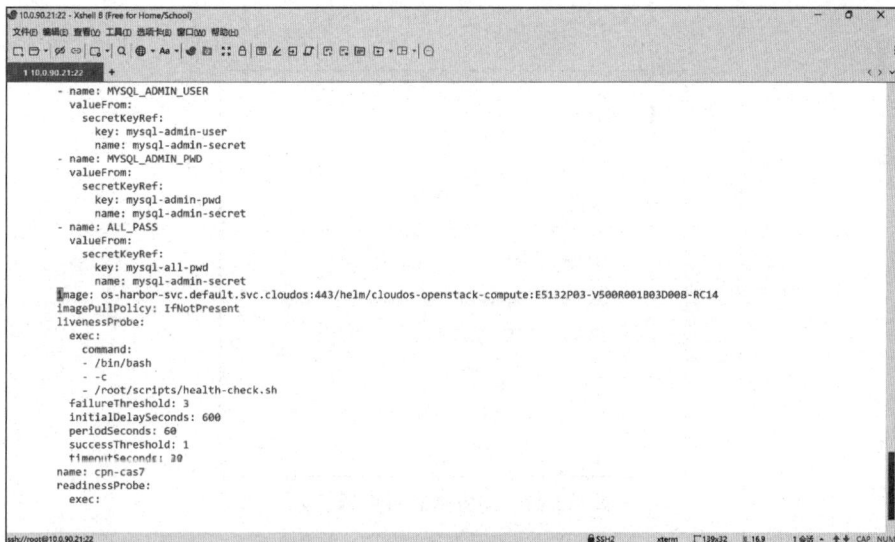

图 5-2-38　查找计算节点容器镜像名称

图 5-2-39　进行插件固化

（14）选择"资源"→"计算可用域"，单击"新建"按钮，如图 5-2-40 所示。

（15）弹出如图 5-2-41 所示的"新建可用域"对话框，"可用域别名"输入"az_compute_01"（名称可自定义），设置"可用域"为"az_compute_01"，"可用主机"选择"cpn-cas7rc"，单击"确定"按钮。

教学视频

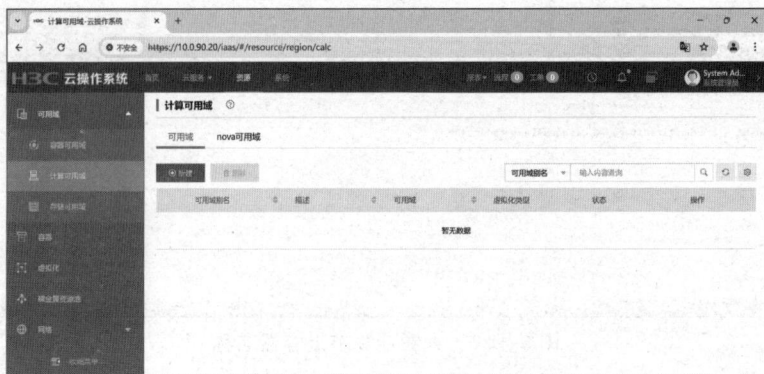

图 5-2-40　新建计算可用域

图 5-2-41　配置计算可用域参数

（16）选择"存储可用域"，单击"新建"按钮，如图 5-2-42 所示。

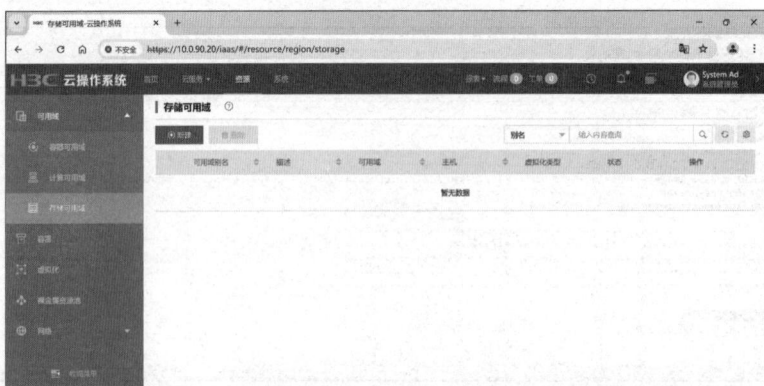

图 5-2-42　新建存储可用域

　　（17）在弹出的如图 5-2-43 所示的"新建可用域"对话框中，"可用域别名"输入"az_storage_01"（名称可自定义），"可用域"选择"az_cinder_01"，单击"确定"按钮。

　　（18）选择"资源"→"网络规划"，勾选"pnetout01"复选框，单击"保存配置"按钮，如图 5-2-44 所示。

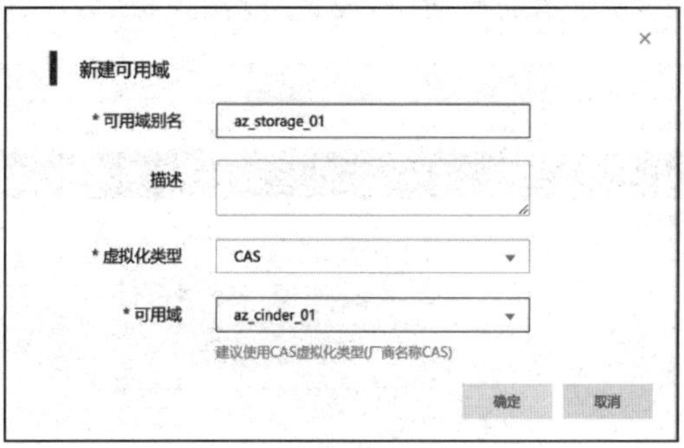

图 5-2-43　配置存储可用域参数

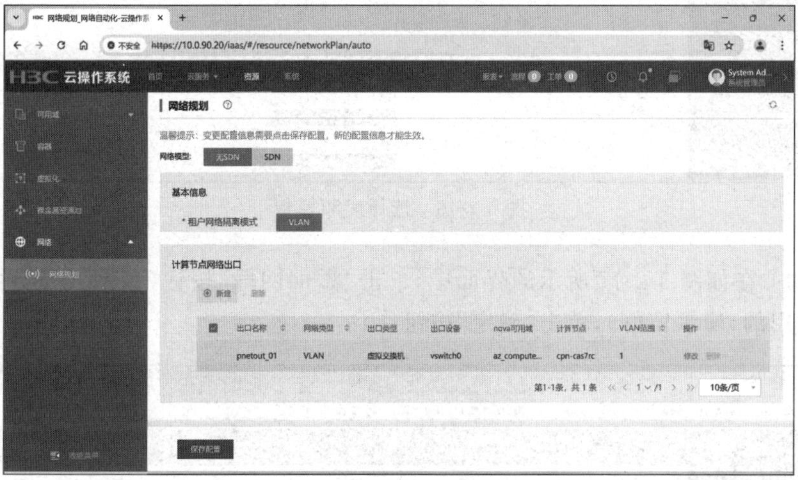

图 5-2-44　选择网络出口

（19）选择"系统"→"组织管理"→"root"，切换至"配额"选项卡，如图 5-2-45 所示。

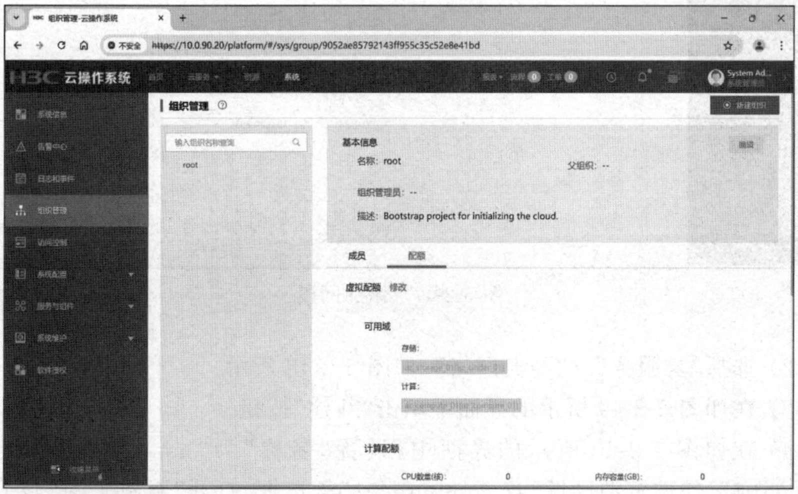

图 5-2-45　"配额"选项卡

(20) 在如图 5-2-46 所示的界面中,设置"配额模板"为"大型"。

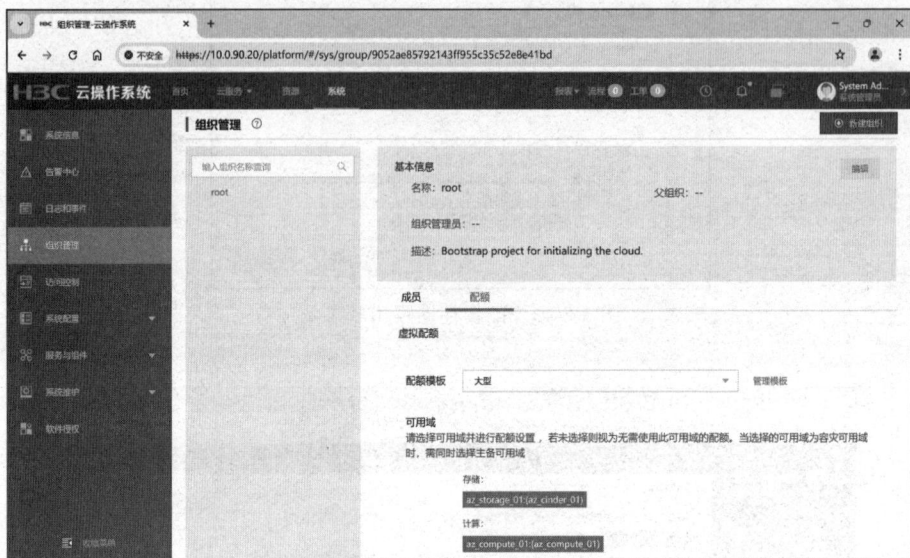

图 5-2-46　选择配额模板

(21) 在如图 5-2-47 所示的界面中,单击"添加网段"按钮(该网段是分配给云主机使用的,应预留好),单击"确定"按钮。

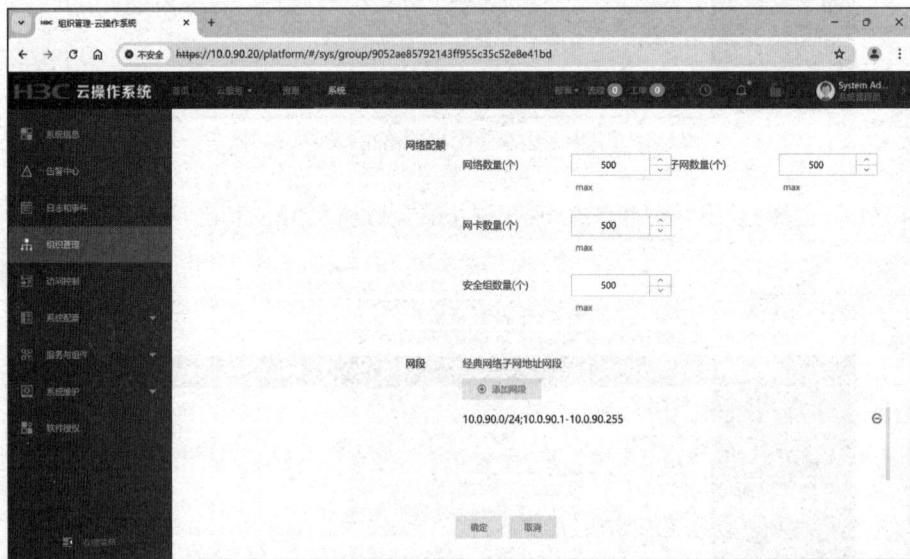

图 5-2-47　添加网段

(22) 选择"云服务"→"经典网络",如图 5-2-48 所示。

(23) 在如图 5-2-49 所示的界面中单击"新建"按钮。

(24) 在如图 5-2-50 所示的界面中,设置"名称"为"net01","网络出口"为"pnetout_01",勾选资源区域"az_compute_01"复选框,打开"新建子网"开关,单击"确定"按钮。

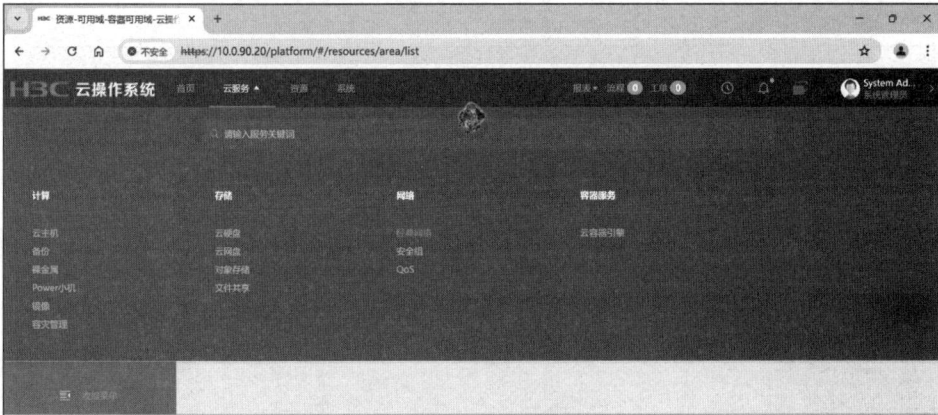

图 5-2-48　选择"经典网络"

图 5-2-49　新建经典网络

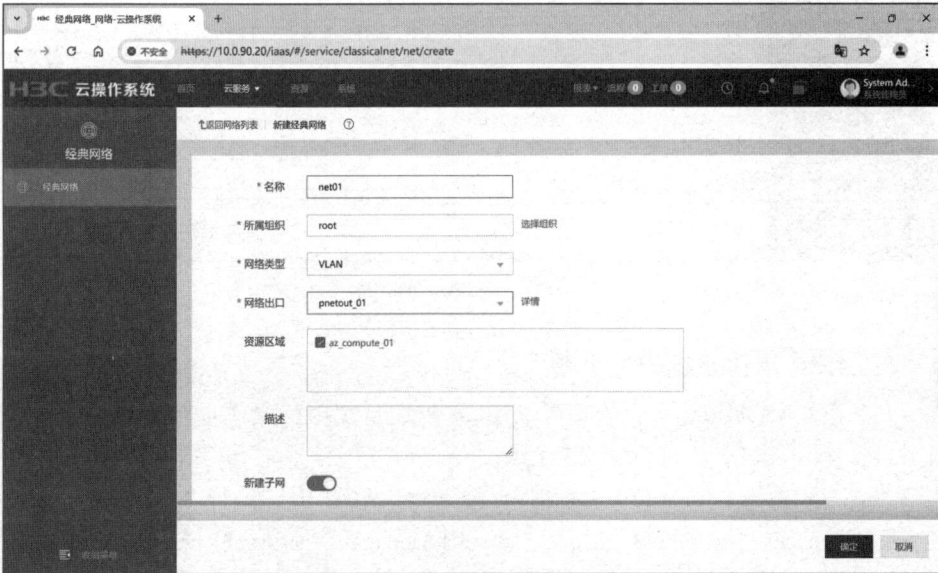

图 5-2-50　配置经典网络参数

（25）在如图 5-2-51 所示的界面中，单击"新建"按钮。

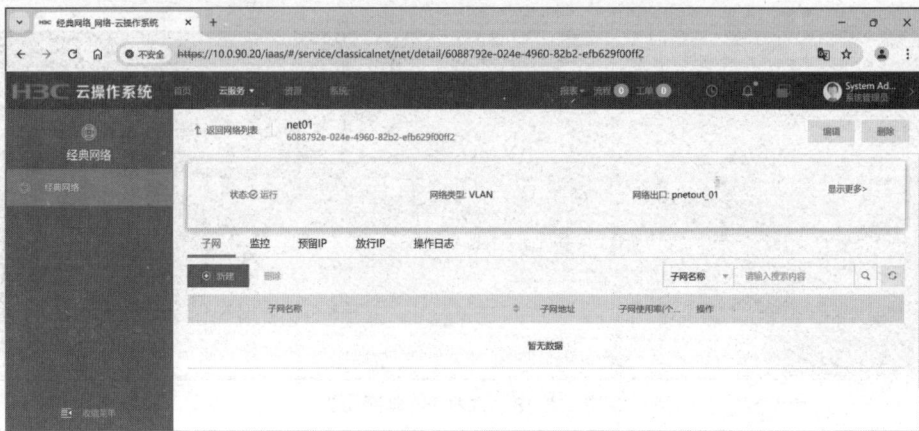

图 5-2-51　新建子网

（26）在如图 5-2-52 所示的界面中，设置"名称"为"subnet01"，"子网地址"选择默认设置，"网关地址"填写对应网段预留的网关地址，然后单击"确定"按钮。

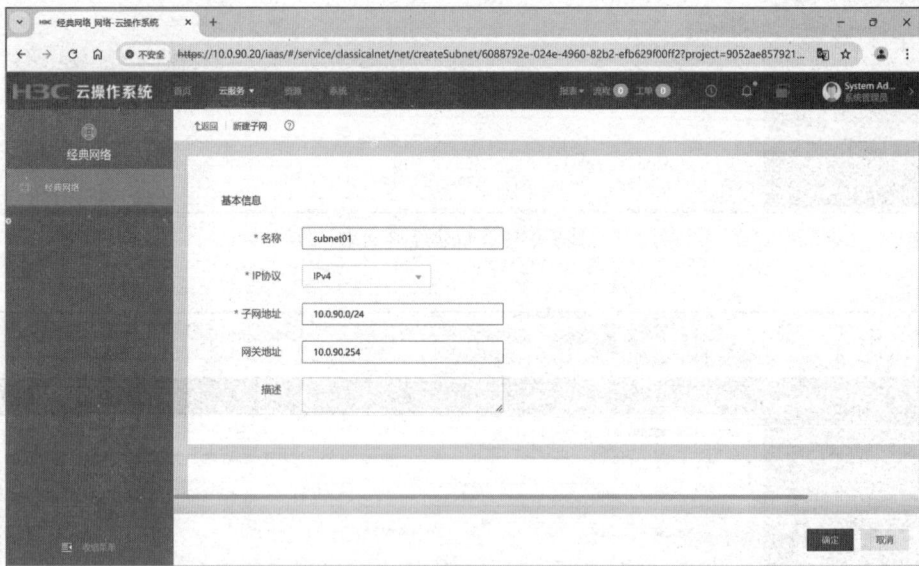

图 5-2-52　配置子网参数

5.2.4.3　制作云镜像并上传

（1）在 CAS 虚拟化平台管理界面中，重复项目 3 中的操作步骤新建一台虚拟机 image_centos7（名称可自定义），如图 5-2-53 所示。

（2）在 image_centos7 虚拟机控制台界面中，执行 "systemctl stop NetworkManager" "systemctl disable NetworkManager" "systemctl stop firewalld" "systemctl disable firewalld" 命令，编辑网卡文件 "/etc/sysconfig/network-scripts/ifcfg-eth0"，如图 5-2-54 所示。

教学视频

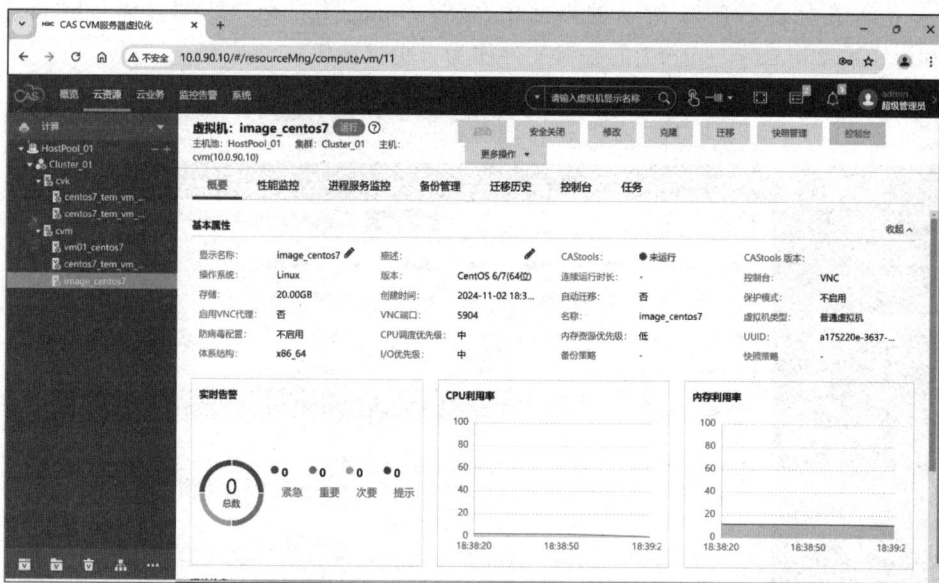

图 5-2-53　创建制作云镜像的虚拟机

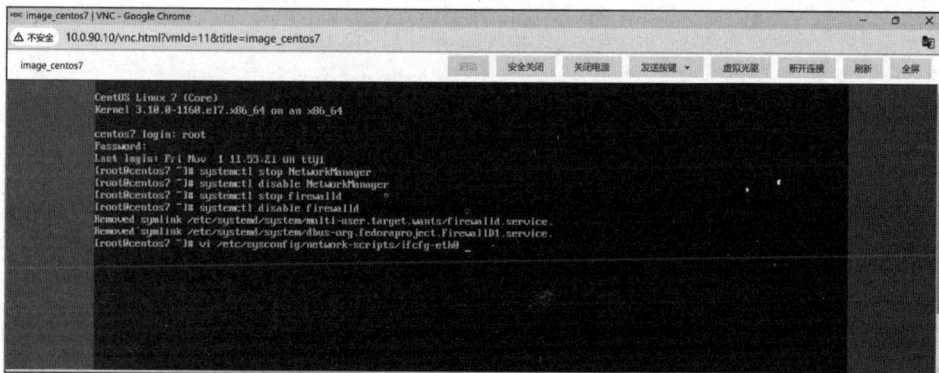

图 5-2-54　配置虚拟机系统参数

（3）在 image_centos7 虚拟机控制台界面中，编辑网卡文件的内容，如图 5-2-55 所示。

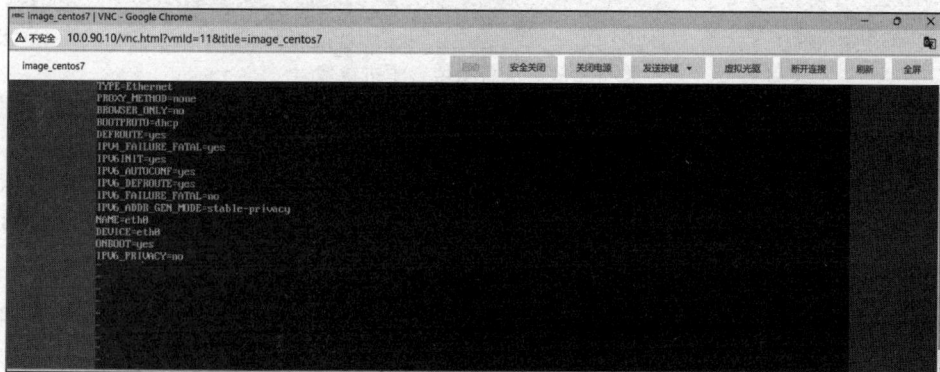

图 5-2-55　编辑网卡文件

（4）在如图 5-2-56 所示的界面中，选择"image_centos7"→"存储"→"vm_200g"，下载 image_centos7 的磁盘文件作为云主机镜像。

图 5-2-56　下载磁盘镜像

（5）在如图 5-2-57 所示的云平台界面中选择"云服务"→"镜像"。

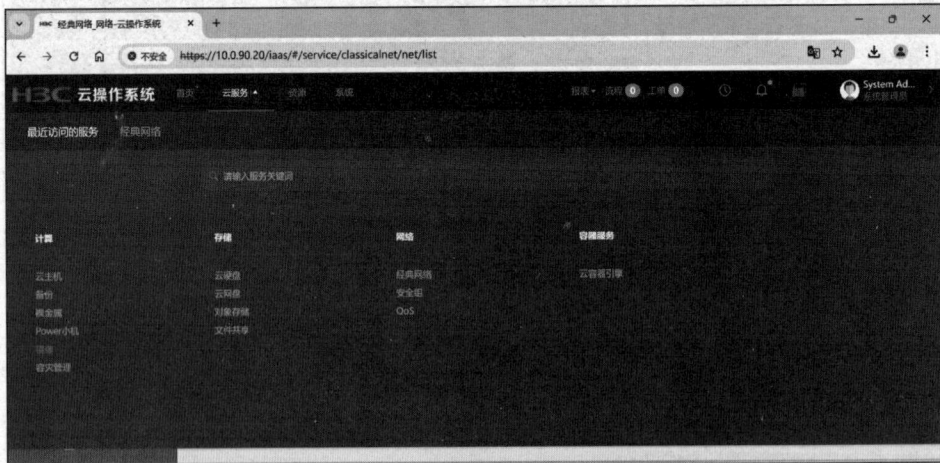

图 5-2-57　准备上传云主机镜像

（6）在如图 5-2-58 所示的界面中，单击"新建"按钮。

（7）在如图 5-2-59 所示的界面中，设置数据镜像名称为"image-centos7"（名称可自定义），"磁盘格式"选择"QCOW2-QEMU 模拟器"，"操作系统类型"选择"centos"，"镜像类型"选择"CentOS 4/5/6/7（64bit）"。

（8）在如图 5-2-60 所示的界面中，设置"最小磁盘（GB）"为"20"，选择"本地上传"，上传之前下载的云主机镜像文件 image_centos7，单击"确定"按钮。

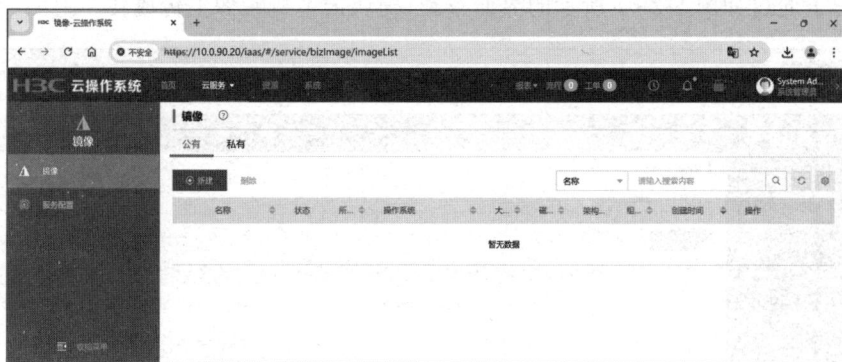

图 5-2-58 新建云主机镜像

图 5-2-59 设置云镜像参数

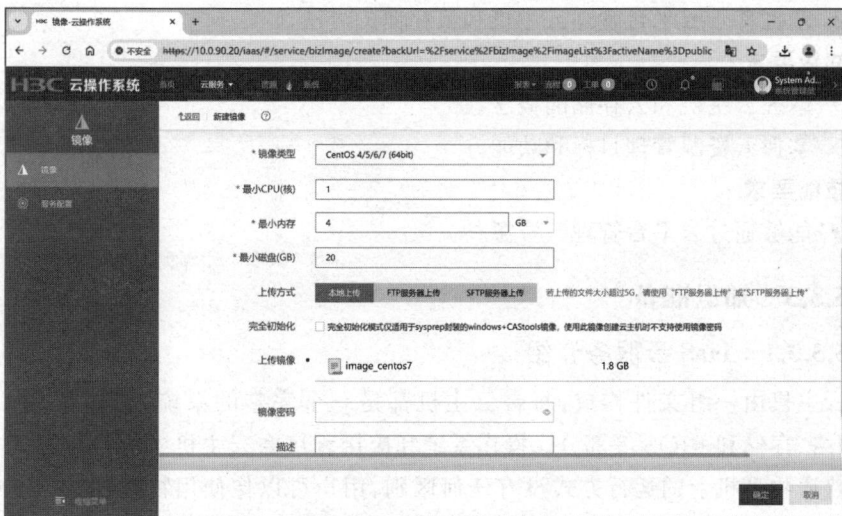

图 5-2-60 上传云主机镜像文件

（9）通过如图 5-2-61 所示的界面查阅,确认云主机镜像上传成功。

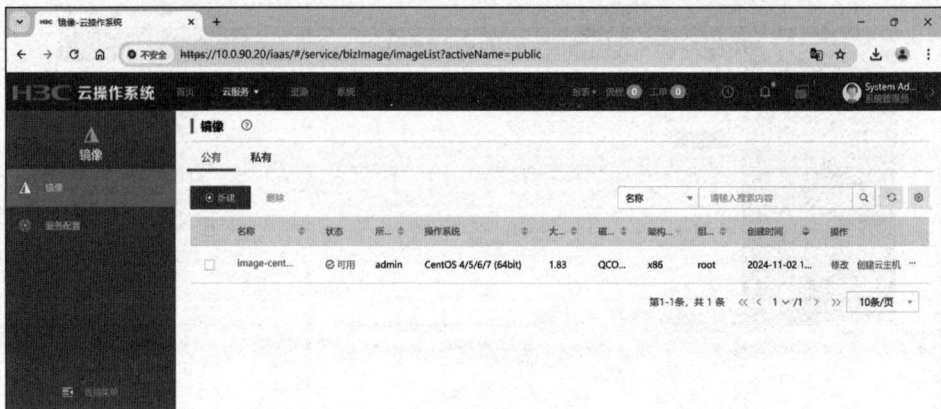

图 5-2-61　确认云主机镜像上传成功

任务 5.3　租户通过 CloudOS 申请云主机和云存储

5.3.1　任务介绍

了解 CloudOS 管理使用云主机和云存储的各项功能,通过云平台管理各种 IaaS 云资源。

5.3.2　任务分析

要顺利完成任务,首先需要进行任务需求分析,厘清其知识要求、技能要求。经过对任务的仔细研究,得出以下分析结果。

需求分析

- 了解云主机和云存储。
- 掌握基于云平台管理云主机和云存储的方法。

知识要求

- 掌握云主机和云存储的概念。
- 掌握云资源管理目标和功能。

技能要求

- 能够通过云平台管理云资源。

5.3.3　知识准备

5.3.3.1　IaaS 云服务介绍

云主机由一组文件构成,每台云主机都是一个完整的系统,它具有 CPU、内存、网络、存储和 BIOS 等部分。操作系统和应用程序在云主机中的运行方式与它们在普通物理机上的运行方式没有任何区别,用户可以像使用物理服务器一样使用云主机,通过与安全组、云硬盘、可用域、密钥对等云服务结合,云主机还可以进一步为用户提供安全、高效的计算环境。

与传统的虚拟化平台相比,云主机服务更关注如何将虚拟化平台提供的计算资源以服务的形式交付给用户使用,方便用户按需灵活地获取计算资源。

云硬盘是一种虚拟块存储服务,为云主机提供持久化存储,用户可以将云硬盘挂载至云主机,作为云主机的数据盘使用,像使用物理硬盘一样格式化、建立文件系统,且云硬盘不会随云主机的销毁而消失。CloudOS 基于 OpenStack Cinder 项目实现云硬盘服务,可完成对云硬盘的全生命周期管理,同时提供了备份和快照功能,以保证数据的可靠性,提供克隆功能使数据复用更方便。

5.3.3.2　组织管理介绍

组织是对以租赁方式使用云资源的团体的统称,是本系统进行资源分配的单位。系统管理员根据组织规模大小,为组织分配相应的 CPU、内存、硬盘、网络等资源供组织使用,不同组织间的资源相互隔离。当组织资源需要调整时,系统管理员可根据需要进行调整。CloudOS 组织采用树形层级结构进行管理,系统限定只有 1 个根组织,该组织的管理员为系统管理员(登录用户名默认为 admin),组织的层级数最大支持 6 级(包括根组织)。

组织是云资源分配的最小单位,可根据需求规划多层级的组织架构。不同组织下的资源相互隔离,且子组织的资源配额总和不能超过父组织的资源配额,而根组织是所有一级组织的父组织,该组织的管理员为系统管理员,组织配额则是对该组织可用的各种云资源数量进行额度限制,组织架构如图 5-3-1 所示。

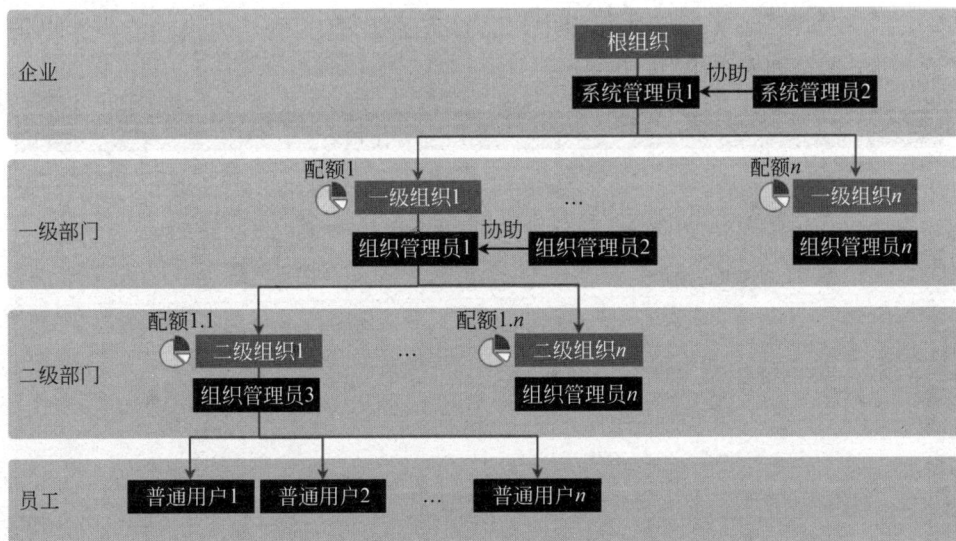

图 5-3-1　组织架构

5.3.4　任务实施

5.3.4.1　租户申请云主机

(1) 在云平台管理界面,选择"云服务"→"云主机",如图 5-3-2 所示。

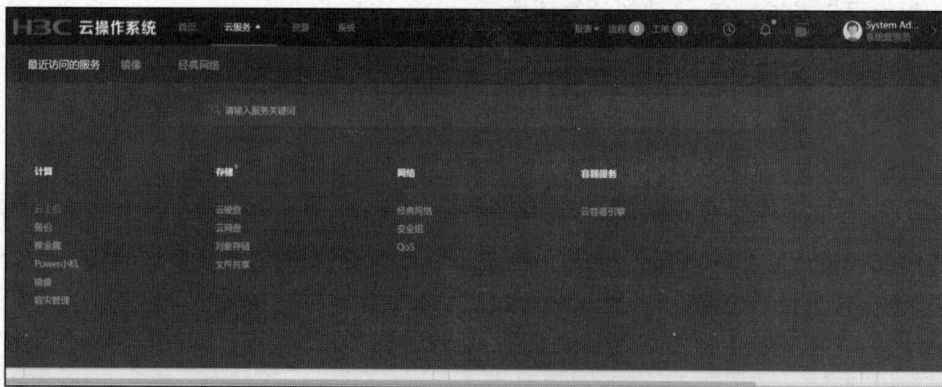

图 5-3-2　准备申请云主机

（2）在如图 5-3-3 所示的界面中，选择"实例"，单击"新建"按钮。

图 5-3-3　申请云主机

（3）在如图 5-3-4 所示的界面中，选择"资源区域"为"az_compute_01"，单击"下一步：网络和安全组"按钮。

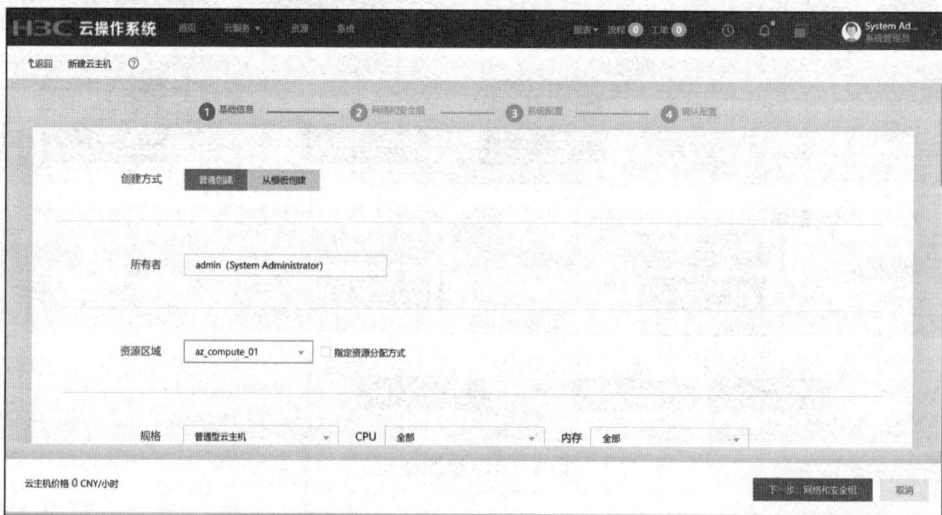

图 5-3-4　云主机参数设置

（4）通过如图 5-3-5 所示的界面，确认网络信息，单击"下一步：系统配置"按钮。

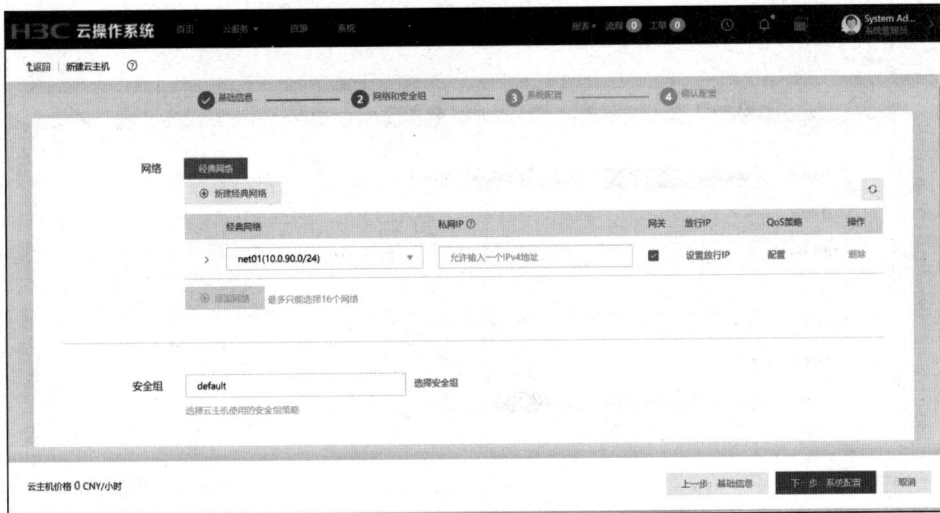

图 5-3-5　云主机网络参数设置

（5）通过如图 5-3-6 所示的界面，设置"云主机名称"为"ecs_test"（名称可自定义），"云主机别名"为"ecs-test"（名称可自定义），租期任意，切换至"手工设置密码"选项卡。

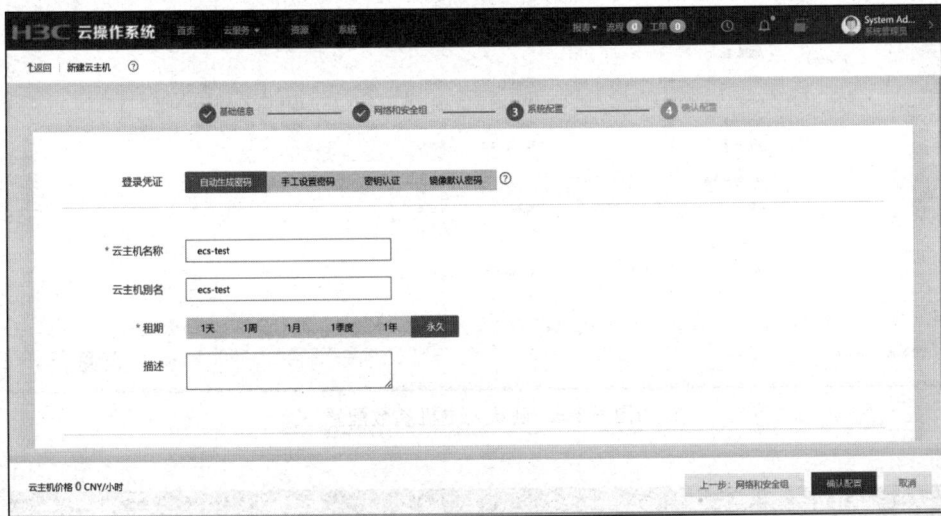

图 5-3-6　云主机名称设置

（6）在如图 5-3-7 所示的界面中，连续 2 次输入云主机登录密码（注意有密码复杂度要求），单击"确认配置"按钮。

（7）在如图 5-3-8 所示的界面中，确认云主机的参数配置无误，然后单击"确定"按钮。

（8）通过如图 5-3-9 所示的界面，确认云主机创建成功并处于运行状态，并查询到相应的 IP 地址是 10.0.90.132。

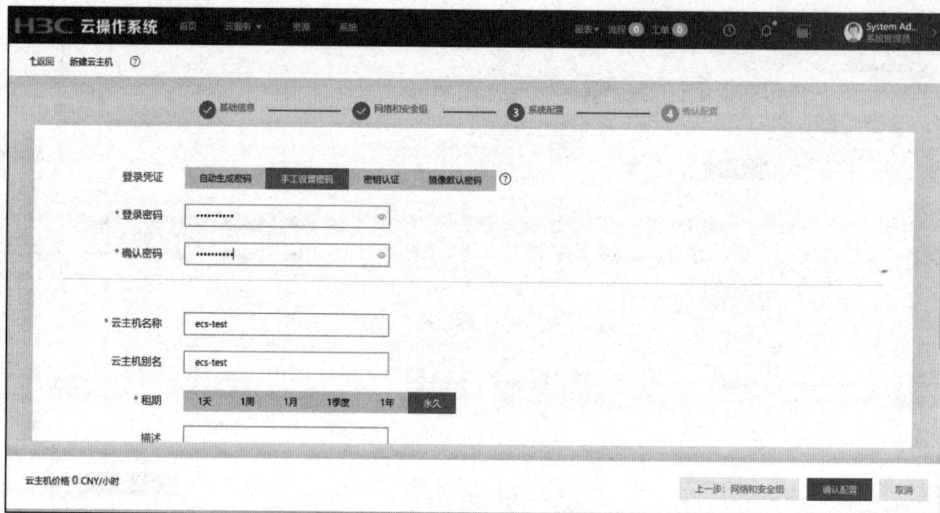

图 5-3-7　云主机登录密码设置

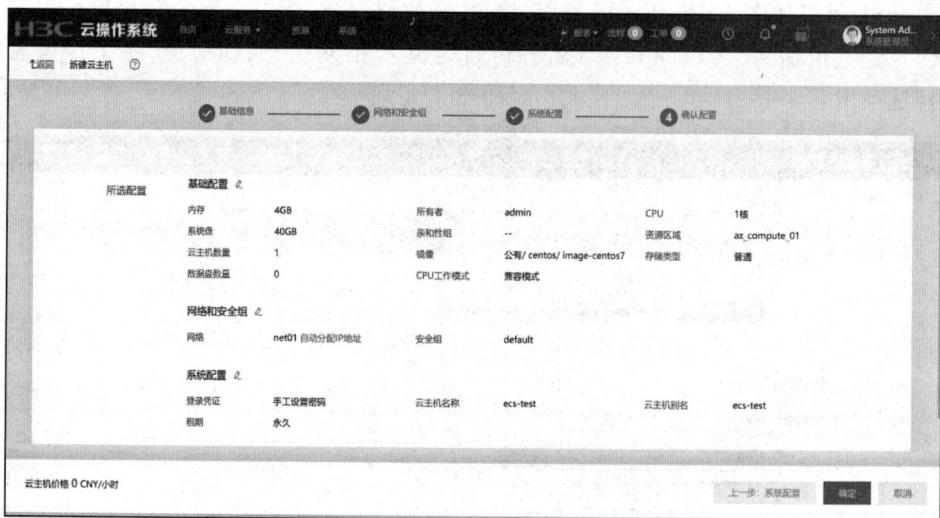

图 5-3-8　确认云主机参数配置

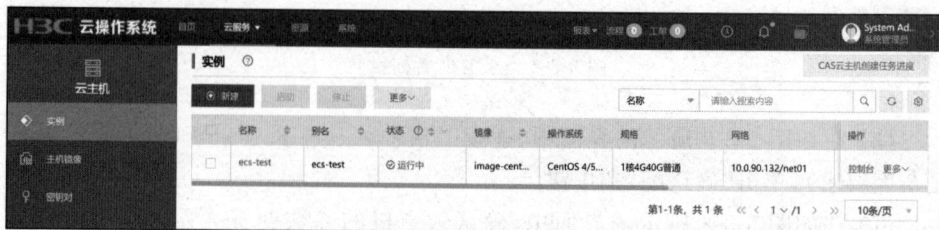

图 5-3-9　确认云主机申请成功

（9）用户通过 IP 地址 SSH 远程登录云主机操作界面，开始使用云主机，如图 5-3-10 所示。

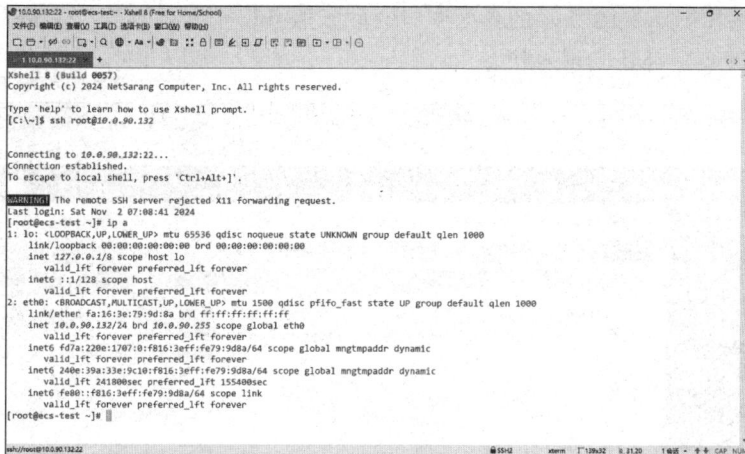

图 5-3-10　使用申请的云主机

5.3.4.2　租户申请云存储

（1）云平台管理界面如图 5-3-11 所示，选择"云服务"→"云硬盘"→"实例"，单击"新建"按钮。

（2）在如图 5-3-12 所示的界面中，"资源区域"选择"az_storage_01"，"名称"输入"disk_test"（名称可自定义），然后单击"确定"按钮。

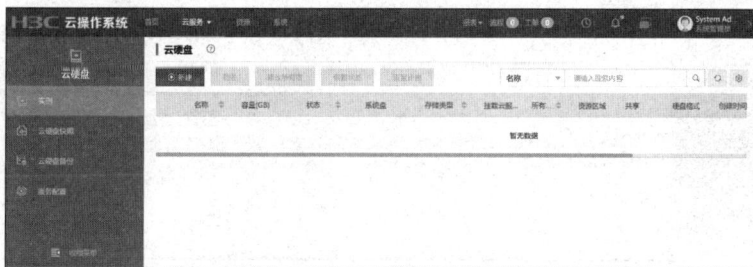

图 5-3-11　准备申请云硬盘

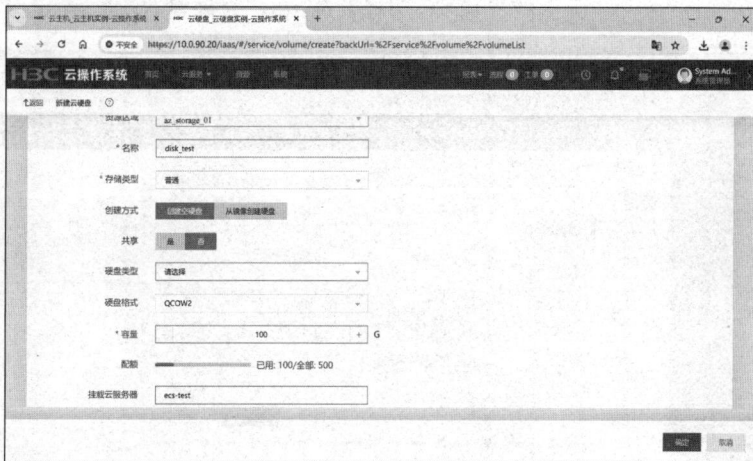

图 5-3-12　云硬盘参数配置

教学视频

（3）在如图 5-3-13 所示的界面中，选择"云服务"→"云硬盘"→"实例"，查看刚创建的云硬盘是否处于可用状态。

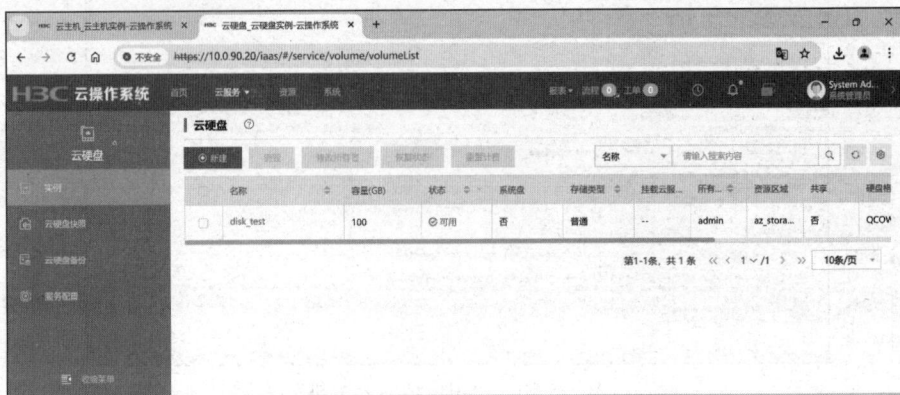

图 5-3-13　查看云硬盘的状态

（4）在如图 5-3-14 所示的界面中，单击"挂载到云主机"按钮。

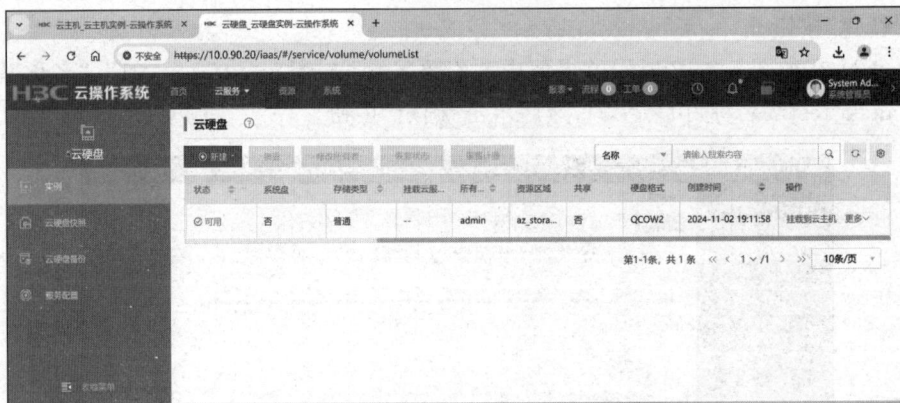

图 5-3-14　准备将云硬盘挂载到云主机

（5）在如图 5-3-15 所示的界面中，选择"ecs-test"云硬盘，单击"确定"按钮。

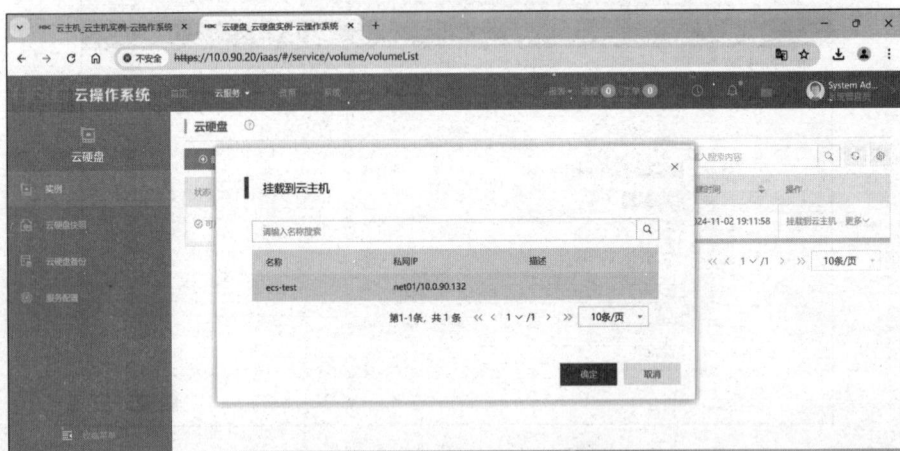

图 5-3-15　云主机挂载云硬盘完成

（6）Xshell 登录云主机界面，执行"ll /dev/vd＊"命令，出现新的/dev/vdb 确认云主机挂载云硬盘成功，如图 5-3-16 所示。

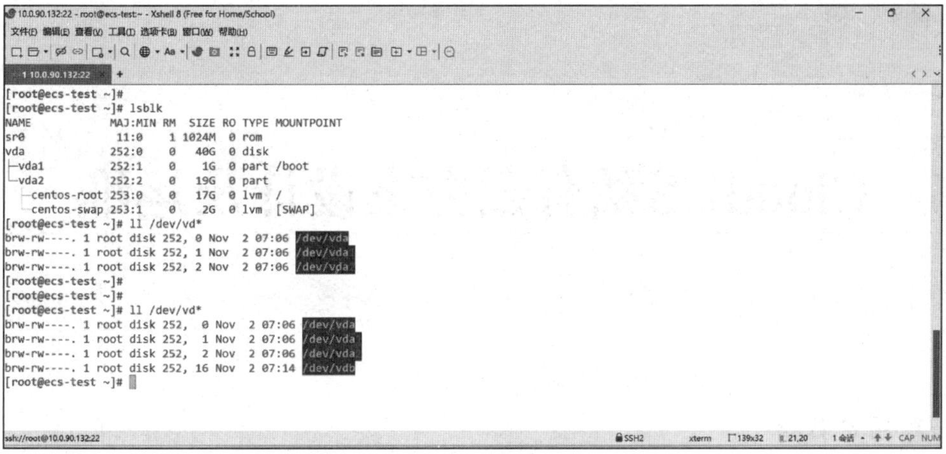

图 5-3-16　确认云主机挂载云硬盘成功

项目总结

项目 5"企业云平台应用"包含 3 个项目任务：任务 5.1 是 CloudOS 云平台节点安装和集群部署，任务 5.2 是 CloudOS 云平台对接 CAS 虚拟化资源，任务 5.3 是租户通过 CloudOS 申请云主机和云存储。项目学习过程中了解了 CloudOS 云平台产品的特点，熟悉 CloudOS 云平台集群的安装、部署、日常管理，熟练地掌握云主机镜像的制作、云主机的创建以及云存储资源的管理。

通过本项目的学习，对新华三商用 CloudOS 云平台有一定的认知，能够理解云平台、云服务、IaaS 等基本概念和相关基础理论，并能够熟练掌握 CloudOS 云平台的日常操作，建立对 CloudOS 云平台的理解和认知。为了解云计算代表的新 IT 以及将来在工作场景中使用私有云或公有云打下坚实的基础。

对项目实施过程中产生的信息进行总结，并填写项目记录表。

项目记录表

项目实施过程中使用的配置参数（主机名、密码、IP 等）：

项目实施过程中需要掌握的关键点：

项目实施过程中遇到的异常问题：

项目 6

CloudOS私有云方案设计及运维

项目背景

数字经济开启了新时代,新型基础设施建设、东数西算工程、数字主权都加速了云平台作为数字化底座的建设需求。例如,近年来掀起的在线教育风潮,在线教育平台基本上都是基于云平台底座部署的。云是"新 IT 基础设施"的重要组成部分、数字经济的重要底座,人们进一步认识到数字化的重要性,全社会百行百业都应该加快拥抱数字技术,用数字赋能行业发展。

多样性数据时代已经来临,需要更加实时、智能的手段对数据价值进行挖掘,云平台凭借其自身的特点体现出独特价值,驱动全流程的智能化变革,支撑业务快速创新和迭代,基于云原生实现应用的敏捷化,从构思到落地的过程中兼顾原有应用,并实现渐进式创新,实现的过程相对比较复杂。

云平台建设完成之后,还需要专业人员进行日常运维,包括故障处理、功能变更、改造升级等。故障处理的总体流程包括故障信息收集、故障类型判断、故障定位、故障恢复、故障恢复确认、故障处理过程记录等。其中故障信息是故障处理的重要线索,系统维护人员应尽可能多地收集故障信息,在排除系统故障之前,系统维护人员根据收集的故障详细信息,对故障范围和类型进行判断,并通过一定的方法或手段分析、比较各种可能的故障成因,不断排除非可能因素最终确定故障发生的具体原因,然后针对不同的故障原因,进行相应的故障处理。故障处理完成后要确认设备状态正常、设备指示灯正常或告警已清除,通过业务相关测试确认业务正常,等到故障排除后应记录故障处理要点,给出针对此类故障的防范和改进措施,避免同类故障再次发生。

本项目旨在对企业私有云核心功能进行设计和规划,理解和掌握 CAS 虚拟化平台及 CloudOS 云平台的日常运维,通过学习,熟悉运维的背景知识和基础原理,掌握 CAS 和 CloudOS 的命令行维护界面和图形维护界面的操作技能。

项目目标

- 了解基于 CloudOS 的企业私有云架构。
- 设计和规划企业私有云核心部分。
- 掌握 CAS 虚拟化平台和 CloudOS 云平台的基本运维方法。

职业能力要求

- 掌握 CAS 虚拟化平台的日常运维方法。
- 掌握 CloudOS 云平台的日常运维方法。
- 了解私有云相关基础认识。
- 了解私有云设计和规划的基础知识。

项目资源清单

序号	资 源 目 录
1	项目 3 部署就绪的 CAS 虚拟化平台
2	项目 5 部署就绪的 CloudOS 云平台
3	终端软件 Xshell 或其他同类软件平替
4	谷歌或火狐浏览器

任务 6.1　云计算解决方案设计

6.1.1　任务介绍

某公司新建基于 CloudOS 的私有云平台,使用 CAS 作为虚拟化平台,现在需要系统运维人员进行日常的管理和维护,同时需要进行资源扩容,需要设计和规划整个私有云资源。

6.1.2　任务分析

要顺利完成任务,首先需要进行任务需求分析,厘清其知识要求、技能要求。经过对任务的仔细研究,得出以下分析结果。

需求分析

- 了解企业私有云的基本概念。
- 掌握规划和设计私有云的基本方法。

知识要求

- 掌握虚拟化和云平台的基本概念。
- 了解 x86 服务器硬件、存储基本知识。
- 理解虚拟化平台和云平台的关系。

技能要求

- 能够分析硬件配置规格。
- 能够绘制基本的私有云拓扑图。

6.1.3　知识准备

企业内部私有云设计和规划的基本流程包括用户业务需求分析、技术分析、框架设计、建设规划、建设规范要求、IT 现状调研等,属于系统工程的范畴,涉及面极广,主要涉及私有云中基本的虚拟化资源云化管理,任务 6.1 旨在了解虚拟化节点和云平台节点的硬件规划,从而构建一个最简单的私有云框架。

在 CAS 虚拟化平台中,CVM 服务器用于对 CVK 主机进行集群方式的统一管理,也可以将自身加入平台的主机池或集群中,以便创建和运行虚拟机。如果 CVM 服务器不加入主机池或集群(不同时作为 CVK 服务器),不在服务器上创建、运行虚拟机,则服务器不要求 CPU 支持虚拟化功能;如果 CVM 服务器加入主机池或集群(同时作为业务服务器),并在 CVM 服务器上创建、运行虚拟机,则要求 CPU 支持虚拟化功能,需要的硬件配置如表 6-1-1 所示。

表 6-1-1　管理服务器推荐配置

规　　模	CPU 规格	内存规格	存　　储	备　　注
服务器:<50 虚拟机:<1000	≥16	≥32GB	600GB	建议物理机部署
服务器:50~100 虚拟机:1000~3000	≥16	≥64GB	2 个 SAS 盘组(600G)RAID1	建议物理机部署
服务器:100~256 虚拟机:3000~5000	≥24	≥128GB	2 个 SSD 盘组(960G)RAID1	要求物理机部署,数据库存储在 SSD 上
服务器:256~512 虚拟机:>5000	≥32	≥256GB	2 个 SSD 盘组(960G)RAID1	要求物理机部署,数据库存储在 SSD 上

CAS 业务服务器,也称为虚拟机所在的物理主机,用于支撑数据中心运行。在业务服务器上只需安装 CAS 的 CVK 组件即可实现支撑作用,其硬件配置推荐如表 6-1-2 所示。

表 6-1-2　业务服务器推荐配置

指　标　项		双　　路	四　　路	八　　路
CPU(建议主频在 2GHZ 以上)		双路四核	四路双核或四核	八路双核或四核+
内存		≥32GB	≥64GB	≥128GB
千兆/万兆网卡	无外接存储	≥4	≥4	≥4
	使用 FC 存储	≥4	≥4	≥4
	使用 IP 存储	≥6	≥6	≥6
内置硬盘(使用外置磁盘阵列时)		2	2	2
CD/DVD ROM		1	1	1
电源		双冗余	双冗余	双冗余

数据中心的网络规划建议采用多网卡聚合的方式,增加链路的冗余性。使用 IP SAN(存储局域网络)存储时,服务器配置 6 个网卡,管理网络、存储网络和业务网络分别使用 2 个网卡;使用 FC SAN 存储时,服务器配置 4 个网卡,管理

网络和业务网络分别使用2个网卡,服务器还需要配置2个FC HBA(主机总线适配器)卡,分别连接不同的FC光纤交换机。网络规划建议交换机采用堆叠方式,如H3C交换机需配置IRF(虚拟化技术)功能。如果管理网络交换机开启STP(生成树协议),则需要将CVK管理网连接的端口配置成STP边缘端口,一台服务器只允许配置一个默认网关,业务用的业务网卡可以不配置IP地址信息。同一个集群下,主机的虚拟交换机(为虚拟机分配虚拟网卡的虚拟交换机)名称必须保持一致,否则会导致虚拟机迁移异常、创建组织时无法选择该虚拟交换机等问题。

"CloudOS＋IaaS"运行环境的云平台中CloudOS控制节点的建议配置如表6-1-3所示。

表6-1-3　云平台服务器推荐配置

配 置 项	最低配置要求	
型号	主流服务器厂商x86服务器(参考配套发布的软硬件兼容性列表)	
数量	≥3台,单台的配置如下所述	
CPU	Intel Xeon V3系列或更新型号,总核数≥24 主频:≥2.0 GHz	
内存	≥96GB	
系统盘	HDD(至少2块):容量≥600GB　转速≥10000r/min 可选SSD	
数据盘	HDD(至少2块):容量≥100GB但不超过1TB　转速≥10000r/min 供etcd使用,推荐用SSD盘	
RAID卡	缓存≥1GB支持掉电保护	
网卡	≥4个1000 Base-T接口 ≥2个10 Gbps SFP＋接口(可选)	
存储卡(可选)	IP存储	≥2个10 Gbps SFP＋接口
	FC SAN	≥2个8 Gbps SFP＋FC接口
	以上IP存储与FC SAN方案二选一	

6.1.4　任务实施

私有云IaaS服务通常包括计算、存储、网络及网络安全服务等云服务,建议统一规划IaaS资源池。企业数据中心私有云架构的核心部分主要涉及虚拟化资源和云平台。虚拟化资源采用CAS的产品,配套对应的存储节点、交换机、路由器、负载均衡(LB)设备、安全设备防火墙(FW)等,然后通过CloudOS云平台对各种资源进行云化管理。根据现有业务假定设计3个19英寸的标准机柜,每个机柜满配服务器节点作为数据中心的业务区,CAS管理节点和CloudOS云平台节点作为管理区,每个机柜规划两台标准的TOR交换机做服务器接入,整个数据中心用两台交换机做网络内部连接,用两台路由器做网络边界接入Internet,两台LB实现流量负载分担,两台FW做网络边界安全防护。私有云架构设计拓扑如图6-1-1所示。

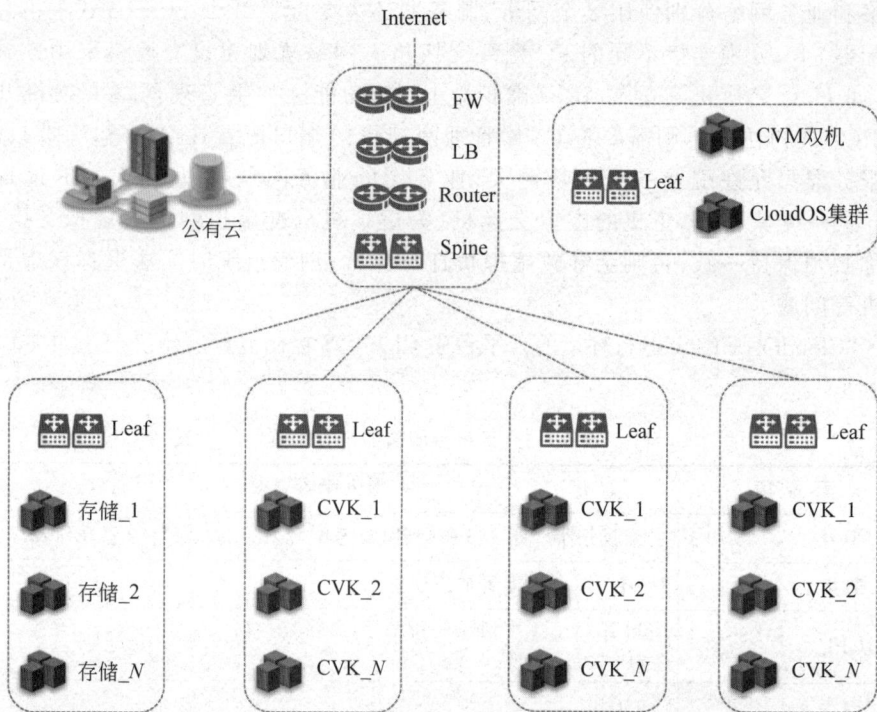

图 6-1-1 私有云架构设计

任务 6.2 CAS 虚拟化平台运维

6.2.1 任务介绍

在项目 3 部署好的 CAS 虚拟化平台的基础上,通过一系列操作熟悉 CAS 虚拟化平台的日常运维方法。

6.2.2 任务分析

要顺利完成任务,首先需要进行任务需求分析,厘清其知识要求、技能要求。经过对任务的仔细研究,得出以下分析结果。

需求分析

- 了解 CAS 图形化界面收集日志。
- 掌握 CAS 的日常变更操作。

知识要求

- 掌握日常登录 CAS 的图形界面的方法。
- 掌握图形界面的运维工具的使用方法。

技能要求

- 能够通过图形界面维护 CAS 虚拟化平台。

6.2.3　知识准备

6.2.3.1　常用维护命令介绍

CAS虚拟化平台的日常运维包括基础运维、高级运维、场景化运维、个性化运维四种类型,可在图形化界面查看相关功能的分布。

系统运维人员需要时常关注系统的健康状态和资源使用情况,建议操作员设置告警通知功能来关注系统告警,按照告警详细信息的恢复建议对告警进行处理。CAS虚拟化平台提供告警维护经验记录功能,对于同类型的告警,维护经验将累计记录,操作员定期在CAS虚拟化平台上巡检,检测软硬件运行情况并掌握系统健康状态,同时了解CAS虚拟化平台中计算、网络、存储等资源的分布情况,监测主机、虚拟机、IP、VLAN、存储维度的资源使用情况。在CAS虚拟化平台中,主机、虚拟机的各类资源使用趋势会以报表的形式展示,操作员可以定期查看和分析日志信息,及时发现系统中存在的隐患,同时CAS虚拟化平台提供日志下载功能,遇到疑难问题可以发送日志给技术支持工程师,协助分析并解决问题。

CAS虚拟化平台是基于开源KVM二次开发形成的商业产品,因此原生KVM和QEMU的大量命令在CAS虚拟化平台中仍然可以使用,此处展示部分命令。由于在项目2中已经进行过这方面的训练,这里了解即可。

(1) 查看虚拟机运行状态:virsh list -all。

(2) 查看虚拟机磁盘信息:virsh domblklist 虚拟机名称。

(3) 查看主机挂载的共享存储池:virsh pool-list --all。

(4) 查看虚拟机磁盘多级镜像结构:qemu-img info 磁盘文件名称 --backing-chain。

(5) 检查虚拟机磁盘是否有磁盘坏道:qemu-img check 磁盘文件名称。

6.2.3.2　核心后台服务介绍

新华三CAS的很多功能不能正常使用,是因为特定的后台服务出现了问题,所以需要经常确认后台服务的状态。下面列举几个核心的后台服务查看命令。

(1) 查看Tomcat服务状态:service tomcat8 status。

(2) 查看CAS Server服务状态:service casserver status。

(3) 查看CAS监控服务状态:service cas_mon status。

(4) 查看cvm_ha服务管理:service cvm_ha status。

(5) 查看Libvirt服务:service libvirtd status。

6.2.4　任务实施

6.2.4.1　CAS虚拟化平台收集日志

(1) 登录CAS虚拟化平台管理界面,如图6-2-1所示,选择"系统"→"操作日志"→"日志文件收集",勾选"cvk"和"cvm"复选框,单击"日志文件收集"按钮。

(2) 在如图6-2-2所示的界面单击"确定"按钮。

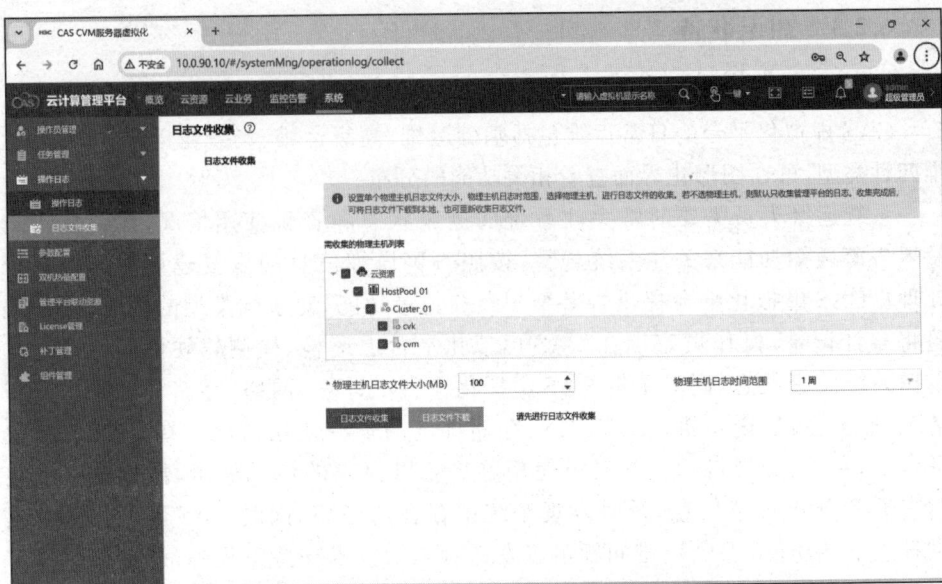

图 6-2-1　选择要收集的日志文件

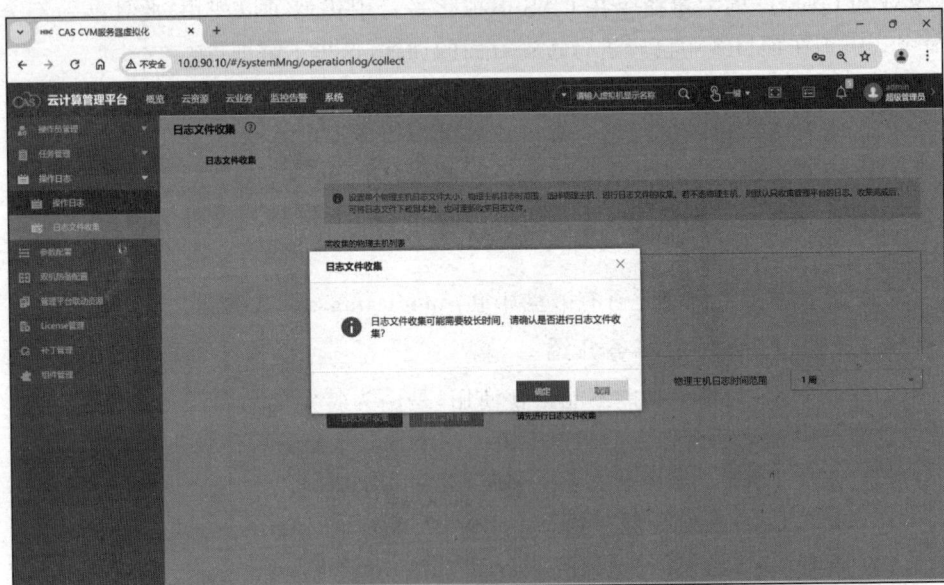

图 6-2-2　确认要收集的日志文件

（3）在如图 6-2-3 所示的界面中，等待后台收集日志完成。

（4）在如图 6-2-4 所示的界面，确认日志收集成功。

（5）在"日志文件收集"界面，单击"日志文件下载"命令，弹出下载提示框，单击"下载"按钮，如图 6-2-5 所示。

（6）在如图 6-2-6 所示的界面，浏览器会下载日志文件到计算机上。

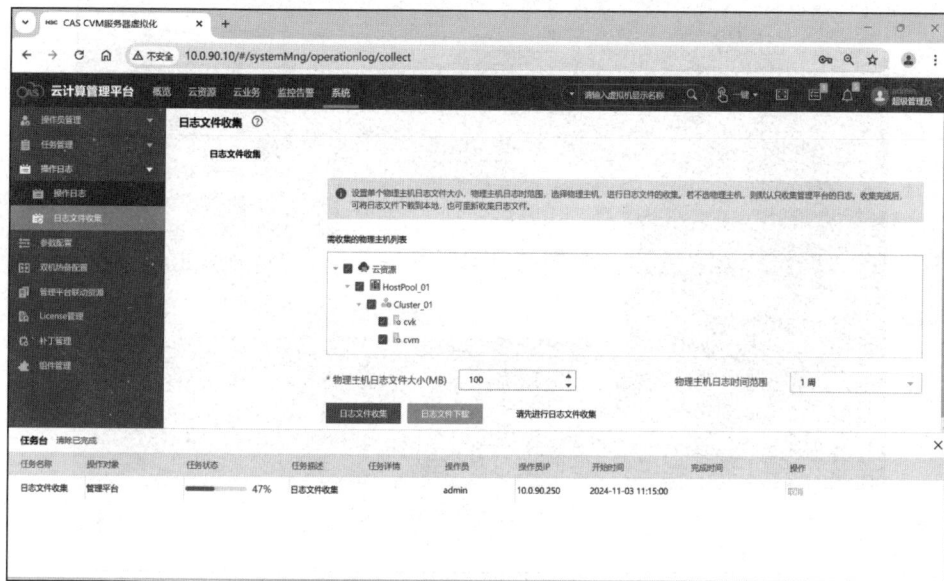

图 6-2-3　等待后台收集日志完成

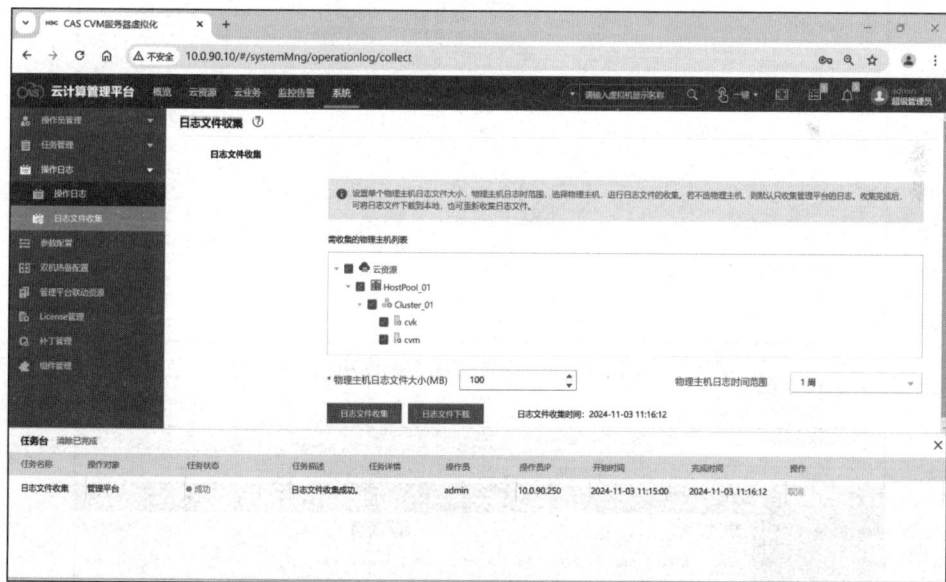

图 6-2-4　确认日志收集成功

6.2.4.2　CVM 主机 root 用户密码变更

（1）登录 CAS 虚拟化平台管理界面，如图 6-2-7 所示，选择"云资源"→"HostPool_01"→"Cluster_01"→"cvm"→"更多操作"→"修改主机"。

（2）在如图 6-2-8 所示的界面中，输入新的主机 root 用户密码（连续输入两次），单击"确定"按钮确认操作。

课堂笔记

教学视频

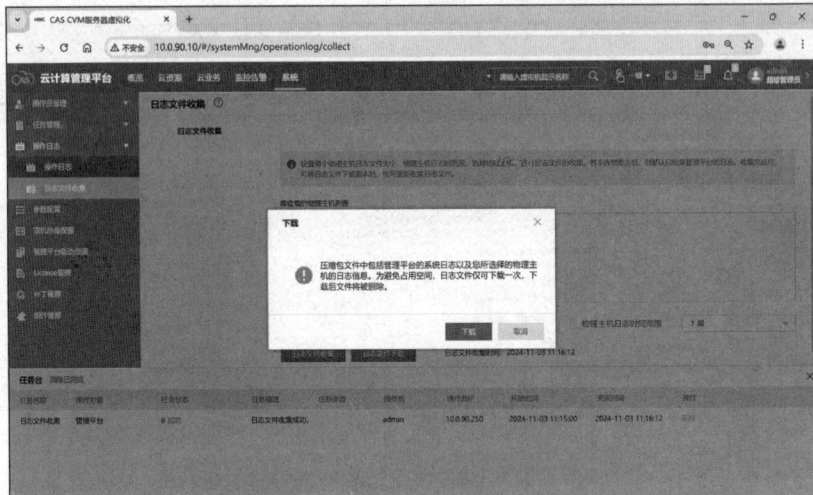

图 6-2-5　确认下载日志文件

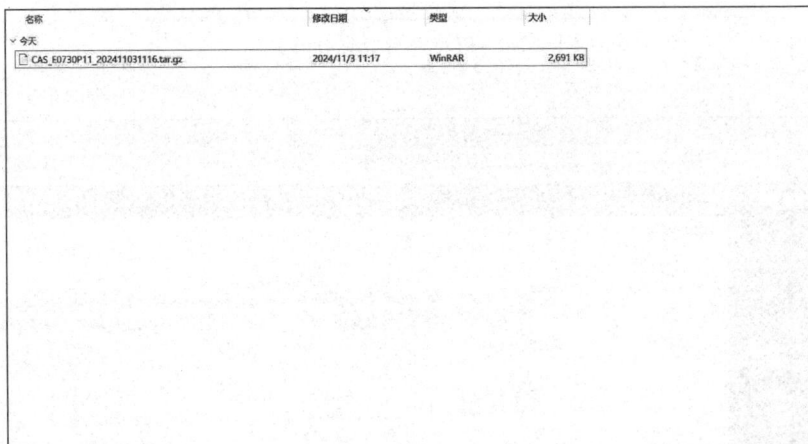

名称	修改日期	类型	大小
∨ 今天			
CAS_E0730P11_202411031116.tar.gz	2024/11/3 11:17	WinRAR	2,691 KB

图 6-2-6　日志文件下载成功

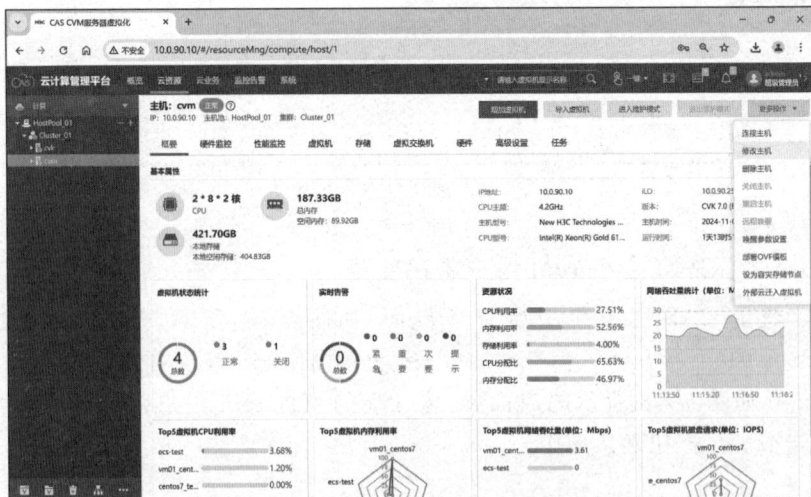

图 6-2-7　进入 root 用户密码变更界面

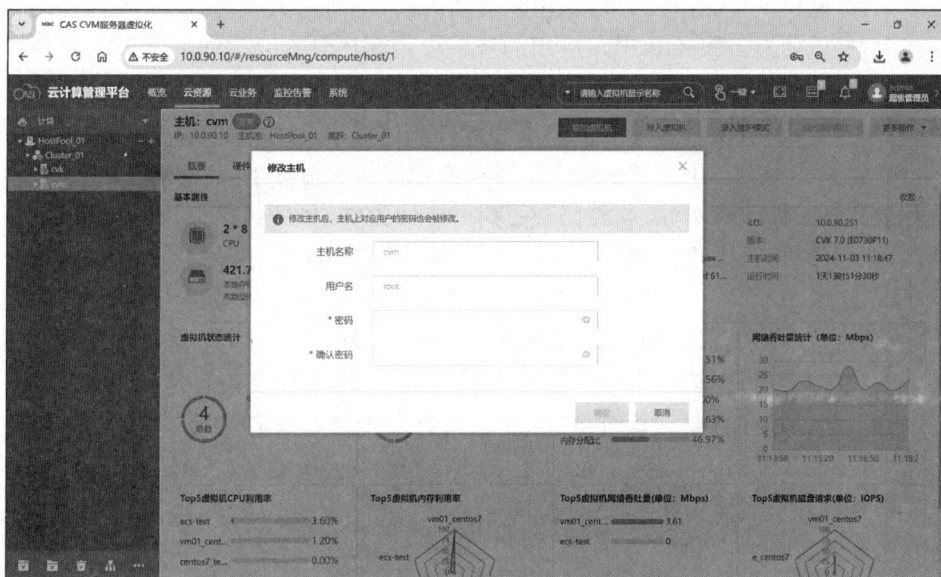

图 6-2-8　修改 root 用户密码

任务 6.3　CloudOS 云平台运维

6.3.1　任务介绍

了解 CloudOS 命令行界面和图形管理界面的各项运维功能,通过命令行界面和图形化界面的各种功能进行基本的云平台运维。

6.3.2　任务分析

要顺利完成任务,首先需要进行任务需求分析,厘清其知识要求、技能要求。经过对任务的仔细研究,得出以下分析结果。

需求分析
- 了解 CloudOS 命令行界面的 Ansible 运维操作。
- 掌握系统服务的查看方法。

知识要求
- 掌握 CloudOS 命令行的操作。
- 掌握 CloudOS 图形界面的日常操作。

技能要求
- 能够通过命令行界面和图形界面维护 CloudOS 云平台。

6.3.3　知识准备

6.3.3.1　CloudOS 运行环境检查

新华三 CloudOS 云平台是经过容器优化的企业级全栈云平台,拥有插拔式的开放架构,提供平台服务能力以及用户应用的高扩展性,具备高性能、可扩展的容器能力,提供面向云服务和用户应用的统一应用程序管理。CloudOS 云平台使应用程序架构现代化,提供微服务,并借助敏捷和 DevOps 方式加快应用交付。

CloudOS 环境运行需要满足一定的硬件规格要求,不满足要求的环境可能存在可靠性和稳定性风险。首先,CPU 降频或者高负载情况下,会影响 CloudOS 集群环境的可靠性和稳定性,业务也会受到一定的影响,另外内存使用率、Buffer(缓冲区)使用率过高,也可能影响 CloudOS 环境的稳定运行。其次,CloudOS 环境是基于 kubelet 管理的容器架构,kubelet 集群网络通过 Etcd 服务进行数据同步,当 IO 性能差时,会严重影响 Etcd 服务的数据同步,进而引发系统稳定性问题。另外,CloudOS 运行环境网络不稳定非常容易导致 CloudOS 集群运行异常,或者 CloudOS 提供业务异常。此外,CloudOS 运行环境涉及文件读写,当存储空间不足时,会导致环境运行异常进而影响 CloudOS 云平台的业务。最后,CloudOS 环境集群运行环境需要保持时间同步,时间不同步的情况下,CloudOS 集群状态及业务均会出现异常。

下面列举部分环境检查的操作,更多信息需要在日常运维过程中查看产品的运维文档获得。

(1) 检查节点 CPU 是否存在降频:cpupower frequency-info。

(2) 检查节点 CPU 负载是否超过核心数:ansible all -m shell -a "uptime"。

(3) 检查节点内存使用率:ansible all -m shell -a "free -h"。

(4) 检查节点 IO 性能:curl 127.0.0.1:2369/metrics grep fsync。

6.3.3.2   常见问题及处理方法

【案例 1】   检查 CloudOS 集群节点 CPU 是否存在降频,若显示如下输出内容,说明不存在 CPU 降频。

```
root@h3ccloud02#cpupower frequency-info
analyzing CPU 0:
no or unknown cpufreg driver is active on this CPU CPUs which run at the
same hardware frequency: Not Available
CPUs which need to have their frequency coordinated by software: Not
Available maximum transition latency: Cannot determine or is not
supported.Not Available
available cpufreg governors: Not Available Unable to determine
current policy
current CPU frequency:Unable to call hardware
current CPU frequency:Unable to call to kernelboost state support:
Supported: yes
```

如果出现 CPU 降频的情况,应该进行服务器节点扩容,说明当前云平台业务已经超出硬件的承载范围。

【案例 2】   检查 CloudOS 集群节点的 IO 性能是否正常,显示如下输出说明 IO 性能正常。

课堂笔记

```
root@h3ccloud01 ~#curl 127.0.0.1:2369/ grep fsync
metrics% Total% Received % Xferd Average Speed
#TYPE etcd wal fsync durations seconds histogrametcd wal fsync durations
seconds bucket{le="0.001"} 9.001644e+06etcd wal fsync durations seconds
bucket{le="0.002"} 9.027493e+06etcd wal fsync durations seconds bucket
{le="0.004"} 9.039081e+06etcd wal fsync durations seconds bucket{le=
"0.008"}9.044468e+06etcd wal fsync durations seconds bucket{le="0.016"}
9.045617e+06etcd wal fsync durations seconds bucket{le="0.032"}
9.045922e+06etcd wal fsync durations seconds bucket{le="0.064"}
9.046331e+06etcd wal fsync durations seconds bucket {le="0.128"}
9.046602e+06etcd wal fsync durations seconds bucket {le="0.256"}
9.046631e+06etcd wal fsync durations seconds bucket{le="0.512"}
9.04665e+06etcd wal fsync durations seconds bucket {le="1.024"} 9.
046661e+06etcd wal fsync durations seconds bucketfle="2.048"} 9.046668e+06
```

如果 IO 性能很差,应该提升集群节点的硬件配置。

【案例3】　检查 CloudOS 集群节点间网络的连通性,显示如下输出说明网络连通性正常。

```
[root@h3ccloud0l ~]#ping 172.25.16.1 -c 10
PING 172.25.16.1(172.25.16.1)56(84)bytes of data.64 bytes from :
icmp seq=1 ttl=255 time=0.882 ms64 bytes from 172.25.16.1
icmp seq=2 ttl=255 time=0.700 ms64 bytes from 172.25.16.1
icmp seq=3 ttl=255 time=0.662 ms64 bytes from 172.25.16.1
icmp seq=4 ttl=255 time=0.684 ms64 bytes from 172.25.16.1
icmp seq=5 ttl=255 time=0.694 ms64 bytes from 172.25.16.1
icmp seq=6 ttl=255 time=0.681 ms64 bytes from 172.25.16.1
icmp seq=7 ttl=255 time=0.677 ms64 bytes from 172.25.16.1
icmp seq=8 ttl=255 time=0.696 ms64 bytes from 172.25.16.1
icmp seq=9 ttl=255 time=0.698 ms64 bytes from 172.25.16.1
icmp seq=10 ttl=255 time-0.707 ms
172.25.16.1 ping statistics 10 packets transmitted, 10 received,
0% packet loss, time 9172ms rtt min/avg/max/mdev =0.662/0.708/0.882/
0.060 ms
```

如果出现大量丢包的情况,或者延时较长,甚至网络中断,应该检查服务器网卡状态、交换机状态等。

【案例4】　检查 CloudOS 集群节点磁盘根分区的使用率是否过高,显示如下输出说明磁盘根分区使用率正常。

```
root@h3ccloud01~#df -h grep -v 'docker\openshift'
Filesystem Size Used Avail Use% Mounted on
/dev/vda3 197M 130M 68M 66% /boot
```

如果发现磁盘根分区使用率超过 80%,通过命令"du -sh *"查看被什么文件占用,一般情况下是被日志文件占用,如果有压缩包可以直接通过"rm -rf"命令删除;如果是 log 类型的日志文件,可通过"> xxxx.log"来清理。

课堂笔记

6.3.4 任务实施

6.3.4.1 Ansible 状态检查

教学视频

(1) Xshell 登录 cloudos01 节点的命令行界面,如图 6-3-1 所示,执行“ansible all -m ping”命令确认集群节点间网络的连通性。

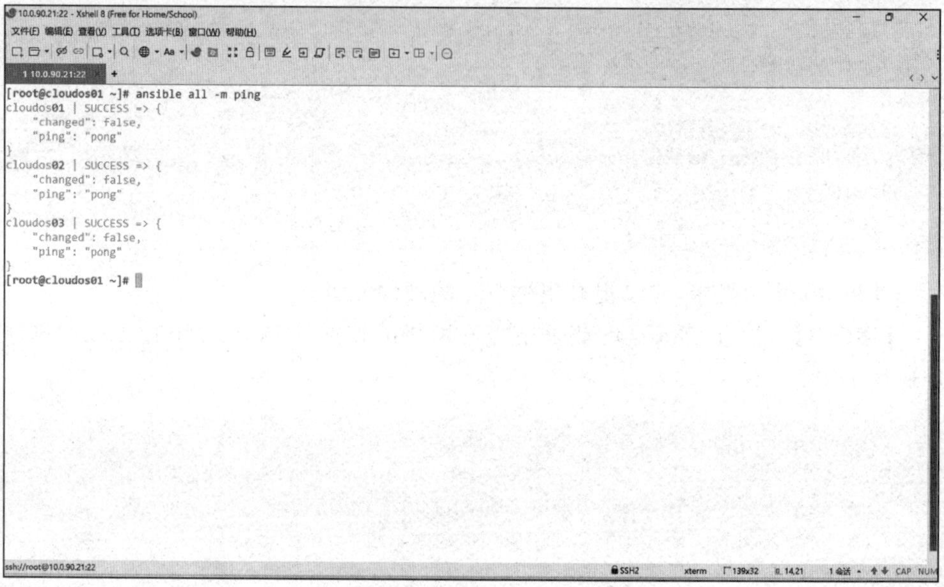

图 6-3-1 确认集群节点间网络的连通性

(2) 执行“ansible all -m shell -a ‘timedatectl’”命令可以确认集群节点间时钟是否同步,如图 6-3-2 所示。

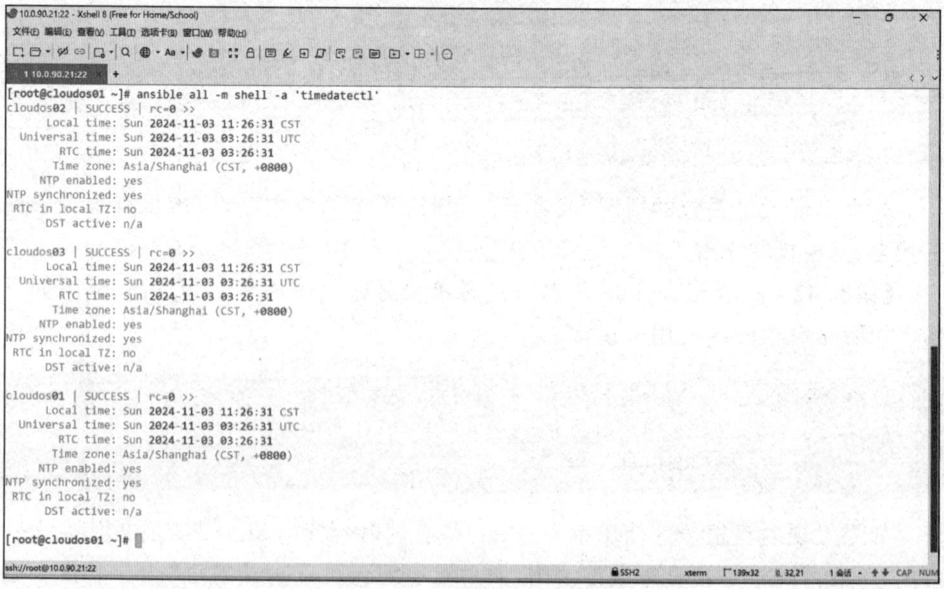

图 6-3-2 确认集群节点间时钟同步

（3）执行"ansible all -m shell -a 'uptime'"命令确认集群节点当前的工作负载是否过高，如图 6-3-3 所示。

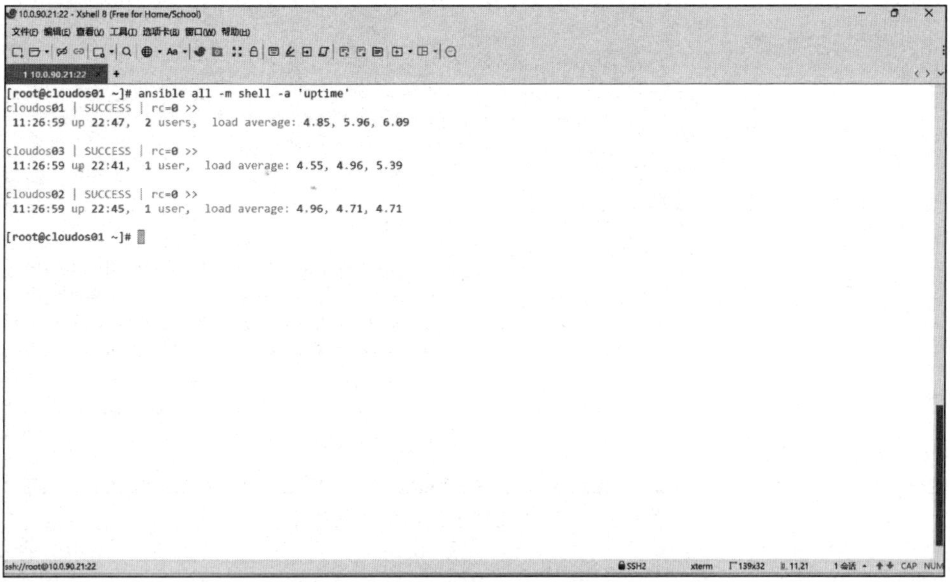

图 6-3-3　确认集群节点工作负载水平

（4）执行"ansible all -m shell -a 'free -h'"命令确认集群节点间内存使用率是否过高，如图 6-3-4 所示。

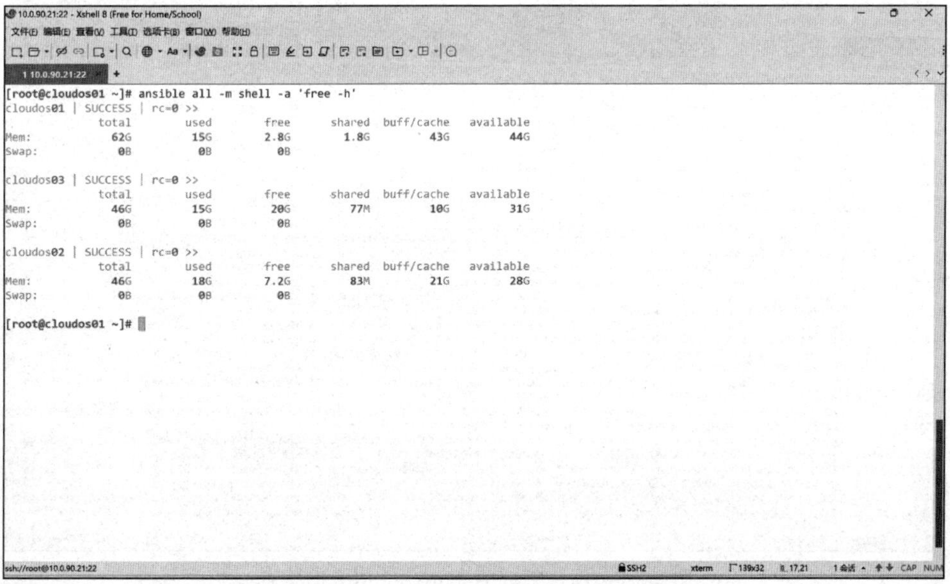

图 6-3-4　确认集群节点间内存使用率

（5）执行"ansible all -m shell -a 'df -rh'"命令查看集群节点的磁盘使用率是否过高，如图 6-3-5 所示。

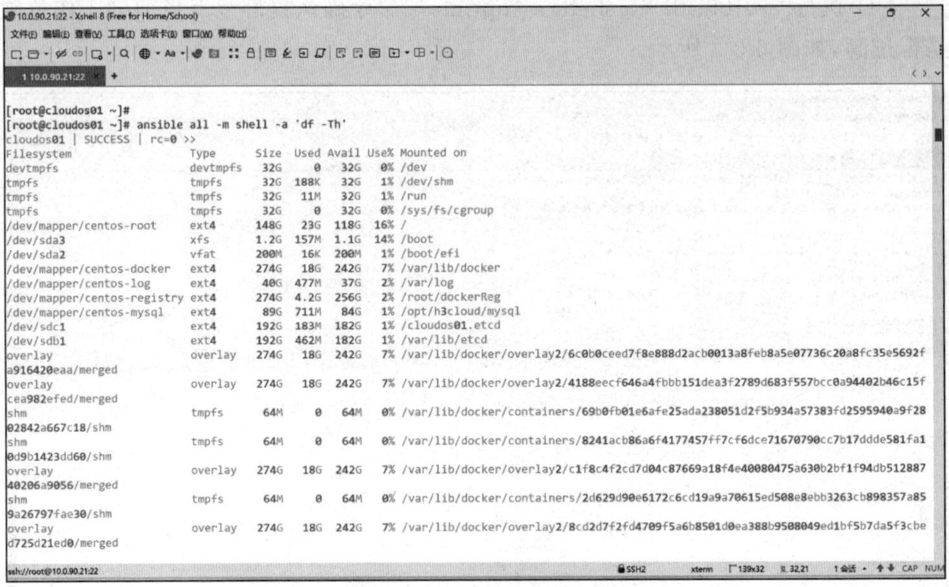

图 6-3-5　确认集群节点的磁盘使用率

6.3.4.2　操作系统服务检查

（1）执行"ansible all -m shell -a'systemctl status docker'"命令确认 Docker 服务是否在相应节点正常工作，如图 6-3-6 所示。

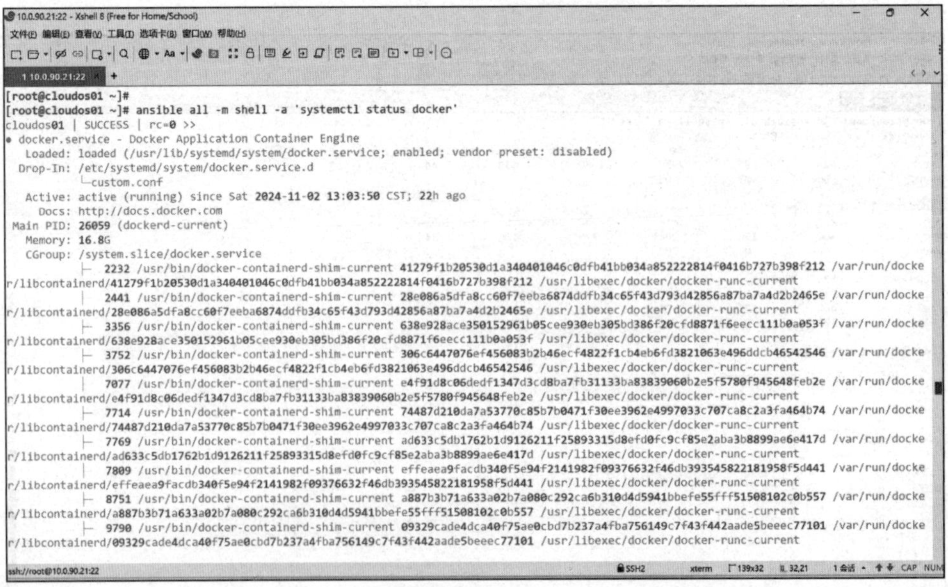

图 6-3-6　确认集群节点 docker 服务的状态

（2）执行"ansible all -m shell -a'systemctl status network'"命令确认网络服务是否在相应节点正常工作，如图 6-3-7 所示。

（3）执行"ansible all -m shell -a'systemctl status param-etcd'"命令确认

Etcd 服务是否在相应节点正常工作,如图 6-3-8 所示。

图 6-3-7　确认集群节点的 Network 服务状态

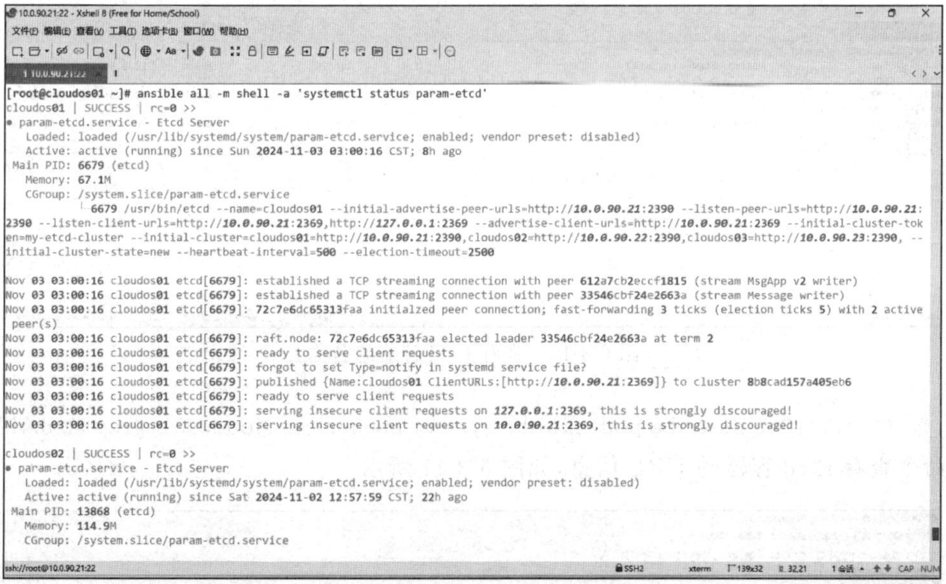

图 6-3-8　确认集群节点的 Etcd 服务状态

(4) 执行"ansible all -m shell -a 'systemctl status ntpd'"命令确认时钟同步服务是否在相应节点正常工作,如图 6-3-9 所示。

6.3.4.3　Etcd 集群状态检查

(1) 执行"pod ｜ grep etcd"命令,查看 Etcd 服务对应容器名称,如图 6-3-10 所示。

教学视频

课堂笔记

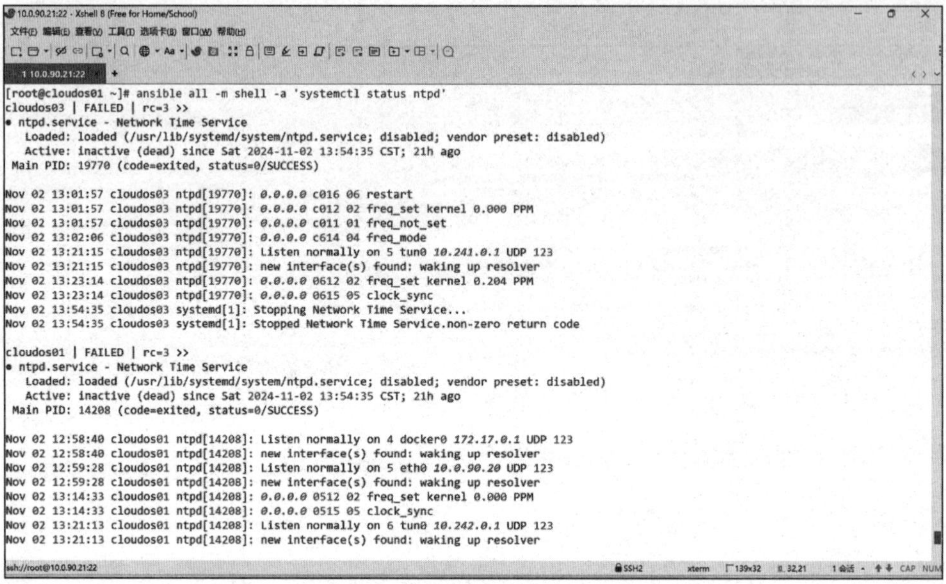

图 6-3-9　确认集群节点的 ntpd 服务状态

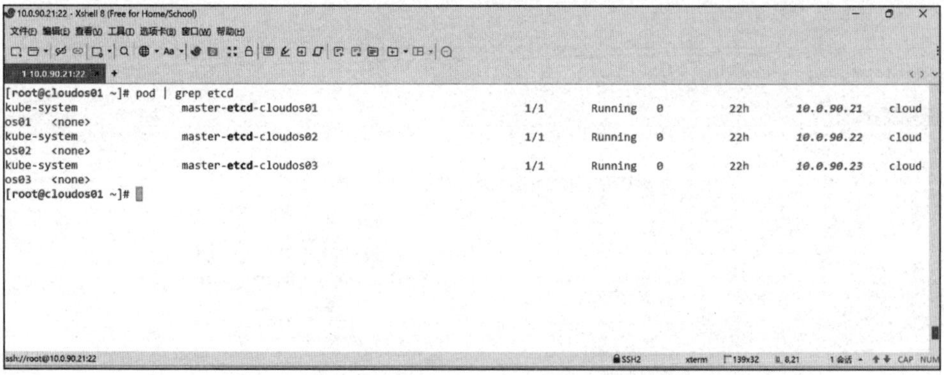

图 6-3-10　查看 Etcd 容器的名称

（2）执行“oc describe pod -n kube-system master-etc-cloudos01|grep etcdctl”命令查看 Etcd 容器的 URL 信息，如图 6-3-11 所示。

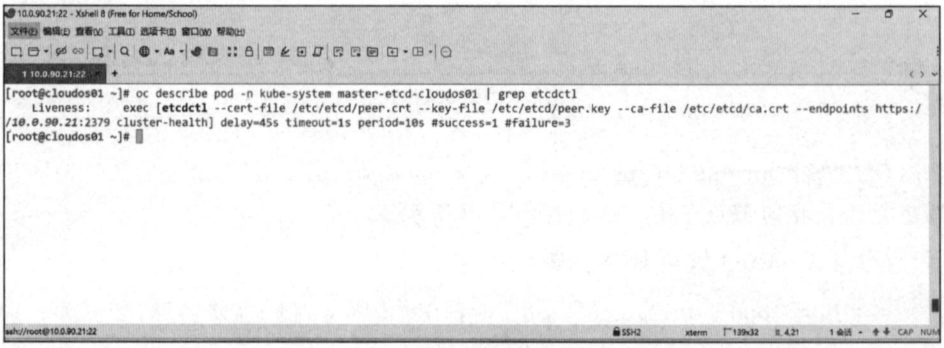

图 6-3-11　查看 Etcd 容器的 URL 信息

（3）复制上一步查看到的信息里中括号里的命令并执行，查看 Etcd 容器是否健康，如图 6-3-12 所示。

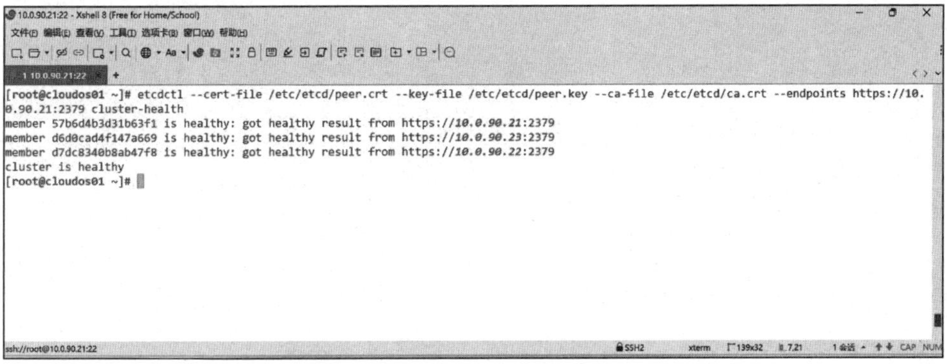

图 6-3-12　执行 Etcd 容器健康检查指令

项目总结

项目 6"CloudOS 私有云方案设计及运维"包含 3 个项目任务：任务 6.1 是云计算解决方案设计，任务 6.2 是 CAS 虚拟化平台运维，任务 6.3 是 CloudOS 云平台运维。项目学习过程中了解了云服务总体功能规划、私有云架构设计，熟练地掌握 CAS 的日常运维方法和基本操作、CloudOS 云平台的日常运维方法和基本操作。通过本项目的学习，能更好地理解 6 个项目之间的知识关系，比如 Linux 是所有项目的基础，KVM 是 CAS 的基础，OpenStack 是 CloudOS 的基础。虚拟化平台或者云平台本质上底层都是 Linux。同时，私有云的基本框架就是虚拟化和云平台。

通过本项目的学习，对企业私有云的基本框架设计和日常运维思路有一定的认知，能理解私有云的基本概念和相关理论，并能够熟练掌握 CloudOS 云平台的日常运维操作，建立起对企业内部私有云的理解和认知，更深刻地理解虚拟化平台和云平台的底层技术。

对项目实施过程中产生的信息进行总结，填写项目记录表。

项目记录表

项目实施过程中使用的配置参数（主机名、密码、IP 等）：

续表

项目实施过程中需要掌握的关键点：

项目实施过程中遇到的异常问题：

参 考 文 献

[1] 崔生广,赵红岩.Linux 网络操作系统实用教程(CentOS 7.6)(微课版)[M].北京:人民邮电
    出版社,2021.

[2] 陈亚威,蒋迪.虚拟化技术应用与实践[M].北京:人民邮电出版社,2019.

[3] 李晨光,朱晓彦,芮坤坤,尹秀兰.虚拟化与云计算平台构建[M].2 版.北京:机械工业出版
    社,2022.

[4] 方巍,文学志,潘吴斌,等.云计算概论[M].南京:南京大学出版社,2015.

[5] 广小明,等.虚拟化技术原理与实现[M].北京:清华大学出版社,2016.

[6] 任永杰,程舟.KVM 实战:原理、进阶与性能调优[M].北京:机械工业出版社,2019.

[7] 陆平,左奇,付光,等.基于 Kubernetes 的容器云平台实战[M].北京:机械工业出版社,2018.

[8] 马永亮.Kubernetes 进阶实战[M].北京:机械工业出版社,2019.

[9] 杜军,华为云容器服务团队.云原生分布式存储基石:etcd 深入解析[M].北京:机械工业出
    版社,2018.

[10] 陈耿.开源容器云 OpenShift:构建基于 Kubernetes 的企业应用云平台[M].北京:机械工
     业出版社,2017.

[11] 孙杰,山金孝,张亮,等.企业私有云建设指南[M].北京:机械工业出版社,2019.

[12] 张亚勤,沈向洋,谢东莹.云计算与大数据[M].北京:电子工业出版社,2018.

[13] 李永华,陈渝,杨孝宗.虚拟化技术原理与应用[M].北京:清华大学出版社,2008.

[14] 蒋晓维,陆平.云计算与虚拟化技术教程[M].北京:清华大学出版社,2019.

[15] 王培麟.云计算虚拟化技术与应用[M].北京:人民邮电出版社,2017.

[16] 丁允超,李菊芳.云计算与虚拟化平台实践[M].北京:清华大学出版社,2022.

[17] 深信服产业教育中心.虚拟化技术与应用[M].北京:人民邮电出版社,2024.

[18] 青岛英谷教育科技股份有限公司.云计算与虚拟化技术[M].北京:清华大学出版社,2023.

[19] 新华三技术有限公司.云计算技术详解与实践(第 1 卷)[M].北京:清华大学出版社,2023.

[20] 科马克·霍根,邓肯·埃平.VMware Virtual SAN 权威指南[M].北京:机械工业出版
     社,2017.